Carow
Frischhalten von Schnittblumen

Frischhalten von Schnittblumen

Dr. Bernd Carow, Neuss-Hoisten

2., neubearbeitete
und erweiterte Auflage

54 Abbildungen
51 Tabellen

Verlag Eugen Ulmer Stuttgart

Fachgebiet: Zierpflanzenbau
Fachredaktion: Dr. Thomas Steib, Neufahrn

CIP-Kurztitelaufnahme der Deutschen Bibliothek

Carow, Bernd:
Frischhalten von Schnittblumen / Bernd Carow. –
2., neubearb. u. erw. Aufl. – Stuttgart : Ulmer,
1981.
(Ulmer-Fachbuch : Zierpflanzenbau)
ISBN 3-8001-5263-0

Wollgrasweg 41,
7000 Stuttgart 70 (Hohenheim)
Printed in Germany
Einbandgestaltung: A. Krugmann, Stuttgart
mit einem Foto von Eugen Hahn, Kirchheimbolanden
Satz und Druck: Laupp & Göbel, Tübingen

Vorwort

Meiner lieben Frau
in Dankbarkeit gewidmet

Das Bewußtsein für Qualität und Haltbarkeit von Schnittblumen wächst weltweit. Dies zeigt z. B. die zunehmende Anzahl der Informationsschriften, die zum Thema Frischhaltung von Erzeugern, Handel, Berufsverbänden, Marketinggesellschaften und Forschungsinstitutionen herausgegeben werden. Solche Aktivitäten offenbaren die Einsicht, daß aus volkswirtschaftlichen Erwägungen nicht mit hohem technischem Aufwand produziert werden darf, wenn das Ernteprodukt nachher vernachlässigt wird und durch mangelnde Pflege relativ rasch zerfällt, manchmal sogar bevor es den Endverbraucher erreicht hat.

Wissenschaft und Praxis bemühen sich um die Lösung der vielgestaltigen Probleme beim Umgang mit Schnittblumen. Das Buch zielt daher in zwei Richtungen. Zum einen soll es Studenten des Gartenbaus und den Versuchsanstellern dienen, zum anderen aber auch für die praktische Arbeit in den gärtnerischen Betrieben, den Handelsunternehmen und den Blumengeschäften brauchbar sein. Daher wurde bewußt auf die ausführliche Darstellung chemischer Prozesse und auf die Schilderung relativ komplizierter Untersuchungsmethoden verzichtet. Das umfangreiche Literaturverzeichnis hilft, den Weg in diese Materie zu finden.

Diese Neuauflage ist in fast allen Kapiteln ergänzt. Die Kapiteleinteilung wurde aus didaktischen Gründen im wesentlichen beibehalten. Umfangreiche Erweiterungen erfuhren der Abschnitt über Blumenfrischhaltemittel und die speziellen Hinweise für über 50 Gattungen.

Mein Dank gilt Kollegen aus Wissenschaft und Praxis für anregende Gespräche und Hilfe bei der Beschaffung spezieller Literatur. Herzlich danken möchte ich auch dem Hause Ulmer für die gute Zusammenarbeit, meiner Frau für die technische Hilfe und meinen Kindern für viel Geduld.

Neuss-Hoisten, Januar 1981 Bernd Carow

Vorwort zur ersten Auflage

In den letzten 10 Jahren sind unsere Kenntnisse über das Altern und Frischhalten von Schnittblumen durch eine Fülle von Forschungsarbeiten stark erweitert worden. Etwa 70% der in diesem Buch angegebenen Literatur stammen aus diesem Zeitraum. Leider sind viele der vor allem im Ausland erarbeiteten Methoden und Möglichkeiten der Frischhaltung den heimischen Gärtnern und Floristen unbekannt geblieben. Es ist wohl die wesentlichste Erkenntnis aus meiner praktischen Tätigkeit, daß die Haltbarkeit von Schnittblumen eine außerordentlich starke Auswirkung auf den Betriebserfolg hat. Im Zuge weiterer Forschungsarbeit werden sich vermutlich immer mehr grundlegende Zusammenhänge und Frischhaltemöglichkeiten eröffnen. Es wird daher für den einzelnen schwieriger werden, die vielfältigen Verknüpfungen zu überschauen und die Verfahren sachgerecht anzuwenden. Deshalb erscheint es nützlich, hier eine umfassendere Darstellung über die Nacherntephysiologie von Schnittblumen anzubieten, ohne daß diese Schrift einen Anspruch auf Vollständigkeit erheben kann.

Um die Informationen über Wirkungen handelsüblicher Substanzen zu erleichtern, wurden die Handelsnamen verwendet. Empfehlungen sind damit nicht verbunden. Nicht erwähnte Produkte erfahren dadurch keine Kritik.

Mein besonderer Dank gilt Herrn Professor Dr. K. Zimmer, der die Anregung zu dieser Schrift gab und mich durch kritische Hinweise unterstützt hat. Dank gebührt dem Verlag Eugen Ulmer und Herrn Dr. Th. Steib als Fachberater dieser Schriftenreihe.

Für die bereitwillige Überlassung von Bildmaterial danke ich Herrn Dr. W. O. Davidson, New Brunswick, Herrn Prof. Dr. J. Doorenbos, Wageningen, Herrn Prof. Dr. A. H. Halevy, Jerusalem, Herrn Prof. Dr. A. M. Kofranek, Davis/Californien, Herrn Dipl.-Ing. agr. O. Krebs, Hannover, Frau Dr. H. Will, Limburgerhof, und Herrn Prof. Dr. H. Ziegler, München.

Hannover, Januar 1978 Bernd Carow

Inhaltsverzeichnis

1 Einleitung

Beliebtheit und Wert einer Schnittblume werden in der Regel durch die Haltbarkeit beim Verbraucher bestimmt. Die Klagen darüber, daß Schnittblumen leider oft nur so kurze Zeit Freude bereiten, sind nicht überhörbar. Andererseits erwartet der Verbraucher keine Wunderdinge. Dies wird durch gelegentliche Formulierungen bestätigt, wie etwa „Diese Blumen haben ihre Schuldigkeit getan" oder „Dieser Strauß könnte ja auch einmal verblühen!". Der hier zum Ausdruck kommende Standpunkt ist möglicherweise mit Ursache für den stark gebremsten Markt für Plastik-Blumen.

Von Natur aus sind Blüten zum Vergehen angelegt. Der Schauapparat dient als Mittel zum Zweck der Befruchtung und damit der generativen Vermehrung. Die Laubblätter dienen zur Ernährung der wachsenden Samenanlagen und zur vollständigen Ausbildung der Samen und Früchte. Sobald die Vermehrungs- und Überdauerungsorgane entwickelt sind, sterben viele jener Organe ab, die zum Wachstum beigetragen haben. Lange vor dem sichtbaren Absterben beginnen aber schon Alterungsprozesse, welche für die Haltbarkeit von überaus großer Bedeutung sind.

Wer Schnittblumen kauft, möchte zweifellos nichts „Unzerstörbares", aber er möchte auch nichts was über Nacht vergänglich ist. Produzenten, Händler und Floristen selbst wären mit einem in wenigen Stunden dahinwelkenden Strauß nicht zufrieden. Es gibt Verbraucher, die einen weiten Weg nicht scheuen, um bei jenem Floristen zu kaufen, der für „gute Qualität" bekannt ist. Insbesondere in Endverkaufsbetrieben ist hin und wieder die Frage zu hören: „Kommen diese Blumen aus ihrem eigenen Gewächshaus?" Ohne Zweifel kann gerade der Endverkaufsbetrieb in vielen Fällen frisch abgeschnittene Blumen nach wenigen Minuten oder Stunden dem Kunden anbieten. Dies ist jedoch nicht in jedem Fall möglich. Zum ersten ist der Anbau eines umfassenden Sortiments wirtschaftlich nicht vertretbar, zum zweiten muß das Sortiment in bestimmten Jahreszeiten mit Schnittblumen aus südlichen Ländern ergänzt werden. Der oftmals lange Weg vom ausländischen Produzenten zum inländischen Verbraucher darf das Vasenleben von Schnittblumen nicht beeinträchtigen und verkürzen. Je länger sich Schnittblumen auf dem Transport befinden, um so größer wird die Zeit, die zwischen Erntevorgang und Beginn des Vasenlebens beim Verbraucher liegt. So erhält der Kunde einmal relativ frische, ein andermal relativ alte, d. h. nach längerem Transport angebotene, Blumen. Für beide zahlt er gewöhnlich den gleichen Preis. In den seltensten Fällen ist bekannt, wie alt die Blumen tatsächlich sind.

In einer amerikanischen Fachzeitschrift für Floristen wurde die Frage aufgeworfen, ob Schnittblumen nicht mit dem Erntedatum gekennzeichnet werden sollten, damit der Käufer auf jeder Stufe der Handelskette das wahre Alter der Ware erfahren kann (Wilkins 1976). Geschäftsabwicklung, Verkaufssteuerung und Qualitätskontrolle werden dadurch erleichtert. Es ist zweifellos sinnvoll – insbesondere aus ökonomischer Sicht –, auf eine zufriedenstellende Haltbarkeit auch nach längerem Transport oder nach längerem Aufbewahren hinzuwirken. Dabei werden die Aufgaben für die Haltbarkeitsverbesserung immer vielfältiger bzw. erfordern neue Arbeitsrichtungen, bedingt durch weltweite Handelsverflechtungen, Umschichtungen in der in- und ausländischen Produktion, technische Neuerungen und optimale Energienutzung.

Der Welthandel mit Schnittblumen bedingt eine besondere Beachtung der Haltbarkeit, da die Transportzeiten nicht nur durch die Flugdauer, sondern auch durch die Organisation der Warenverteilung (Logistik) sehr lang sein können. Die wichtigsten Schnittblumen werden über tausende von Kilometern von Kontinent zu Kontinent transportiert. Als Beispiel für langen Transport darf die Route Kolumbien – Europa gelten. Von der Ernte bis zur Verteilung der Ware in den Marktkanälen vergehen 4 bis 5 Tage. Für Rosen ist dies eine relativ lange Zeit.

Die unterschiedlichen Transportzeiten bedingen Blumen, die in unterschiedlichen Entwicklungsstadien geerntet werden: knospige Produkte für die langen Routen, aufgeblühte Produkte für den kurzen Weg. Um Qualitätsware am Verbrauchsort anzuliefern, bedarf es schon beim Produzenten eingehender Kenntnisse über Frischhalteverfahren.

Methoden zur Haltbarkeitsverlängerung müssen ein vorzeitiges Altern verhindern und ein angemessenes Vasenleben der Schnittblumen beim Verbraucher garantieren. Denn:

Die Haltbarkeit beim Verbraucher ist entscheidend.

Der Verbraucher beurteilt die Haltbarkeit nach der Zeit, in der die Blumen vom Einstellen in die Vase bis zum Vergehen für ihn persönlich ansehnlich und brauchbar sind. In abgewandelter Form gilt dies auch für den Floristen, der die Blumen meistens auch eine gewisse Zeit in der Vase stehen hat. Diese zusätzliche Zeitspanne, in der die Alterung der Schnittblume fortschreitet, muß sowohl vom Händler als auch vom Produzenten berücksichtigt werden. Jede Vermarktungsstufe hat demnach nur einen begrenzten Zeitraum zur Verfügung, bevor die Ware weitergegeben wird. Die gesamte Haltbarkeit von der Ernte bis zum Verblühen teilt sich also praktisch in die einzelnen Haltbarkeiten bei Produzent, Händler, Florist und Verbraucher auf. Der größte Anteil im Leben einer abgeschnittenen Blume sollte auf das Vasenleben in der Wohnung des Verbrauchers entfallen.

Bei Reklamationen wird der Verbraucher wenig Verständnis für Transportprobleme oder gar Nachlässigkeiten bei der Handhabung und Verarbeitung von Schnittblumen aufbringen. Eine in Richtung Händler und Produzent laufende Reklamation des Floristen ist darüber hinaus zeitraubend und führt nicht gerade zu Verbesserung, Stabilisierung und Erleichterung von Geschäftsbeziehungen. Aus diesem Grunde ist das Bewußtsein für Qualität und Haltbarkeit auf allen Stufen der Vermarktung unabdingbar.

Die Zahl aussagekräftiger Veröffentlichungen zum Thema Haltbarkeitsverbesserung ist ständig gestiegen. Die Zusammenfassung wissenschaftlicher Erkenntnisse erfolgt in kürzeren Abständen (Rogers 1962, 1973, Carow 1978, Halevy und Mayak 1979).

Nun ist hinreichend bekannt, daß einige Schnittblumen länger im Vermarktungsnetz hängen bleiben können als andere, ohne dabei beim Verbraucher eine geringere Haltbarkeit zu zeigen. Schon dies weist darauf hin, daß die Lebensspanne nach dem Schnitt für die einzelnen Schnittblumen unterschiedlich lang ist und es daher nicht angeht, Schnittblumen diesbezüglich über einen Kamm zu scheren. Daher stellt sich die Frage, wie wir Schnittblumen im Hinblick auf die Haltbarkeit betrachten und beurteilen müssen.

1.1 Was verstehen wir unter Schnittblumen?

Die Frage nach Art und Aufbau der Schnittblumen ist nicht nur akademischer Natur, denn sie spielt eine wichtige Rolle in bezug auf Erntemethode, Handhabung nach der Ernte und Entwicklung von Materialien und Substanzen, die ein frühzeitiges Verwelken nach dem Schnitt verhindern können.

Die Nacherntephysiologie befaßt sich mit den Lebensvorgängen von Ernteprodukten aller Art. Die wichtigsten Gruppen sind in Abb. 1 aufgeführt. Je weiter die Organe ihre Lebensäußerungen eingeschränkt haben, desto einfacher sind sie im Lager und auf dem Transport zu behandeln. Solche Organe weisen einen geringen Wassergehalt auf und im Verhältnis zu ihrem Volumen eine kleine Oberfläche, wie z. B. Samen und Knollen. Steigt der Wassergehalt des Erntegutes an, so wird der Umgang mit ihm schon erheblich problematischer, wie z. B. bei vielen Früchten, vegetativen Sproßteilen oder Blüten. Die mechanische Belastbarkeit nimmt ab.

Der schraffierte Teil in Abb. 1 umfaßt jene Organe bzw. Organgruppen, aus denen sich Schnittblumen aufbauen. Der hohe Wassergehalt und das große Oberflächen/Volumen-Verhältnis begrenzt einen „unbekümmerten" Umgang mit ihnen. Hinzu kommt die Vielfalt der Schnittblumen mit sehr unterschiedlicher Organgestaltung und unterschiedlicher physiologischer Konstitution einzelner Gewebegruppen.

Bei der Vielzahl von Gattungen, Arten und Sorten müssen wir damit rechnen, daß die unterschiedlichen Blumen-Typen auf unsere Maßnahmen beim Schnitt, bei der Verpackung und Lagerung sowie auf Wasser und Wasserzusätze unterschiedlich reagieren. Die morphologischen und anatomischen Eigenheiten der verschiedenen Organe dürfen nicht einfach übersehen werden. Einzelblüten allein werden möglicherweise ganz anders auf Umweltfaktoren reagieren und vermutlich einem

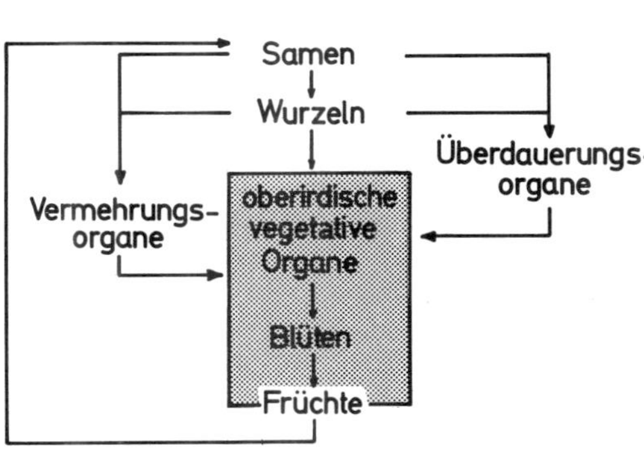

Abb. 1. Ernteprodukte im Gartenbau.

stärkeren Stoffabbau unterliegen als Blüten, die mit verholzten oder krautigen, verzweigten oder unverzweigten, beblätterten oder unbeblätterten, mehr oder minder dicken Stielen in Verbindung stehen. Oder sind es am Ende gerade die Stiele, die die Haltbarkeit der Blüten herabsetzen?

Einige Beispiele sollen verdeutlichen, mit welchen Faktoren und Problemen wir es voraussichtlich zu tun haben.

a) Einzelblüten ohne Blütenstiel und ohne Sproßachse werden z. B. für Corsagen, z. T. auch für Brautsträuße (*Stephanotis,* Rittersporn, *Eucharis* u. a.) verwendet. Das vollständige Fehlen einer Assimilationsfläche schließt bei solchen Blüten die Möglichkeit zum Stoffgewinn mittels Photosynthese aus. Somit können alle Lebensvorgänge nur mit den in den Blüten vorhandenen Reserven bestritten werden. Dies gilt auch für relativ kurz- und schwachgestielte Blüten wie z. B. *Lathyrus* oder *Gloriosa.*

b) Unbeblätterte Blumen mit einem mehr oder weniger fleischigen Blütenschaft können vermutlich aus dem wasserreichen Gewebe sowohl Wasser als auch Nährstoffe für die Blüte mobilisieren.

Auch ist durch den Chlorophyllgehalt des Schaftes eine Assimilation und damit ein Stoffgewinn möglich. Daher kann es bei diesen Blüten (*Hippeastrum, Eucharis* u. a.) zu einem problemlosen Aufblühen der Knospen nach dem Schnitt kommen. Grüning (1935) zeigte, daß dickere Stengel bei der gleichen Art bzw. Sorte zu besserer Haltbarkeit beitragen können.

c) Einen ganz anderen Schnittblumen-Typ finden wir in den beblätterten Sprossen, die zu größerer Assimilationsleistung befähigt sind. Hier gehören die Blätter meist als unabdingbarer Bestandteil zur Schnittblume. Somit ist es verständlich, daß nicht nur die Blüten, sondern auch die Blätter einer Schnittblume erhalten werden müssen. Dies ist z. B. bei Rosen und Nelken der Fall.

d) Blätter sind im Blumengeschäft ein wichtiges Material als Hauptbestandteil oder aber auch Ergänzung (Beiwerk, Schnittgrün) von Gebinden. In einem Strauß aber werden Blätter oftmals stark beschattet, so daß sie in relativ dunklen Räumen nicht sehr lange haltbar sind, obwohl grundsätzlich eine stoffgewinnende Assimilation möglich ist.

e) Betrachten wir abschließend so komplex aufgebaute Schnittblumen, wie sie uns in den sogenannten Spray-Typen begegnen. Bei kritischer Überlegung wird hier ein ganzer Forderungs- und Fragenkatalog offenbar. Da es sich hier nämlich um sehr unterschiedliche Organe und Organgruppen handelt, die von vornherein ein physiologisch unterschiedliches Alter haben und auf die Umweltfaktoren in ganz unterschiedlicher Weise reagieren können, taucht im Blick auf die Haltbarkeit eine Reihe von Fragen auf:

- Wie halten wir die bereits aufgeblühten Blüten frisch?
- Wie können wir die vorhandenen Knospen zur Entwicklung bringen?
- Wie erhalten wir dann die entwickelten Knospen?
- Wie verhindern wir das vorzeitige Vergilben und Welken der Laubblätter?
- Wie beugen wir einem Abknicken des Stieles vor?
- Wie sichern wir die Wasserversorgung für alle Teile der Blume?

Viele dieser Fragen erübrigen sich, wenn wir uns mit einer einfach aufgebauten Blume, z. B. der Wicke, befassen. Man mag daraus erkennen, daß die globale Bezeichnung „Schnittblume“ im Grunde für alle systematischen Versuche zur Haltbarkeitsverbesserung unzulänglich ist. Darüber hinaus liegen ja nicht nur unterschiedliche Baupläne für Schnittblumen vor, sondern innerhalb eines Typs (z. B. Rosen) haben wir es mit unterschiedlichem genetischen Material zu tun, so daß streng genommen immer auch die Sorte, d. h. der Genotyp, betrachtet werden muß.

Wer Schnittblumen nach ihrem Aufbau und nach den Eigenschaften ihrer Organe in Gruppen einteilen will, wird sich sehr schnell in einer nahezu unübersehbaren Vielfalt verlieren. Insbesondere wird eine Klassifikation dadurch erschwert, daß unterschiedlich starke Wachsschichten auf Blättern und Stielen, schwankende Zahlen von Stomata je Flächeneinheit usw. auftreten. Die Vielfältigkeit der Schnittblumen muß sich letztlich in einer globalen Definition niederschlagen. Eine solche Definition ist an dieser Stelle dazu nützlich, um sich die Vielschichtigkeit vor Augen zu halten. Dies allein scheint schon den Versuch einer Abgrenzung gegenüber anderen gartenbaulichen Ernteprodukten zu rechtfertigen.

Schnittblumen sind lebende, mehr oder weniger vom Wurzelsystem getrennte, teilweise oder ganz entwickelte, oberirdische Pflanzenteile, die weder zum Verzehr, noch zur Weiterverarbeitung in neue Produkte bestimmt sind.

Mit dieser Definition scheiden z. B. Trockenblumen aus der Betrachtung aus. Hier haben wir es eher mit einer Konservierung als mit der Frischhaltung lebender Pflanzenteile zu tun.

1.2 Ziele der Frischhaltung

Frischhaltung bedeutet wohl in erster Linie: vor dem Verwelken schützen. Zweifellos ist dies die Grundlage aller Bemühungen, die sich sonst noch hinter der „Frischhaltung" verbergen. Es ist nämlich nicht nur von Interesse, die Schnittblumen in dem Zustand zu erhalten, wie er zur Zeit der Ernte vorliegt, sondern darüber hinaus sollen z. B. knospig geschnittene Blumen auch aufblühen, d. h. sie sollen sich entwickeln. Erst nach der Blütenentwicklung soll der Zustand „aufgeblüht" beibehalten werden. Bei Freesien ist erwünscht, daß neben der Erhaltung von vollentwickelten Blüten am gleichen Blütenstand sich fortwährend Knospen entfalten. An diesem Beispiel ist zu erkennen, daß Frischhaltung auch die Ausformung noch nicht entwickelter Organe einschließt. Somit können wir drei Zielfunktionen bei der Frischhaltung festlegen:

a) Erhaltung (z. B. Laubblätter, Anthurien, *Gerbera,* Poinsettien u. a.)
b) Entwickeln, dann Erhalten (z. B. Rosenblüten, Nelkenblüten u. a.)
c) Entwicklung bei gleichzeitiger Erhaltung (z. B. Freesien, Rosen u. a.)

Es ist nicht leicht, ja fast unmöglich, diese drei Funktionen scharf voneinander zu trennen. Betrachtet man eine Rosenknospe, so muß diese freilich entwickelt, dann erst erhalten werden. Jedoch sind die Laubblätter von vornherein lediglich möglichst grün und funktionstüchtig zu erhalten. Das Beispiel zeigt, daß an ein und derselben Schnittblume ganz unterschiedliche Dinge erreicht werden sollen. Wie später erläutert wird, ist das keineswegs einfach und problemlos. Die genannten Frischhalte-Funktionen sind im Hinblick auf die Entwicklung von Frischhalteverfahren von Bedeutung. Es sei vorweg erwähnt, daß sich die Forschung intensiv um sogenannte Aufblühlösungen bemüht, in denen die eingestellten Schnittblumen problemlos zur Entfaltung der Knospen kommen.

Unter Frischhaltung verstehen wir Maßnahmen zur Entwicklung und/oder Erhaltung von Schnittblumen.

2 Ursachen des vorzeitigen Welkens

Kenntnisse über die Welkeursachen und Alterungsprozesse sind unerläßlich, wenn das vorzeitige Vergehen von Schnittblumen gebremst oder verhindert werden soll. Ein Welken liegt ja dann vor, wenn in den pflanzlichen Geweben Wassermangel herrscht, d. h. die Zellen nicht voll mit Wasser gesättigt sind (Wassersättigungsdefizit). Für das Welken gibt es sowohl äußere, als auch innere Ursachen. Zu den äußeren Ursachen gehören z. B. klimatische Größen wie Temperatur, Luftfeuchte, Licht, schädliche Gase in der Atmosphäre usw. Die inneren, d. h. von der Pflanze selbst zur Wirkung gebrachten Faktoren sind offenbar eine Folge der Verwundung durch den Schnitt und den damit verbundenen Umwälzungen in den Lebensvorgängen. Wenn auch die Reaktion der Pflanze durch die Umweltbedingungen verändert werden kann, so genügt es keineswegs, wenn nur die Wirkung der äußeren Faktoren bekannt ist.

Dies hat folgenden Grund. In den meisten Fällen können wir die äußeren Faktoren nicht beliebig verändern, so daß die Blume unter meist ungünstigen äußeren Bedingungen mit den Alterungsprozessen beginnt. Wollen wir diese Prozesse aufhalten, so bleibt uns nur die Möglichkeit, in den Stoffwechsel selbst einzugreifen, d. h. durch Anwendung verschiedener chemischer oder physikalischer Verfahren den unausweichlich ablaufenden Alterungsvorgang zu bremsen oder zeitweise abzustoppen. Und dies ist nur möglich, wenn die inneren Vorgänge im Detail bekannt sind.

Man muß sich hierbei über die Dringlichkeit im klaren sein, sich auch mit solchen Ursachen zu befassen, die den menschlichen Sinnen weitgehend unzugänglich sind, wie z. B. das Wirksamwerden bestimmter gasförmiger Substanzen, welche die Haltbarkeit drastisch vermindern können. Daß wir solche Stoffe nur mit sehr großem technischen und chemischen Aufwand nachweisen können, entbindet nicht von der Notwendigkeit, sie als wesentliche Faktoren anzuerkennen und zu beachten. Es lassen sich nämlich für die Haltbarkeit nachteilige Veränderungen in der Pflanze auch dann verhindern, wenn deren Ursachen nicht augenfällig sind und naturgemäß auch nicht sein können.

2.1 Innere Faktoren

Die Pflanze reagiert auf Stressbedingungen mit schneller Alterung und Seneszenz.

Unter Alterung verstehen wir alle physikalischen und chemischen Prozessänderungen in der Pflanze, die vom Lebensbeginn eines Individuums an bis hin zum Vergehen ablaufen und teilweise reversibel sind. Seneszenz ist die letzte, irreversible

Phase der Alterung. Die Wissenschaft von der Pflanzenalterung – die Phytogerontologie – beschreibt Tausende von konkreten Vorgängen, die während der Alterung und Seneszenz ablaufen. Allgemein darf gesagt werden, daß lebenswichtige Grundsubstanzen im Alterungsprozeß quantitativ abnehmen und abbauende Elemente zunehmen. Zellen und Zellverbände verlieren ihre Fähigkeit, die zum Aufbau und zur Erhaltung notwendigen Lebensvorgänge zu regulieren. Entsprechend der hohen Organisation von Schnittblumen können wir dabei vom Verlust der intrazellulären und der interzellulären Regulationsfähigkeit sprechen. Der entstehende Mangel an intrazellulärer Regulation führt zur Verminderung von Ribonucleinsäuren, Proteinen, Chlorophyll und aufbauenden Enzymen. Mit der Verminderung dieser Stoffe geht eine Anreicherung von entsprechenden Abbauprodukten einher: Aminosäuren, Ammoniak, niedermolekulare Kohlenhydrate u. a. Zellmembranen verlieren ihre Funktion und zeigen größere Durchlässigkeit, Zellorganelle degenerieren, das Informationssystem der Zelle bricht quasi zusammen. Die interzelluläre Regulation über Leitbahnsysteme und über die Gasphase wird durch die Hormongruppen Auxine, Cytokinine, Gibberelline, Abscisinsäure und Äthylen durchgeführt. Im allgemeinen wirken Auxine, Cytokinine und Gibberelline der Seneszenz entgegen. Abscisinsäure und Äthylen sind in diesem Sinn typische Alterungshormone.

Abbauprozesse gehen unter Stressbedingungen schneller vonstatten. Sie können zwar durch gezielte Maßnahmen verlangsamt, teilweise sogar vorübergehend rückgängig gemacht, aber niemals endgültig gebremst werden, ohne den Organismus vorzeitig zu zerstören.

Vergilbung von Blättern, Verfärbung von Blüten, Knicken von Stengeln und starke Welkeerscheinungen sind die deutlichen Zeichen der Seneszenz. Die nach außen hin sichtbaren Abbauvorgänge sind ohne Kenntnis der anatomischen Gegebenheiten und physiologischen Besonderheiten der abgeschnittenen Pflanzenorgane weder voll verständlich noch praktisch manipulierbar. So ist es notwendig, einen Blick in das Lebensgeschehen der Schnittblume zu werfen. Auf diesem Exkurs stehen eine Reihe wichtiger Fragen an, wie z. B:

- Wie reguliert die Schnittblume ihren Wasserhaushalt?
- Welche Rolle spielen bei Wasserstreß einzelnen Organe und Gewebe für die Haltbarkeit der komplex aufgebauten Blume?
- Welchen Einfluß hat die Wurzel auf die Haltbarkeit?
- Ändert die abgeschnittene Pflanze ihre Lebensvorgänge nach dem Ernteschnitt?
- Welche Änderungen sind das und in welcher Richtung laufen sie ab?
- Inwieweit beeinflussen sie die Haltbarkeit?

In Kap. 3.4 sollen dann Maßnahmen besprochen werden, die sich aus den Antworten auf die gestellten Fragen ergeben und einen günstigen Einfluß auf die Haltbarkeit haben.

2.1.1 Wasserabgabe und Wasserleitung

Landpflanzen – und natürlich auch ihre abgeschnittenen Teile – sind in einem Dilemma seit ihrer Existenz. Denn einerseits verlangt die Assimilation von CO_2 intensiven Gasaustausch zwischen Blattgewebe und Atmosphäre, andererseits muß ein schädigender Wasserverlust vermieden werden. Die Entwicklung von Gasbarrieren in Form der Kutikula zum Schutz vor Wasserverlust ist ein Teil der Problemlösung. Die Entwicklung von Stomata (Schließzellen) zur Regulierung des Gasaustausches und der stomatären Transpiration der andere.

Je nach Wachstumsbedingungen bildet das Blatt eine unterschiedlich dicke Kutikula aus, wodurch die kutikuläre Transpiration einer Pflanzenart oder Sorte mehr oder weniger groß sein kann. Hauptfaktor zur Vermeidung eines bedrohlichen Wasserdefizits sind jedoch die Stomata. Das Öffnen und Schließen der Stomata wird durch mehrere Faktoren gesteuert, z. B. Lichtzyklus, CO_2, Temperatur. Das Zusammenwirken der Faktoren ist kompliziert und nicht in allen Einzelheiten bekannt. Bei Wasserstreß jedoch treten in der Regel alle Steuerungssysteme zugunsten des „wasserkontrollierenden Systems" zurück. Wichtig ist, daß in diesem Falle das Hormon Abscisinsäure (vgl. Kap. 2.1.5) sehr schnell und in großer Menge gebildet wird (RASCHKE 1975). Hinsichtlich des Stomatamechanismus bleibt jedoch eines problematisch: Wann immer eine Steuerungsanforderung befriedigt ist (Stomata schließen, weil Wasserverlust), so ist die andere Anforderung (Stomata öffnen, weil CO_2-Bedarf) nicht erfüllt. Bei Schnittblumen führt dies zu lebensbedrohenden Komplikationen, weil im warmen, trockenen und relativ dunklen Zimmer CO_2 benötigt wird und gleichzeitig eine Transpirationseinschränkung notwendig ist. Die Stomata müßten also in vielen Fällen gleichzeitig geschlossen und geöffnet sein.

Eine besondere Bedeutung für die Haltbarkeit spielen erstens die anatomischen Verhältnisse, nämlich Verteilung der Stomata in Abhängigkeit vom Pflanzenorgan und die Anzahl der Stomata/Flächeneinheit. Ein gutes Beispiel für die sehr unterschiedliche Verteilung der Stomata an einzelnen Organen ist die Chrysantheme. Bei ihr ist die Zahl der Stomata je Flächeneinheit bei Laubblättern über 1000mal größer als bei Petalen (TROLL 1959). Dies ist eine der Ursachen dafür, daß bei Wasserstreß die Blüten länger frisch bleiben als die Laubblätter.

Auch Rosenpetalen scheinen wenig bzw. keine Stomata zu besitzen. Die Zahl der Stomata je Flächeneinheit kann bei Laubblättern sehr groß sein. So hat z. B. der Flieder etwa 30 000/cm^2 lediglich auf der Blattunterseite, während die Sonnenblume hier etwa 1500/cm^2 und zusätzlich auf der Blattoberseite etwa 8500 Stomata/cm^2 aufweist. Zweitens ist die Fähigkeit des Regelmechanismus zum schnellen und/oder vollständigen Öffnen und Schließen des Porus von Bedeutung. Offenbar ist diese Fähigkeit sogar sortenspezifisch.

Die Blüten der Rosensorten 'Baccara', 'Dr. Verhage' und 'Superstar' geben unter gleichen Bedingungen unterschiedlich schnell Wasser ab. Kommen die Rosen in die Vase, so unterschreitet nach anfänglicher Steigerung des Frischgewichts z. B. 'Dr. Verhage' sehr viel eher das ursprüngliche Frischgewicht als 'Superstar'. Dies ist in Abb. 2 dargestellt.

'Dr. Verhage' besitzt demnach nur begrenzte Fähigkeiten, das Wasser in den Blütenblättern festzuhalten und zeigt daher eher Welkeerscheinungen. Vergleicht man nun die Transpiration der Laubblätter, so ist festzustellen, daß Blätter von 'Dr. Verhage' mehr Wasser abgeben als z. B. Blätter von 'Baccara'. Somit wäre zunächst denkbar, daß sowohl Blüten als auch Blätter von 'Dr. Verhage' eine geringere Wasserhaltekraft haben als die entsprechenden Organe von 'Baccara'. Der wahren Ursache für den raschen Wasserverlust der 'Dr. Verhage'-Blüte kommt man aber erst dann auf die Spur, wenn alle Laubblätter am Stiel abgetrennt werden. Die Prüfung der Haltbarkeit dieser entblätterten Rosen ergibt dann, daß die Blüten an den kahlen Stielen nicht nur länger haltbar sind als Blüten auf beblätterten Stielen, sondern daß die deutlichen Haltbarkeitsunterschiede von Blüten auf beblätterten

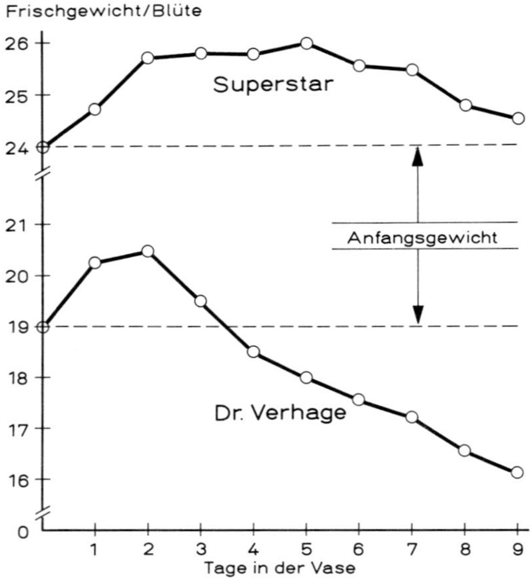

Abb. 2. Änderung des Frischgewichts der Blüten von 'Superstar' und 'Dr. Verhage' während des Vasenlebens (MAYAK et al. 1974).

Stielen nach Entlaubung vollständig aufgehoben sind. Dies ist in Tab. 1 aufgezeigt. Wie ist dieser Effekt zu erklären? Die einzelnen Organe verbrauchen unterschiedlich große Wassermengen. So kann es dazu kommen, daß die einen Organe den anderen Organen sozusagen das Wasser „abgraben", oder anders ausgedrückt: die der Blüte vorgelagerten Blätter nehmen so viel Wasser weg, daß die Blüte nicht mehr hinreichend versorgt und somit nachhaltig geschädigt wird. Daher muß an dieser Stelle die äußerst wichtige Feststellung getroffen werden:

Blätter beeinflussen die Haltbarkeit der Blüten.

Die Blätter an der intakten Pflanze zeigen nicht den gleichen Effekt, wie er an der geschnittenen Blume zu beobachten ist. Im Verlauf der natürlichen Alterung und des Verblühens an der intakten Pflanze offenbart die Blüte keinen Wassermangel. MAYAK et al. (1974) konnten nachweisen, daß in Rosenpetalen der intakten Pflanzen das Wasserpotential zur Zeit des „Verwelkens" nicht absinkt. Im Gegenteil, der Wasserdurchsatz durch Rosenstiele an der intakten Pflanze kann bis zum endgültigen Vergehen der Blüte ständig gesteigert werden, so daß einem offenbar erhöhten

Tab. 1. Einfluß der Laubblätter auf die Haltbarkeit (Stunden) von Rosenblüten 'Dr. Verhage' und 'Baccara' (MAYAK et al. 1974)

Sorte	mit Blättern	ohne Blätter
Dr. Verhage	73,5	111,9
Baccara	97,7	112,8

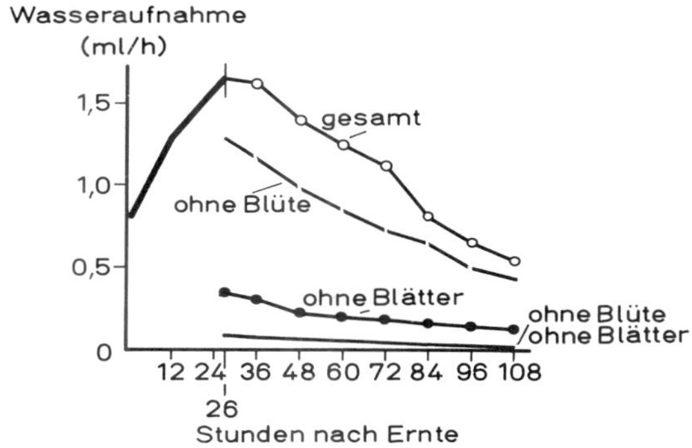

Abb. 3. Wasseraufnahme (ml/Stunde) von Rosen 'Forever Yours' ohne und mit Abtrennung einzelner Organe (CARPENTER und RASMUSSEN 1974).

Wasserbedarf Rechnung getragen wird (DURKIN und KUC 1966). Dies ist bei der geschnittenen Rose nicht der Fall. Ähnliches gilt für *Gerbera* (VAN MEETEREN 1979a, b).

Am Beispiel der in der Vase stehenden Rose läßt sich sehr gut zeigen, daß die Blätter die größten Wasserverbraucher sind, daß aber auch die Blüte und selbst der nackte Stiel mehr oder minder große Beiträge zum Gesamtverbrauch liefern. Dies ist in Abb. 3 zu sehen.

Wie der Abb. 3 zu entnehmen ist, steigt der Wasserverbrauch der Schnittblume zunächst an (hier bis zur 26. Stunde) und fällt dann im Verlauf des Vasenlebens stetig ab. Dies ist ein weit verbreitetes Prinzip. Es wird weiterhin gezeigt, daß das Abtrennen der Laubblätter hier eine Verminderung der Wasseraufnahme um 78% bewirkt. Was kann daraus gefolgert werden?

Wenn die Wasserverluste durch Laubblätter nicht nur derart groß sind, sondern die Blätter darüber hinaus den Blüten das Wasser streitig machen (Tab. 1), so müssen wir zur Haltbarkeitsverbesserung der Blüte

überflüssige Blätter nach dem Schnitt entfernen.

Für diese Maßnahme gibt es noch eine Reihe anderer Gründe, auf die später eingegangen werden muß.

Nicht bei jeder Schnittblume ist eine derartig starke Verminderung des Wasserverbrauchs durch Laubentfernung möglich, wie es gerade am Beispiel der Rose gezeigt wurde. So haben z. B. Nelkenstiele selbst Stomata und unterscheiden sich damit von Rosenstielen. Deswegen kann der Nelkenstiel (ohne Blatt und Blüte!) bis zu 40% der gesamten Wasseraufnahme bedingen (CARPENTER und RASMUSSEN 1974). Schnittblumen verbrauchen um so mehr Wasser, je höher die Temperatur und je geringer die Luftfeuchte ist. Da die heutigen Wohnzimmer und Büroräume warm und trocken sind, ist es kein Wunder, daß Schnittblumen gerade hier – wo sie doch von Nutzen sein sollen – unter ungünstigen Verhältnissen schnell verwelken. Daher taucht die Frage auf, ob Schnittblumen nicht ebenso wie Topfpflanzen in gewissem Ausmaß akklimatisiert werden können. Zu diesem Thema bestehen keine sicheren Untersuchungen, so daß nur Vermutungen angestellt werden können. Da aber heutzutage das „Abhärten" von Pflanzen für den neuen Standort in großem Maße wegen der Kosten für längere Flächenbeanspruchung unterbleibt und deswegen sogar große Probleme bei der Akklimatisierung von teuren Grünpflanzen bestehen, soll dieser Frage nicht weiter nachgegangen werden. Es ist notwendig, auf anderen Gebieten diesbezügliche Problemlösungen zu erarbeiten.

Die Gewichtsabnahme von Schnittblumen nach der Ernte ist ein allgemeines Phänomen (AARTS 1957). Meist ähnelt die Gewichtskurve der „gesamt-Kurve" in Abb. 3. Deshalb ist das Frischgewicht ein Maß für den Frischezustand der Blume und unter Umständen auch ein Maß für die noch zu erwartende Haltbarkeit.

Das bent-neck-Phänomen bei Rosen

Ein besonders anschauliches Beispiel für die gestörten Wasserverhältnisse in Schnittblumen sind die hängenden Köpfe (bent-neck) der Rose. Als Festigungsprinzipien von Geweben finden wir bei Landpflanzen die Gewebespannung und die Stützgewebe. Die Gewebespannung beruht auf der unterschiedlichen Ausdehnungsfähigkeit äußerer und innerer Gewebeteile. In hohlen Sprossen und Stielen besteht eine solche Gewebespannung ganz deutlich. Die Spannung kann so groß sein, daß sich Schäfte nach dem Ernteschnitt von unten her aufrollen (Abb. 48). Normalerweise reichen aber Turgor und Gewebespannung nicht nur Festigung aus. Mechanisch festigende, stützende Gewebe, wie Collenchym und Sclerenchym, sind notwendig. Das Sclerenchym wird in der Regel aus toten Substanzen gebildet. Sclerenchymzellen haben meist verholzte Wände und bilden Gewebeverbände, die die Leitbündel (Phloem und Xylem) von monocotylen und dicotylen Pflanzen umgeben. Die Leitgefäße selbst aber haben auch stets ausgesteifte Membranen durch Auflagerung von Wandsubstanzen und deren Verholzung. Diese Membranverdikkung bringt eine Verminderung der Dehnungsfähigkeit mit sich, was bedeutet, daß die endgültige Verfestigung der Stützelemente erst dann erfolgen kann, wenn das

Abb. 4. Gewebeschädigung im Biegebereich des „Rosenhalses" (CAROW und SOMMER 1979).

umliegende Gewebe sein Streckungswachstum beendet hat. Das ist aber bei zu früh geernteten Rosen offensichtlich noch nicht der Fall, denn die Gründe für den „gebogenen Nacken“ und den „hängenden Kopf“ sind in mangelnder Verholzung des Leitbündelsystems zu suchen (BURDETT 1970, KOHL 1961, PARUPS und VOISEY 1976). In der Tat erfolgt die Verholzung des letzten Stengelabschnittes erst in einem sehr späten Entwicklungsstadium und bei einigen Sorten nach dem Ernteschnitt. Vorher wird die Knospe durch den Turgordruck im Blütenstiel aufrecht gehalten.

Sobald also durch Transpiration nach der Ernte die Wasserversorgung der Gewebe schlechter wird, biegt sich der „Rosenhals“ unter der Last der Knospe.

Sind die Umweltbedingungen nicht extrem, so ist das Umbiegen reversibel. Schließen sich die Stomata bei Nacht oder wird der Wasserstatus durch höhere Luftfeuchte verbessert, so kann sich der Stielabschnitt unter der Knospe wieder aufrichten. Dieser Vorgang kann sich wiederholen und, wie Abb. 4 zeigt, typische Gewebeschädigungen im Biegebereich hervorrufen (CAROW und SOMMER 1979). Sobald die Laubblätter verwelkt sind, kann das Auf und Ab der Knospe aufhören und diese aufrecht stehen bleiben.

Sterben die Laubblätter ab, so ist dies im Hinblick auf die Wasserversorgung des Rosenhalses mit der Abtrennung der intakten Blätter zu vergleichen. Die Konkurrenz um das Wasser entfällt. Die im Minimum befindliche Wasserverfügbarkeit reicht aus, um den Turgordruck und somit die Tragkraft des Gewebes zu erhöhen. Die Konkurrenz der Organe um Wasser ist eine Ursache des bent-neck bei Rosen. Sorten, die zu hängenden Köpfen neigen, entziehen dem Rosenhals durch Blatt- und Knospeneinfluß mehr Wasser als andere Sorten. So nimmt die Neigung zum bent-neck in der Reihenfolge der Sorten zu: ‘Samantha’, ‘Forever Yours’, ‘Town Crier’, ‘Jacqueline’ und ‘Cara Mia’ (ZIESLIN et al. 1978). Das schnelle Welken der bent-neck-Zone ist aber nicht allein eine Folge der Konkurrenz um Wasser, obwohl durch Reduktion der Blattfläche das Knicken z. B. bei ‘Mercedes’ verhindert werden kann. Die Wasserversorgung und in der Folge natürlich auch die Konkurrenzverhältnisse hängen auch davon ab, wieviel Wasser durch die Leitgefäße an den Ort des Verbrauchs geliefert wird. Es muß angenommen werden, daß nach dem Schnitt von Rosen eine physiologische Leitbahnblockade entsteht (DURKIN und KUC 1966). Der Wasserdurchsatz durch bakterienfreie Rosenstiele konnte durch 200 mg 8-Hydroxychinolincitrat / l Wasser erheblich gesteigert werden (MAROUSKY 1969b), was darauf hindeutet, daß der Strömungswiderstand in den Leitgefäßen vermindert wird. BURDETT (1970) konnte Blockadesubstanzen in den Xylemzellen von geschnittenen, nicht jedoch von intakten Rosen finden. Diese Stoffe bildeten sich vorwiegend direkt an und über der Wasseroberfläche in der Vase. Der Strömungswiderstand nimmt mit dem Ausmaß der Leitgefäßverstopfung (vessel plugging) zu. Mit der Zeit steigt die Aktivität des Enzyms Cellulase in Rosenstielen an (MAYAK et al. 1974). Dieses Enzym baut Cellulose in den Zellwänden ab und sorgt so für den Zellschutt im Leitgewebe. Cellulase wird – wie Pektinase – auch von Mikroorganismen benutzt, um in die Zellen höherer Pflanzen einzudringen. Die Leitbahnblokkade kann daher auch durch Bakterienaktivität eingeleitet werden.

Das Beispiel der Rose zeigt die Schwierigkeiten, die sich dem Bemühen um verbesserte Haltbarkeit und Qualität entgegenstellen.

Das Hauptproblem ist Wassermangel.

2.1.2 Cytokininstreß

Cytokinine sind Pflanzenhormone, die an einem Ort gebildet (hier Wurzel) und an einen anderen Ort transportiert (hier Blätter und Blütenorgane) werden, wo sie ihre Wirkung entfalten. Diese Hormone helfen, den Ablauf des Lebensgeschehens in geordneten Bahnen zu halten. Dies gilt für die Wasserbilanz (MAYAK und HALEVY 1974) ebenso wie für Abbauerscheinungen durch Abtransport von Verbindungen aus absterbenden Organen und die Erhaltung einer angemessenen Atmung (ALLINGER et al. 1969, MACLEAN und DEDOLPH 1962). Die Pflanze bildet offenbar von Beginn ihrer Entwicklung an mit zunehmender Verzweigung des Wurzelsystems (mehr Wurzelspitzen!) steigende Mengen an Cytokinin (SITTON et al. 1967). Mit dem Blühbeginn erfolgt bei einjährigen Pflanzen ein rascher Abfall der Cytokininkonzentration. Wenig später beginnt das Vergilben der Laubblätter, dann der Abwurf derselben und schließlich stirbt die Pflanze, sobald der Samen gereift ist. Alterung, Reife und Tod hängen offenbar eng mit dem Cytokininhaushalt zusammen. Nun fand man schon vor der Entdeckung pflanzeneigener Cytokinine, daß eine aus Heringssperma isolierte, ähnliche Substanz, das Kinetin, Alterung und Vergilbung von Laubblättern verzögern kann. Kinetin kann Abbauprozesse im Blatt verhindern und abgebaute Verbindungen dort festhalten, wo es auf das Blatt aufgebracht wurde (Retention). Zusätzlich kann dieses Hormon den Transport von Aminosäuren, Assimilaten, Phosphor und Kalium von nicht behandelten in behandelte Blattbezirke veranlassen (Attraktion). In der Tat hat sich das Kinetin als alterungshemmend und wiederverjüngend herausgestellt (ALLINGER et al. 1969, ENGELBRECHT 1964, MOTHES 1960, 1961, PARUPS 1971, RICHMOND und LANG 1957). Die Entdeckung, daß Kinetin den Eiweißabbau in abgeschnittenen Blättern verlangsamt, hat die Bemühungen um verbesserte Haltbarkeit grüner Pflanzenteile zweifellos einen großen Schritt vorangebracht. Zu Ehren der Entdecker wird diese Erscheinung als Richmond-Lang-Effekt bezeichnet. Cytokinine verzögern aber nicht nur die Vergilbung von Laubblättern, sondern sie stellen auch für die Haltbarkeit von Blüten (Petalen sind ja umgewandelte Laubblätter!) einen sehr wichtigen

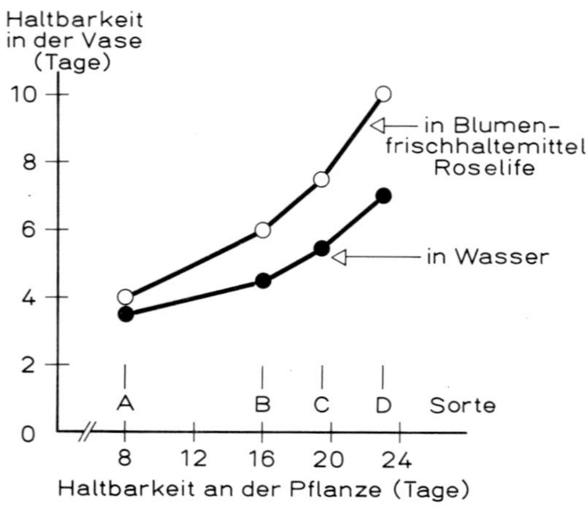

Abb. 5. Beziehungen zwischen Haltbarkeit an der Pflanze und Haltbarkeit in der Vase bei 4 Rosensorten (nach Werten von DURKIN und KUC 1966).

Faktor dar (Halevy und Mayak 1975, Mayak und Halevy 1970, 1974, van Meeteren 1979 a).

Wenn sich Rosenblüten öffnen, ist der Cytokiningehalt am höchsten und fällt dann ab (Mayak et al. 1972), wobei die Cytokininaktivität in jungen Rosenblättern höher ist als in alten. Die Blütenblätter von kurzlebigen Sorten mit geringem Cytokiningehalt können daher z. B. durch Tauchen in eine Cytokinin-Lösung länger lebensfähig erhalten werden (Mayak und Halevy 1970). Die Organgewichte nehmen weniger schnell ab, da die Alterungsvorgänge gebremst werden.

Es wurde beobachtet, daß die Art der Unterlage für die Haltbarkeit von Rosen eine wichtige Rolle spielt (Durkin und Kuc 1966). Den endgültigen Beweis für den

Zusammenhang zwischen Sorte, Cytokiningehalt und Haltbarkeit

bei Rosen erbrachten Halevy und Mayak (1975). Aus Tab. 2 ist ersichtlich, daß die Rosensorte ‘Lovita’ einen höheren Cytokiningehalt aufweist und länger haltbar ist als die Sorte ‘Dr. Verhage’.

Tab. 2. Haltbarkeit (Tage) und Cytokiningehalt von Rosenblüten der Sorten ‘Lovita’ und ‘Dr. Verhage’ (Halevy und Mayak 1975, verändert)

Sorte	Haltbarkeit (Tage)	Cytokiningehalt (Kinetinäquivalente mg/100 g TS)	
		junge Blüten	ältere Blüten
Lovita	8,3	0,522	0,036
Dr. Verhage	5,0	0,270	0,026

Nach diesem Befund lag auch die Erklärung dafür auf der Hand, warum zwischen Haltbarkeit an der intakten Pflanze und der Haltbarkeit in der Vase eine enge Beziehung für mehrere Rosensorten festgestellt werden konnte (Durkin und Kuc 1966). Dies ist in Abb. 5 zu sehen.

Aus Abb. 5 geht weiterhin hervor, daß der Zusatz eines Blumenfrischhaltemittels zum Vasenwasser offenbar diejenigen Sorten stärker fördert, die schon von sich aus die längste Haltbarkeit aufweisen. Das heißt, daß ein bereits durch den Genotyp vorgegebenes größeres Haltbarkeitspotential durch zusätzliche Maßnahmen stärker ausgenutzt werden kann als ein von vornherein geringeres Potential. Dieser Aspekt ist insbesondere für die Züchtung haltbarer Genotypen interessant.

2.1.3 Gibberellinstreß

Gibberelline verzögern im Regelfall die Alterung. Über 50 Gibberellinestrukturen sind bekannt. Wo immer in Pflanzen intensiv nach ihnen gesucht wird, können einige aufgefunden werden (Hedden et al. 1978).

Gibberelline können in der Wurzel gebildet und wie Cytokinine in den Sproß transportiert werden. Sind diese Orte der Hormonbildung abgetrennt, so ist die interzelluläre Regulation gestört. Die Vermutung liegt nahe, daß insbesondere bei Lilien die schnelle Blattvergilbung eine Folge zu geringen Gibberellingehaltes ist, denn Gibberellinsäure im Vasenwasser kann die Vergilbung verzögern. Immerhin sind Gibberelline an der Genaktivierung beteiligt und wirken dabei vermutlich mit Cytokininen zusammen. Außerdem gibt es auch Hinweise dafür, daß Gibberelline die Äthylenproduktion hemmen können (ABELES 1973). Vermutlich beruht auch die haltbarkeitsverbessernde Wirkung von Koniferenextrakt im Vasenwasser teilweise auf dessen Gibberellingehalt.

2.1.4 Äthylen

Der ungesättigte Kohlenwasserstoff Aethylen (C_2H_4) spielt für die Haltbarkeit von Schnittblumen eine zentrale Rolle. Von der ersten Nachricht über Leuchtgasschäden an Pflanzen vergingen 70 Jahre, bis 1934 entdeckt wurde, daß Pflanzen selbst Äthylen erzeugen können. Diese Entdeckung hat im Hinblick auf die Frischhaltung von Pflanzenorganen besondere Bedeutung, als das Äthylen ein schnelles Vergehen und Verblühen auslöst.

Synthese und Produktion

Methionin ist die Substanz aus der Äthylen über Zwischenstufen gebildet wird (YANG 1980). Dieser Prozeß kann nur unter Sauerstoff-Zufuhr (O_2) ablaufen und ergibt eine Reihe von Endprodukten, unter denen auch Ammoniak (NH_3) zu finden ist.

$$\text{Methionin} \xrightarrow[O_2,\ \text{Enzyme}]{} \text{Äthylen} + \text{Ammoniak} + \text{Kohlendioxid} + \text{Ameisensäure} + \text{organischer Rest}$$

Man darf annehmen, daß jedes lebende pflanzliche Gewebe zur Äthylenproduktion befähigt ist. Je nach anatomischen Verhältnissen, z. B. Stomatazahl je Flächeneinheit, Verhältnis Oberfläche zu Volumen, Diffusionswiderstand und Produktionsrate, sind die Äthylenkonzentrationen in den Geweben unterschiedlich groß. Die Produktionsrate schwankt je nach Reife bzw. Entwicklungsstand oder Streßsituation in der Regel um den Faktor 10 bis 100, wie Tab. 3 zeigt.

Autokatalyse

Schon geringe Mengen von Äthylen induzieren eine beschleunigte Äthylenproduktion. Dieser durch die Pflanze bewirkte Prozeß ist deshalb so nachteilig, weil nach dem ersten Auftreten von Spuren dieses Gases sich die Produktion immer mehr „hochschaukelt" und daher ein vorzeitiges Welken auch von solchen Blüten erfolgen kann, die von selbst noch gar nicht mit der Äthylenproduktion begonnen hätten. Daher müssen Blumen gegen das zerstörende Äthylen abgeschirmt werden. Viele Früchte geben Äthylen ab (BURG 1968, BURG und BURG 1965, DAVIDSON 1949), insbesondere Äpfel und Birnen (WINTZ 1954). Eine gemeinsame Lagerung von Früchten und Schnittblumen muß daher unterbleiben.

Äthylen von Früchten schädigt Schnittblumen.

Tab. 3. µl Äthylen/kg Frischsubstanz und Stunde (berechnet nach Abeles 1973, Akamine 1963, Halevy und Mayak 1975)

Ananas	0,03	–	0,4
Apfel	12,5	–	100,0
Banane	0,01	–	1,0
Birne	16,0		
Blattgewebe	1,0	–	2,0
Orange	0,03	–	1,0
Passionsfrucht	50,0	–	60,0
Pfirsich	0,2		4,0
Rosenblüten	0,5	–	4,0
Stengelgewebe	1,0	–	2,0
Tomate	0,1	–	1,1
Vanda-Blüte	bis 3400 (nach Pollinienabtrennung)		

Post-Pollination-Phänomene

Unter dieser Bezeichnung laufen alle Prozesse, die sich nach der Bestäubung der Blüte einstellen. Insbesondere Orchideenblüten verändern sich nach erfolgter Bestäubung in geradezu dramatischer Weise. Sie welken, nehmen andere Farben an, zeigen braune, nekrotische Gewebe und fallen schließlich meist sehr schnell in sich zusammen (Arditti 1976, Arditti und Knauft 1969, Burg und Dijkman 1967). Mit der Befruchtung gehen Änderungen im Hormonspiegel und Enzymgehalt der Blüte einher. Eine dieser Änderungen ist der Beginn der Äthylenproduktion. Folglich wird das vorzeitige

Verblühen durch Befruchtung gefördert.

Es ist möglich, die natürliche Befruchtung mit Hilfe von Wuchsstoffen (Auxine) zu simulieren (Arditti und Knauft 1969, Burg und Dijkman 1967, Hall und Forsyth 1967) und damit die Ähtylenerzeugung anzuregen. In Abb. 6 ist an *Vanda*-Blüten 'Petamboeran' gezeigt, daß die Befruchtung zu gleichem Äthylenausstoß führt wie die Applikation von Indolylessigsäure (IES) auf das Stigma. Die Äthylenerzeugung beginnt, verglichen mit Kontrollpflanzen, viel eher.

Offenbar ist die Äthylenproduktion der auf die Narbe aufgebrachten Pollenmenge direkt proportional, wie an einer Solanacee gezeigt wurde. Die höchste Produktionsrate liegt zwischen 6 und 10 Stunden nach der Bestäubung (Dijkman und Burg 1970, Burg und Dijkman 1967, Lee et al. 1977) und fällt mit dem größten Wachstum des Pollenschlauches zusammen. Hierbei wird die Äthylenbildung durch pollenproduziertes Auxin gesteuert. Toter Pollen kann keine Äthylenbildung hervorrufen.

Bei Orchideen produziert das Gynostemium (Säule) die erste Äthylenspitze (Abb. 6), die Lippe folgt dann mit Verzögerung. Petalen und Sepalen erzeugen erheblich geringere Mengen an Äthylen.

Aus Abb. 6 ist weiterhin zu entnehmen, daß nach Abtrennen der Pollinien eine frühzeitige Äthylenproduktion beginnt. Auf diese Reaktion der Blüte nach einer

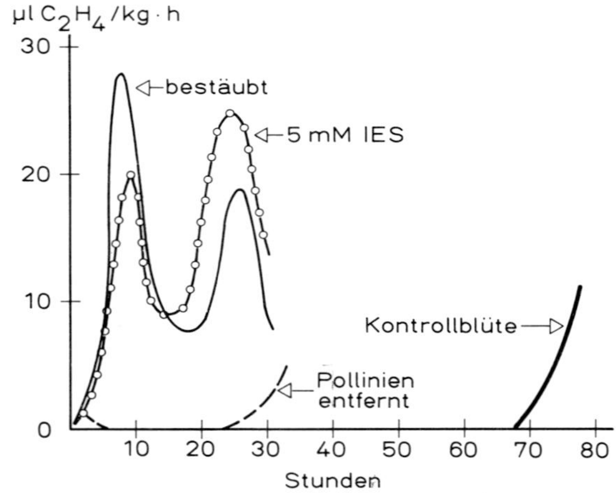

Abb. 6. Äthylenausstoß von unterschiedlich behandelten Blüten von *Vanda* 'Petamboeran' (Burg und Dijkman 1967).

Verletzung wird noch näher eingegangen. Der biologische Nutzen einer Äthylenflut besteht offenbar darin, die in der Blüte vorhandenen Stoffe in möglichst kurzer Frist und mit allen zur Verfügung stehenden Mitteln in die Samenanlagen zu transportieren. Mit Hilfe der radioaktiven Markierung von Zuckern kann nachgewiesen werden, daß diese These den Kern der Sache trifft. Wie aus Tab. 4 zu entnehmen ist, beschleunigt Äthylen die Auswanderung von markierten Zuckern aus den Petalen in den Fruchtknoten, Kelch und Stielansatz von Nelkenblüten. Es werden also durch Äthylen besondere Verbraucherstellen (sinks) begünstigt und andere Blütenteile als Quelle (source) für Zucker mehr oder minder stark entleert (Nichols 1971, Nichols und Ho 1975, Oertli und Kohl 1960).

Tab. 4. Verteilung von ^{14}C-markierten Zuckern (über Petalen gegeben) in Blütenorganen von Nelken (Nichols und Ho 1975, vereinfacht)

Äthylen	% markierte Substanz in Blütenteilen			
	Petalen	Fruchtknoten	Kelch	Stiel
mit	40,5	22,0	22,5	15,0
ohne	88,4	4,6	7,0	0,1

Wird Äthylen nach der Zuckergabe verabreicht, so weisen die Petalen nur ca. 40% der markierten Gesamtmenge an Zucker aus, 22% sind jeweils im Fruchtknoten und im Kelch zu finden. Ohne Äthylenanwendung verbleiben 88% der Zucker in den Blütenkronblättern. Die Gehalte im Fruchtknoten, Kelch und Stiel sind im Vergleich zu den äthylenbehandelten Blüten gering.

Äthylen baut also auf der einen Seite Substanz auf, die durch das gleiche Äthylen an anderer Stelle gewissermaßen im Eiltempo abgerissen und abtransportiert wird.

Um die Haltbarkeit von Blüten zu verlängern, müssen wir folglich die

Befruchtung verhindern.

Abb. 7. Frischgewichtsänderung und Äthylenausstoß von Nelken nach der Ernte bei unterschiedlicher Temperatur (NICHOLS 1966).

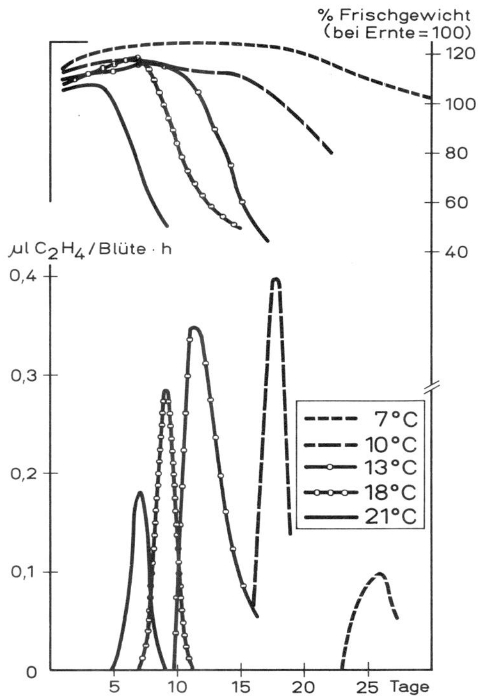

Temperatureinfluß

Die Äthylenproduktion ist von der Temperatur abhängig. NICHOLS (1966) fand bei Nelken, daß die Spitzenproduktion von Äthylen um so eher nach dem Schnitt liegt, je höher die Temperatur ist. Mit abnehmender Temperatur wird die Äthylenspitze (Abb. 7) auf einen späteren Termin verschoben und schließlich vollständig unterdrückt. Mit der stärksten Äthylenabgabe der Blüte fällt die Abnahme im Frischgewicht zusammen, was bedeutet, daß die Blüte mit sinkender Temperatur länger frisch bleibt.

Niedrige Temperaturen reduzieren die Äthylenproduktion.

Bei 7 °C entsteht ein vergleichsweise geringer Äthylenausstoß, das Frischgewicht bleibt während der 30 Versuchstage fast auf gleichem Niveau (Abb. 7). Bei 4,4 °C und 1,6 °C konnte eine hier zu vernachlässigende Äthylenmenge gefunden werden. Es taucht nun die Frage auf, ob bei einer Temperaturerhöhung nach der kühlen, das Äthylen bremsenden Phase, die Äthylenproduktion wieder aufgenommen wird. In der Tat wird bei höheren Temperaturen mit einer stärkeren Äthylenproduktion begonnen.

Kohlendioxid, Gegenspieler des Äthylens

Kohlendioxid (CO_2) vermindert in höheren Konzentrationen die Äthylenabgabe von Pflanzen, indem es den Auxinspiegel in der Pflanze erniedrigt (Burg und Burg 1967). Während Nelken nach einer 48stündigen Behandlung mit 0,2 ppm Äthylen völlig unbrauchbar sein können, wird dieser Äthyleneffekt durch Anreicherung der Atomsphäre mit 2% CO_2 praktisch aufgehoben. Tab. 5 stellt diese Verhältnisse sehr aussagekräftig dar.

Tab. 5. Haltbarkeit (Tage) von Sim-Nelken nach einer 48stündigen Äthylenbehandlung bei Ab- und Anwesenheit von 2% Kohlendioxid (Nichols 1968)

Behandlung	Vasenleben nach Behandlung in Tagen		
	Experiment 1	Experiment 2	Experiment 3
Äthylen 0,2 ppm	1,7	0	0
Äthylen 0,2 ppm + 2% CO_2	6,5	6,1	6,3
Kontrollpflanzen	7,5	5,4	5,7
Grenzdifferenz 5%	1,2	0,4	0,5

Wie aus Tab. 5 hervorgeht, ist die Haltbarkeit durch CO_2-Zugabe sogar zu verbessern (Experiment 2 und 3). Die Äthylenproduktion setzt entsprechend später ein, das Frischgewicht sinkt später ab. Hiermit liegen ähnliche Verhältnisse vor, wie wir sie bei der Temperaturwirkung kennengelernt haben. Eine optimale CO_2-Konzentration für Nelken liegt nach Nichols (1968) bei etwa 4%.

Ohne Sauerstoff kein Äthylen

Der Sauerstoffgehalt der Luft liegt bei ca. 21%. Senkt man mit Hilfe technischer Maßnahmen in geschlossenen Räumen den Sauerstoffgehalt der Atmosphäre auf 5% und weniger ab, so tritt bei Nelken kaum noch eine Äthylenabgabe auf. Burg und Burg (1967) haben gezeigt, daß die Äthylenproduktion an Sauerstoff (O_2) gebunden ist und durch Erniedrigung des Sauerstoffpartialdrucks verhindert werden kann. Je besser Pflanzen an niedrige Sauerstoffgehalte angepaßt sind (z. B. Reis), desto weniger Sauerstoff darf vorhanden sein, um einen Äthylenausstoß zu unterbinden.

Der Dosis-Effekt

Äthylen zeigt einen Dosiseffekt. Das bedeutet, daß geringe Äthylenkonzentrationen länger einwirken müssen als höhere, um den gleichen Effekt zu erreichen. So wirken z. B. 0,2 ppm Äthylen nach 6 Stunden Einwirkungsdauer auf Nelken kaum schädigend, während 16 Stunden Behandlungsdauer mit der gleichen Konzentration das „Einschlafen" der Nelkenblüten hervorrufen. Dieser Dosiseffekt ist für Nelken sehr genau untersucht (Barden und Hanan 1972) und wird uns bei Lagerungsproblemen noch einmal begegnen.

Äthylen-Metall-Komplexe

Es kommt den Bemühungen um eine möglichst lange Frischhaltung zugute, daß Äthylen mit einigen Metallen Verbindungen, sogenannte Komplexe, eingeht, die das Gas unwirksam machen. Solche Metalle sind Silber (Ag), Aluminium (Al), Quecksilber (Hg), Zink (Zn) und einwertiges Kupfer (Cu^+). Insbesondere Silber kann dazu benutzt werden, die Äthylenempfindlichkeit von Schnittblumen herabzusetzen, wenn die jeweils geeignete Applikationsart herausgefunden wird (Beyer 1976, Carow und Bahnemann 1980, Halevy und Kofranek 1977, Veen 1979, Veen und Geijn 1978).

Einfluß des Genotyps

Die Empfindlichkeit verschiedener Schnittblumen gegenüber Äthylen ist nicht gleich. Ebenso unterscheiden sich der Zeitpunkt und die Menge des höchsten Äthylenausstoßes bei verschiedenen Sorten einer Art. Halevy und Mayak (1975) demonstrierten, daß unterschiedlich haltbare Rosenblüten, die in gleichem Entwicklungsstadium geerntet wurden, ihre Äthylenproduktion zu unterschiedlichen Zeiten nach der Ernte aufnehmen. So produziert z. B. die Sorte 'Dr. Verhage' Äthylen sehr viel eher nach dem Schnitt als 'Lovita'. Zweifellos ist die

Äthylenproduktion sortenspezifisch.

Dies ist in Abb. 8 zu erkennen.

Da 'Dr. Verhage' geringere Cytokininkonzentrationen in der Blüte aufweist als 'Lovita' (Kap. 2.1.2) und eher mit der Äthylenproduktion und dem Verwelken beginnt, besteht offenbar ein Zusammenhang zwischen Cytokiningehalt und Äthylenproduktion. Es müßte demnach möglich sein, durch Verabreichung von Kinetin die Äthylenproduktion zu dämpfen und das Welken zu verzögern. In der Tat kann man durch Kinetinzugabe (60 mg/l Wasser) zum Vasenwasser den Substanzabbau in den Petalen der Rose verzögern (Mayak und Halevy 1974) und damit die Haltbarkeit verbessern.

Vermutlich hängen auch die in Abb. 5 gezeigten Sortenunterschiede mit der genetisch fixierten Art und Weise der Äthylenproduktion zusammen. Nach der Ernte

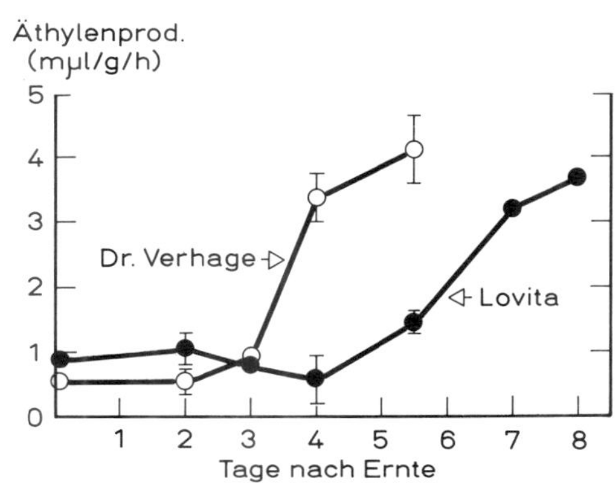

Abb. 8. Verlauf der Äthylenproduktion von Rosen 'Dr. Verhage' und 'Lovita' (Halevy und Mayak 1975).

durchlaufen die einen Sorten die Entwicklungszeit bis zur Äthyleninduktion offenbar schneller als andere Sorten. Auch ist es denkbar, daß schon beim Schnitt größere physiologische Unterschiede zwischen den Sorten bestehen, obwohl sie äußerlich in gleichem Entwicklungszustand zu sein scheinen.

Knospen sind weniger äthylenempfindlich

Schon CROCKER und KNIGHT (1908) haben gezeigt, daß Nelkenknospen weniger empfindlich auf Äthylen reagieren als offene Blüten. Mit zunehmender Temperatur steigt die Äthylenproduktion von Knospen in geringerem Umfang an als diejenige von vollentwickelten Blüten (BARDEN und HANAN 1972).

Bei sehr knospigen, gerade farbezeigenden Nelken geht offenbar auch bei hohem exogenen Äthylenangebot keine Autokatalyse vonstatten (CAMPRUBI und NICHOLS 1978). Möglicherweise hält der noch gut geschlossene Kelch das Schadgas kurzfristig von empfindlichen Geweben ab, bzw. sind diese noch nicht vollständig entwikkelt. Diese Erkenntnis ist für den Transport von Schnittblumen äußerst wichtig. In den Kartons herrschen nämlich vornehmlich im Sommer hohe Temperaturen und relativ hohe Äthylenkonzentrationen. Damit ist deutlich, daß der Versand von knospigen Schnittblumen weniger Probleme aufwirft und daher bevorzugt werden sollte, wenn immer dies möglich ist. Den Zusammenhang zwischen Entwicklungsstadium der Nelkenblüten und Äthylenempfindlichkeit bei unterschiedlichen Temperaturen zeigt Abb. 9.

Während die Haltbarkeit von geöffneten Blüten nach geringer Äthylendosis bei 1,7 °C später in Frischhaltemitteln von Anfang an abnahm, wenngleich langsamer als bei 10 °C oder 21 °C, blieben die bei 1,7 °C gelagerten Knospen über die ganze Zeit intakt und blühten nach der Behandlung voll auf. Bei diesen Knospen ragten die Petalen z. Zt. der C_2H_4-Behandlung etwa 1 cm über den Kelch hinaus. Offenbar sind geschlossene Blüten noch unempfindlicher gegenüber Äthylen und können auch bei 20 °C etwa 24 000 ppb*-Stunden (24 Stunden bei 1000 ppb) ohne Schädi-

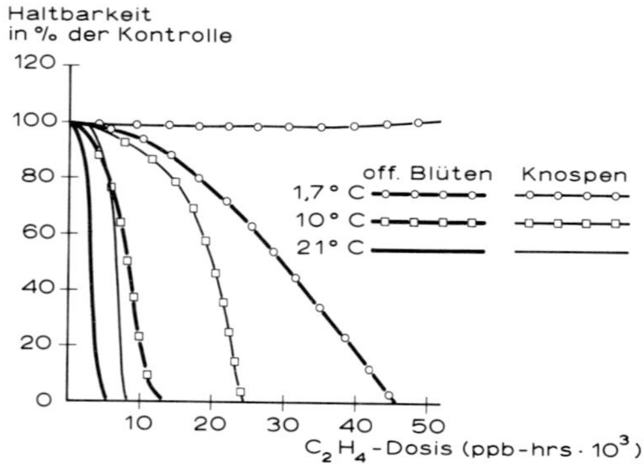

Abb. 9. Haltbarkeit von Nelken in einer Frischhaltelösung nach dem Einwirken unterschiedlicher Äthylendosis und Temperatur auf Knospen und offene Blüten (vereinfacht nach BARDEN und HANAN 1972).

*ppb = part per billion = mg je 1000 kg.
ppm = part per million = mg je kg.

gung überstehen (CAMPRUBI und NICHOLS 1978). Allerdings dauert dann die Entwicklung der Knospen in speziellen Lösungen längere Zeit. Die Wirkung des Äthylens ist nicht nur abhängig vom Entwicklungsstadium der Blüte, sondern auch von ihrer Konstitution, d. h. im allgemeinen von der Jahreszeit. Dies ist ein Grund dafür, daß bei der gleichen Sorte unterschiedlicher Herkunft größere Unterschiede in der tolerierten Dosis (etwa 1000 bis 12 000 ppb-Stunden) gefunden wurden.

Mechanischer Streß

Wie in Abb. 6 zu erkennen war, führt das Abtrennen von Pollinien bei *Vanda* zu einem vorzeitigen Äthylenausstoß. Aber auch andere Verletzungen veranlassen die Pflanze, Äthylen zu produzieren. Betrachten wir Schnittblumen im Hinblick auf mechanische Beanspruchung, so beginnt das Dilemma mit dem Schnitt. Diese einschneidende Maßnahme wird in ihrer wahren Bedeutung erst klar, wenn man weiß, daß Äthylen Enzyme (Cellulase, Polygalacturonase) dazu veranlaßt, Zellwände abzubauen (ABELES und LEATHER 1971, KENDE und BAUMGARTNER 1974, WIEMKEN-GEHRIG et al. 1974) und damit gewissermaßen chaotische Zustände in allen Geweben zu schaffen. Durch Zugabe von Cellulase ins Vasenwasser wird die Leitbahnblockade verstärkt. Da auch Mikroorganismen über dieses Enzym verfügen können, vermindern sie auf diesem Wege die Haltbarkeit. Die aktive Verstopfung der Leitbahnen durch Zellwandtrümmer geht offenbar auf das Konto von Äthylen. Daß hier eine biologische Notwendigkeit vorliegt, zeigt die Tatsache, daß auch die an der Wurzel verbleibenden Stielteile von geschnittenen Rosen eine Blockade bilden (DURKIN und KUC 1966).

Was für die Schnittwunde gilt, trifft auch für andere Verletzungen zu, die z. B. durch Abstreifen überflüssiger Blätter – was ja aus Gründen der Wasserbilanz und Wasserhygiene notwendig ist – und Entstacheln von Stielen entstehen (SMITH et al. 1964, WILLIAMSON 1950). Beim Sortieren und Verpacken sind die Blumen Druck und Quetschung ausgesetzt. Dies ist auch bei der Verarbeitung durch den Floristen der Fall. Unvermeidlich ist die darauf folgende Äthylenproduktion durch Stiele, Blätter und Blüten. Es addieren sich dabei viele kleine äthyleninduzierende Faktoren, die zusammen einen nicht zu vernachlässigenden Beitrag zur Haltbarkeitsminderung leisten können.

Schnittblumen vor Wunden, Druck und Quetschung schützen.

Äthylenausstoß durch Krankheiten

Es gibt krankheitserregende Pilze und Bakterien, die selbst Äthylen produzieren können (ABELS 1973). Bei vielen findet man in Reinkultur jedoch keine Äthylenproduktion (SMITH et al. 1964, WILLIAMSON 1950). Befallen solche pathogene Mikroorganismen also pflanzliche Gewebe, so ist eine anormale Äthylenabgabe festzustellen. Eine ganze Reihe unerwünschter Gattungen von Mikroorganismen spielen bei der Äthylenproduktion eine wichtige Rolle. Erreger des Chrysanthemenrostes *(Puccinia chrysanthemi), der Septoria*-Blattfleckenkrankheit, des Grauschimmels *(Botrytis),* des Braunen Krebses bei Rosen *(Cryptosporella),* des Sternrußtaus *(Actinonema* bzw. *Diplocarpon),* der Blattfleckenkrankheit und der Stengelfäule bei Nelken *(Alternaria)* und *Fusarium oxysporum*, sie alle veranlassen die Pflanze zu anormaler Äthylenabgabe (NICHOLS 1966, SMITH et al. 1964, WILKINS und SWANSON 1975, WILLIAMS 1950). Wichtig ist dabei, daß diese verstärkte Äthylenproduktion früher erfolgt als das Klimakterium der gesunden Blüte. Auch Viren zeigen die gleiche Fähigkeit (NAKAGAKI et al. 1970, ROSS und WILLIAMSON 1951). Durch den Befall mit Roter Spinne werden Rosenblätter zu erhöhter Äthylenabgabe veranlaßt (WILLIAMSON 1950). Einmal zur Nekrose neigende Gewebe produzieren auch dann Äthylen, wenn der Schadenerreger selbst nicht oder nicht mehr am Ort feststellbar ist (ROSS und WILLIAMSON 1951). Bei Nelkenblüten fand NICHOLS (1966), daß *Botrytis* keinen Äthylen-peak* mehr erzeugen kann, wenn die Blüte selbst das Klimakterium überschritten hat.

Welche Aufgaben stellt uns das Äthylenproblem?

Äthylen ist ganz offensichtlich ein Stoff, der unter Streßbedingungen Leistungen induziert, die sonst nicht erreicht werden können. So ist bekannt, daß Äthylen z. B. die Bildung von Kartoffelknollen bewirkt und die Äthylenproduktion von Keimlingen um so stärker anläuft, je höher der Druck der sie bedeckenden Substratschicht ist. Auch die Resistenz von Organen gegen äußere Faktoren hängt mit der Äthylenerzeugung zusammen. Wir haben es hier also mit einer Reaktionsmöglichkeit im pflanzlichen Bereich zu tun, die im Hinblick auf die Frischhaltung von Schnittblumen ernsthafte Probleme verursachen kann. Da die Reaktionsnorm nicht auszuschalten ist, müssen alle möglichen Vorkehrungen getroffen werden, damit sie nicht in Kraft tritt.

Viele der unerklärlichen und schädlichen Wirkungen auf Schnittblumen können dem Äthylen zugeschrieben werden. Eine vorsorgliche Ausschaltung von Äthylen ist deswegen ein wichtiger und notwendiger Beitrag zur besseren Haltbarkeit. Auf gezielte Maßnahmen, die auf allen Vermarktungsstufen getroffen werden sollten, wird noch hingewiesen.

Äthylenverwandte

Auch äthylenverwandte Verbindungen können Alterungsvorgänge auslösen bzw. beschleunigen. Allerdings muß deren Konzentration um ein Vielfaches höher sein. So muß z. B. Propylen in 100 bis 130facher Konzentration wie Äthylen vorliegen, um gleiche Schädigungsgrade in der Pflanze zu verursachen. Kohlenmonoxid und Acetylen u. a. können ebenfalls in gleicher Richtung wirken (ABELES 1973, MAYAK et al. 1977b).

2.1.5 Abscisinsäure

Generell nimmt Abscisinsäure (ABS) nach dem Ernteschnitt in der Pflanze zu und wirkt den lebensfördernden Hormonen entgegen. So werden viele „Alterungsenzyme" durch ABS gefördert, wie z. B. Ribonuclease, Cellulase u. a. ABS reduziert die altershemmende Wirkung von Gibberellinsäure stärker als diejenige von Kine-

---

* peak (engl.) = Spitze, Haupt- oder Höchstwert

tin. Hohe Konzentrationen von Kinetin können die Wirkung niedriger ABS-Konzentrationen vollständig aufheben, während das mit Gibberellinsäure offenbar nicht möglich ist (Back und Richmond 1971).

Wirkung auf Stomata

ABS begrenzt die Transpiration von Blättern durch Stomataschluß. Bei Wasserstreß kann die Pflanze innerhalb weniger Stunden die ABS-Konzentration bis auf das 40fache erhöhen. Dieser in der Pflanze unter natürlichen Bedingungen ablaufende Prozeß kann aber auch von außen in Gang gesetzt werden, auch bei turgeszenten Blättern, nämlich entweder durch Besprühen der Blätter oder durch Zugabe von

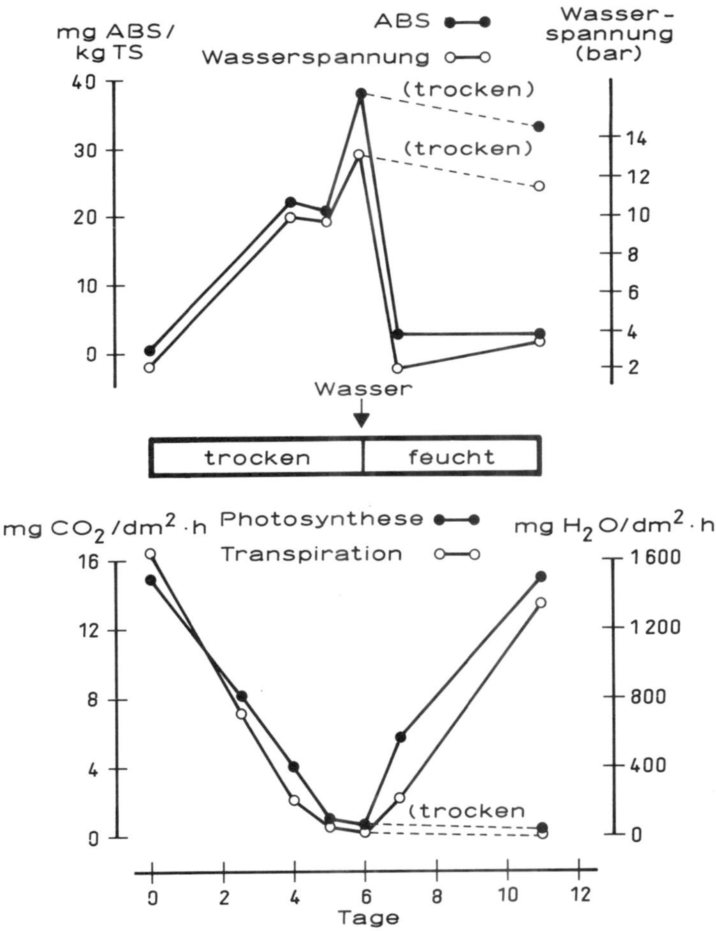

Abb. 10. Veränderungen der Wasserspannung im Blatt, der ABS-Gehalte und der Gasaustauschraten während Wasserstreß „trocken" und anschließender Wasserzufuhr „feucht" (nach Loveys und Kriedemann 1973).

ABS zum Vasenwasser, wodurch der Stomatawiderstand gegenüber Wasserdampf innerhalb weniger Minuten um das 10fache erhöht werden kann (Mittelheuser und van Steveninck 1971, Halevy et al. 1974). Normalerweise genügt es für den Stomataschluß, wenn sich der endogene ABS-Gehalt verdoppelt. Die Vervielfachung der Hormonkonzentration jedoch zeigt an, daß hierdurch eine Nachwirkung ausgelöst werden soll. Diese besteht darin, daß die Stomata auch bei späterer Wassersättigung der Pflanze noch einige Zeit geschlossen bleiben. Bei geschlossenen Stomata ist natürlich auch die Photosynthese gehemmt. Die zeitliche Übereinstimmung von Maxima der ABS-Konzentration und Wasserspannung (zunehmende Wasserspannung bedeutet abnehmendes Wasserpotential) mit Minima von Photosynthese und Transpiration bei welkenden Blättern zeigt Abb. 10.

Wenn Wasserspannung und ABS-Konzentration abnehmen, steigen die Werte für Photosynthese und Transpiration mit Verzögerung wieder an (Nacheffekt).

Hält der Wasserstreß an, so bleiben bei hohen ABS- und Wasserspannungswerten Transpiration und Photosynthese entsprechend gering (Abb. 10). Mit dem Verschluß der Spaltöffnungen strömen Kalium-Ionen aus den Schließzellen aus und vermindern damit den osmotischen Druck. Ein solches Ausströmen von Ionen aus Zellen (Efflux) wird auch durch Äthylen gefördert (Mayak et al. 1977b). Der kleine, regional begrenzte Efflux aus den Schließzellen ist kontrolliert und reversibel, während der überregionale, die ganze Schnittblume erfassende Efflux während der Seneszenz nicht mehr reversibel ist und damit zum Verwelken führt. Da Blätter von Schnittblumen mehrere Tage welken können und folglich hohe Gehalte des Alterungshormons ABS aufweisen, stellt sich die Frage, inwieweit „Stomata-ABS" durch Verteilung in der Pflanze andere Vorgänge im Stoffwechsel beeinflußt, die nachhaltig schädigen. Ein direkter Zusammenhang zwischen Wasserstreß, Stomata-ABS und Abbauvorgängen in den Zellen anderer Pflanzenteile ist noch nicht eindeutig herzustellen, wenngleich dieser Mechanismus für die Leitbahnblockade durch Polyphenole angenommen werden kann (vgl. Kap. 2.1.8).

Wirkung auf die Blüte

Im Laufe des Blühens von Rosen nimmt ABS zu und es erfolgt ein rascher Eiweißabbau mit nachfolgendem pH-Anstieg und anschließender Petalenverblauung (Borochov et al. 1976). Die ABS-Konzentration ist um so höher in den einzelnen Entwicklungsstadien und erreicht vor allem um so eher ein Maximum während der Petalenalterung, je kurzlebiger die Sorte ist (Mayak et al. 1972). Ähnliches gilt auch weitgehend für den Verlauf der Äthylenproduktion (vgl. Abb. 8).

Über das Vasenwasser angebotene ABS (100 bis 500 ppm) fördert das Aufblühen und verkürzt die Haltbarkeit der Blüte. Dies geschieht über eine beschleunigte Äthylenbildung (Mayak und Dilley 1976). Durch Äthyleneinwirkung wird der ABS-Gehalt in Rosenpetalen erhöht, der Petalenabwurf begünstigt. Umgekehrt führt die Applikation von ABS aber nicht zwangsläufig zur Äthylenbildung. Da die höchste ABS-Konzentration erst nach der höchsten Ausstoßrate von Äthylen auftritt, liegt die Vermutung nahe, daß Äthylen der Starter für die ABS-Bildung ist und daher ABS bei bereits vorhandenem hohen ABS-Niveau nicht zum zweiten Mal wirksam werden kann (Mayak und Halevy 1972).

Wirkung auf die Schnittrose

Aus Tab. 6 geht hervor, daß unbeblätterte Rosen der Sorte 'Dr. Verhage' und 'Superstar' schneller welken, wenn dem Vasenwasser 10 mg ABS/l zugefügt werden. Die Haltbarkeit wird um etwa einen Tag vermindert (Behandlung 2 und 4). Aus der Tabelle geht auch hervor, daß Laubblätter die Haltbarkeit erheblich verringern (Behandlung 1 und 2). Da wir jedoch nur beblätterte Rosen verkaufen können, ist eine ABS-Behandlung nur nützlich, wenn sie die Haltbarkeit verlängert. Und dies ist in der Tat der Fall, wenn wir die beblätterten Stiele betrachten (Behandlung 1 und 3). In diesem Falle wurde die Haltbarkeit von 'Dr. Verhage' um 53 Stunden, die Haltbarkeit von 'Superstar' um 57 Stunden verbessert. Dies sind – trotz der hohen Temperatur – über 2 Tage.

Tab. 6 Einfluß von Abscisinsäure (10 mg/l Wasser) auf die Haltbarkeit (Stunden) beblätterter und unbeblätterter Rosen (HALEVY et al. 1974)
Bedingungen während des Vasenlebens: 28 °C, 45 % rel. Luftfeuchte, Licht pro Tag: 10 Stunden 70 W/m^2

Behandlung			Sorte	
Nr.	Abscisinsäure	Blätter	Dr. Verhage	Superstar
1	ohne	mit	76 c*	53 c
2	ohne	ohne	150 a	134 a
3	mit	mit	129 b	110 b
4	mit	ohne	132 b	105 b

* statistisch signifikante Unterschiede sind durch unterschiedliche Buchstaben gekennzeichnet.

Wie erklären wir diese günstige Wirkung einerseits und das schnelle Verwelken andererseits? MAYAK und HALEVY (1972) fanden eine reduzierte Äthylenproduktion von Rosenblüten, wenn ABS ins Vasenwasser gegeben wurde. Das bedeutet, daß die Alterung gebremst wird. Nun weiß man, daß die ABS-Konzentration in der Pflanze mit zunehmender Trockenheit und steigendem Wassermangel erhöht wird, während die Photosynthese und die Transpiration aufgrund des Stomataschlusses geringer werden. Von außen zugeführte ABS veranlaßt eine Verkleinerung der Stomataöffnungen und verringert somit den Wasserverlust. Die Wasserbilanz der beblätterten Rosen wird also verbessert. Offenbar überdeckt dieser positive Effekt mit allen seinen Auswirkungen den negativen Einfluß von ABS auf die Blüte (HALEVY et al. 1974). Hieraus wird deutlich, daß von einem Organ bzw. einer Organgruppe (z. B. Blüte) nicht ohne weiteres auf die Reaktion eines umfangreichen Organsystems (Schnittblume) geschlossen werden kann. KOHL und RUNDLE (1972) zeigten, daß Vasenwasser mit 1 ppm ABS den Wasserverbrauch von normalen Schnittrosen um 30–40 % reduzieren und die Haltbarkeit um 2 Tage verlängern kann, ohne daß nachteilige Wirkungen auf die Blütenfarbe auftreten. Mikroorganismen wurden dabei mit 25 mg Silbernitrat/l Wasser unterdrückt. Bei einer Konzentration von 10 ppm und einer Einwirkungszeit von mehr als 24 Stunden trat Verblauen der Blüten ein.

10 ppm ABS (24 Stunden, dann Wasser) fördern die Haltbarkeit von Rosen im Licht-Dunkel-Zyklus, während im Dunkeln die Haltbarkeit vermindert wird

(Halevy et al. 1974). Wenn ein Stomataschluß schon vorhanden ist (Dunkelheit) und damit vermutlich bereits hohe ABS-Konzentrationen vorliegen, kann möglicherweise die physiologisch schädliche Schwelle für ABS in der Blüte überschritten werden. Hierfür fehlt zwar der experimentelle Beweis, jedoch deuten die Ergebnisse von Kohl und Rundle (1972) darauf hin, daß offenbar mit der Konzentrationserhöhung und damit höherer ABS-Dosis Verblauung auftritt.

Die besondere Bedeutung der ABS-Wirkung liegt in der verringerten Transpiration. Überdenken wir, daß die Wassernachlieferung aus der Vase durch Blockade der Leitbahnen erheblich gestört sein kann, so ist ein Wasserverlust der Organe, die oberhalb der Verstopfungszone liegen, besonders nachteilig. Wenn diese Organe jedoch durch die Wirkung von ABS weniger Wasser verlieren, so ist eine Hauptforderung für die Frischhaltung erfüllt.

Abscisinsäure kann Wasserbilanz verbessern.

2.1.6 Atmung

Die Atmung ist, wie alle Lebensvorgänge, temperaturabhängig. Die Abbaurate vorhandener, veratembarer Substanzen wird etwa verdoppelt, wenn die Temperatur um 10 °C ansteigt. Siegelmann (1952) zeigte, daß die Atmung der Blüten durch Temperatursenkung stark gedrosselt werden kann und damit ein vorzeitiger Zerfall durch rasche Erschöpfung der Reservestoffe verhindert wird.

Lebensvorgänge brauchen Energie, die durch das Veratmen der gebildeten Assimilate und deren Umwandlungsprodukte gewonnen wird. In Abb. 2 (Kap. 2.1.1) war zu erkennen, daß das Frischgewicht der Rosen nach dem Einstellen in Wasser für eine bestimmte Zeit ansteigt und dann endgültig unter den Ausgangswert abfällt. Während das Frischgewicht von Blüten durch mehr oder minder kurzfristige Behebung des Wasserdefizits ansteigt, sinkt das Trockengewicht (Abb. 12) in der Regel kontinuierlich und irreversibel ab (Weinstein 1957). Da in relativ dunklen Räumen kaum ein Substanzgewinn durch Assimilation erfolgen kann, nehmen die veratembaren Reservesubstanzen (Kohlenhydrate) in der Pflanze ab, und zwar so lange, bis der Stoffwechsel nicht mehr funktioniert. Mit der Zeit stehen immer weniger Mittel zur Aufrechterhaltung der Lebensvorgänge zur Verfügung (Nichols 1973). Dabei wird die Atmungsrate normalerweise immer geringer, die Aktivität der an der Atmung beteiligten Zellorganellen (Mitochondrien) nimmt ab (Coorts 1973, Coorts et al. 1965). Betrachtet man jedoch einzelne Blütenorgane von Rosen 'Velvet Times', so ist zu erkennen, daß wenige Tage nach dem Einstellen in Wasser eine rapide Erhöhung der Atmung in einzelnen Petalen und im Fruchtknoten zu erkennen ist. Diesem Anstieg folgt innerhalb kurzer Zeit ein endgültiger Atmungsabfall. In dieser Phase werden offenbar in einer Art „Katastrophenalarm“ die letzten Reserven verbraucht und der endgültige Zusammenbruch der Blüte eingeleitet. Dieses Stadium kann in Anlehnung an ähnliche Prozesse bei Früchten als Klimakterium bezeichnet werden. Es tritt jedoch offenbar nicht bei allen Blüten und Früchten auf.

In Abb. 11 ist in der durchgezogenen Kurve ein solches Klimakterium von Rosenpetalen zu erkennen. Die einzelnen Größen der Rosenblüte zeigen an, wann welche Atmungsrate zu verzeichnen ist. Die Atmungsrate wird hier durch das Ausmaß des

Sauerstoffverbrauchs charakterisiert. Die unterbrochene Linie zeigt die Anzahl der Zellen von Petalen je Flächeneinheit als Maß für das Streckungswachstum an. Die Petalen strecken sich nach dem Schnitt einer knospigen Blüte solange, bis das Klimakterium erreicht wird. Bei dieser Streckung wird Energie benötigt. Sind dann die Reserven aufgebraucht, ist kein Wachstum mehr möglich; die Blüte fällt später aufgrund von Wassermangel auseinander und wirft die Petalen ab.

Das im Laufe des Schnittblumenlebens immer größer werdende Energiedefizit kann von dem Organismus selbst nicht mehr ausgeglichen werden. Die Atmung ist jedoch von Kohlenhydraten abhängig, denn ohne Zucker kommen die Entwicklungsprozesse wie z. B. das Aufblühen zum Erliegen.

Ohne Atmung gibt es weder Erhaltung noch Entwicklung.

Die Pflanze hat die Möglichkeit, nach der Veratmung der Kohlenhydrate auch Eiweiße für die Gewinnung von Energie heranzuziehen. Dies ist – auch bei intakten Pflanzen – insbesondere bei Wassermangel der Fall (PAULIN 1975). Ältere Blätter geben dabei Eiweißbausteine (Aminosäuren) an jüngere Blätter ab (MOTHES 1931). Die Folge davon ist ein Vergilben und Eintrocknen der entleerten Blätter. Findet der Eiweißabbau in Geweben statt, deren Farbstoffe durch Veränderung des pH-Wertes geringfügig verändert werden, so kann es zu einem Farbumschlag kommen, der die Qualität von Blüten mindert und somit bestimmte Schnittblumen unverkäuflich

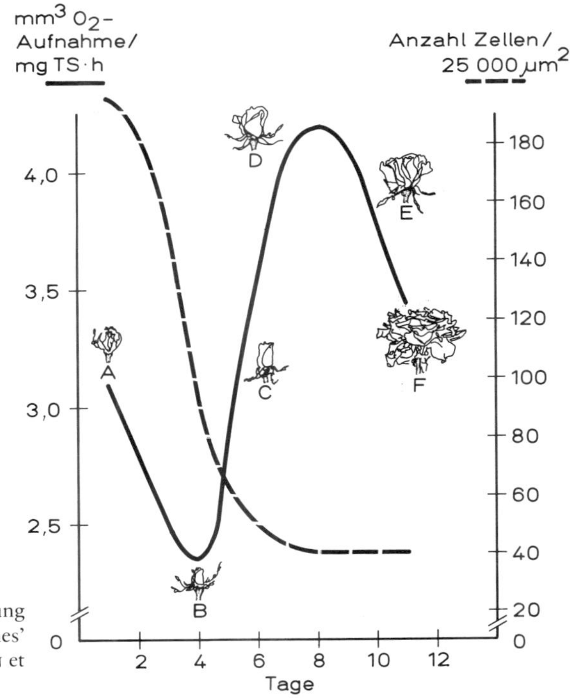

Abb. 11. Atmung und Streckung von Rosenpetalen 'Better Times' nach dem Schnitt (SIEGELMANN et al. 1958, verändert).

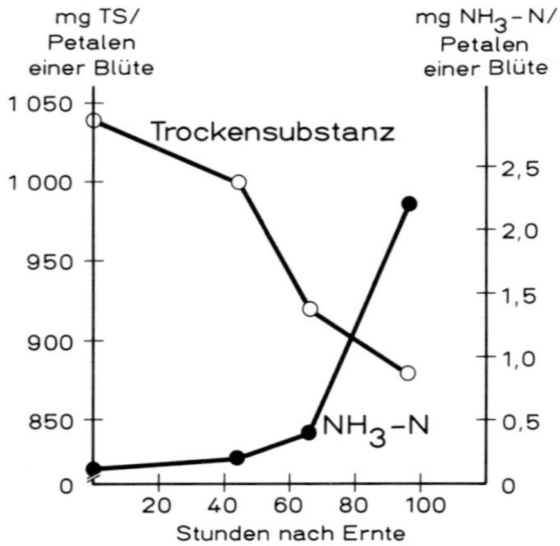

Abb. 12. Verlauf der Trockensubstanz und des Ammoniaks in Rosenpetalen 'Better Times' nach der Ernte (WEINSTEIN 1957, vereinfacht).

macht. Werden Eiweiße durch Enzyme in ihre Bestandteile zerlegt, so kann Ammoniak (NH_3) frei werden, sofern nicht gleichzeitig ein Neuaufbau von Eiweißen stattfindet. Unter Streß-Bedingungen dominiert aber der Abbau, so daß sich Ammoniak in den Zellen anreichern kann.

Theoretisch müssen wir erwarten, daß der Anstieg des Ammoniak-Gehaltes um so stärker ist, je weiter die Trockensubstanz abnimmt. Wie WEINSTEIN (1957) nachgewiesen hat, ist dies in Rosenpetalen in der Tat der Fall. In Abb. 12 ist zu erkennen, daß sich Trockensubstanz und Ammoniakgehalt gegenläufig verhalten.

Mit zunehmendem Ammoniakgehalt geht in der Zelle ein Anstieg des pH-Wertes einher. Hiermit sind Strukturänderungen von Farbstoffen verbunden.

Verblauen von Rosen ist eine Folge des Eiweißabbaus.

Wenn die Atmung Betriebsstoffe verbraucht und somit zur Verminderung der Haltbarkeit beiträgt, liegt die Frage nahe, ob unterschiedlich haltbare Schnittblumen unterschiedliche Atmungsraten aufweisen. Tatsächlich konnte nachgewiesen werden, daß z. B. Chrysanthemen weniger stark atmen als weniger lange haltbare Nelken (KUC und WORKMANN 1964).

Tab. 7. Atmungsrate (ml CO_2/kg Frischgewicht · h) von Nelken 'White Sim' und Chrysanthemen 'Indianapolis Pink' (KUC und WORKMAN 1964, vereinfacht)

Art	Reifestadium	Tage nach der Ernte		
		1	2	3
Nelken	knospig	282	206	152
	erblüht	320	242	180
Chrysanthemen	knospig	73	59	47
	erblüht	62	53	45

Außerdem wurde festgestellt, daß Knospen andere Atmungsraten haben als vollentwickelte Blüten. Aus Tab. 7 ist zu entnehmen, daß die Atmung von aufgeblühten Nelken 'White Sim' etwa 5mal so intensiv abläuft, als dies bei vollentwickelten Chrysanthemen 'Indianapolis Pink' der Fall ist.

Zwischen Atmungsrate und Haltbarkeit besteht ein enger Zusammenhang. Dieser ist aber nicht nur dadurch gegeben, daß bei größerer Atmung die Reserven der Pflanze schneller erschöpft werden, sondern auch durch die Entstehung von für die Haltbarkeit nachteiligen Abbauprodukten. Diese Abbauprodukte stören – wie im Falle von Ammoniak schon erwähnt – die normalen Lebensvorgänge.

2.1.7 Thyllenbildung

Die Festellung von Aarts (1957) und Kuhlen (1958), daß nach dem Schnitt in den Leitbahnen – insbesondere von holzigen Gewächsen – Ausstülpungen der Gefäßwandzellen, sogenannte Thyllen oder Füllzellen, zu finden sind, erinnert an das Absterben des älteren Holzkörpers von Bäumen. Es gibt Bäume, die die Leitbahnen im späteren sogenannten Kernholz dadurch verstopfen, daß sie solche Zellausstülpungen in die Leitbahnen vornehmen. Auch bei Verwundung von Gefäßzellen kann der Hohlraum durch Thyllen verschlossen werden. Wenn sich also in den Stielen von geschnittenen Gehölzen *(Alnus glutinosa, Amelanchier spicata)*, aber auch von Dahlien, Thyllen bilden, so ist dieser Vorgang als eine Wundreaktion aufzufassen. Diese Wundreaktion wird aktiv von der Pflanze vorgenommen, was dadurch bewiesen werden kann, daß Stoffwechsel- und Atmungsgifte wie z. B. Natriumazid (NaN_3) oder Dinitrophenol im Vasenwasser (0,001%ig) die Gefäßblockade abschwächen bzw. verhindern (Aarts 1957).

An dieser Stelle ist auch der Wundgummi zu erwähnen, dessen Bildung in abgeschnittenen Gehölzzweigen offenbar sehr schnell voranschreitet (Aarts 1957, Kuhlen 1958, Lineberger und Steponkus 1976). Auf diese Weise dichtet die Pflanze die Schnittwunde ab und schützt somit das innen liegende Gewebe vor Infektionen durch Mikroorganismen.

2.1.8 Leitbahnblockade durch Abbauprodukte

Normalerweise führt ein Wundverschluß durch Wundgummi oder ein Abdichten der Leitgefäße durch Thyllen nicht zum Verwelken der intakten Pflanze, da entweder für neue Wasserwege gesorgt ist oder nur Teile des Gewebes verschlossen werden. Die Schnittblume ist jedoch ihrer Reaktionsnorm entsprechend gezwungen, die Schnittwunde möglichst dicht zu verschließen. Damit entstehen ernsthafte Probleme mit der Wasserversorgung.

Hängende Rosenknöpfe kommen dadurch zustande, daß die Leitbahnen durch pektinartige und andere Substanzen verstopft werden. Das auf hohe Wassersättigung angewiesene, weil ohne hinreichendes Stützgewebe versehene Stielstück unter der Blüte beginnt daher zu welken (Burdett 1970, Parups und Molnar 1972). In den Xylempfropfen wurden Kohlenhydrate, fett- und eiweißähnliche Verbindungen gefunden (Lineberger und Steponkus 1976, Parups und Molnar 1972). Einige Untersuchungen haben einen durch die Pflanze verursachten Block in den Gefäßen wieder in Frage gestellt (Gilman und Steponkus 1972, Rasmussen und Carpenter 1974), weil elektronenmikroskopische Aufnahmen keine eindeutigen Verstopfungen zeigten. Der exakte Nachweis von wirksamen Xylemblockaden ist äußerst schwierig, da die Nachweismethode das Objekt mehr oder minder stark beeinflussen kann. Die Vielzahl der Untersuchungen, die auf Nachweis und Beseitigung solcher Blockaden abgestellt ist, läßt jedoch keinen Zweifel darüber, daß die in der Schnittblume ablaufenden Alterungsvorgänge zu einer Verstopfung der wasserleitenden Gefäße führen.

Lineberger und Steponkus (1976) haben in eingehenden Untersuchungen gezeigt, daß Zellwandbestandteile die Gefäße von Rosen 'Red America Beauty' blockieren und die Verstopfungen da beginnen, wo die Oberfläche des Vasenwassers abschließt. Dies belegt die Annahme von Aarts (1957), daß Gefäßverstopfungen aktiv aufgebaut werden können. Aktiv bedeutet, daß hierzu geatmet werden muß und folglich Sauerstoff verbraucht wird. Sauerstoff ist aber naturgemäß da in größere Menge vorhanden, wo die Luft direkt Zutritt zum Gewebe hat und dies ist über der Wasseroberfläche der Fall. Dies ist der Ort, der der Wunde am nächsten liegt und über größere Mengen an Sauerstoff verfügen kann. Es ist also kein Wunder, daß gerade hier die Leitbahnblockade am stärksten vorangetrieben wird.

Während der Reife von Früchten steigt der Gehalt eines Enzyms (Glucanase), welches möglicherweise Zellwandstrukturen so verändert, daß die feste Struktur des Gewebes aufgehoben wird (Hinton et al. 1976). Dies stützt die Beobachtung, daß bei Rosen bereits 5 Tage nach dem Schnitt ein Zusammenbruch von Zellwänden stattfinden kann (Rasmussen und Carpenter 1974).

Polyphenole

Zur gleichen Zeit wie Aarts (1957) Wundgummi in abgeschnittenen Zweigen fand, stellte Weinstein (1957) einen Anstieg von phenolischen Verbindungen in der Rose fest, sobald die Ernte erfolgt ist. Diese Phenolverbindungen können Abbauprodukte der Eiweiße sein. Unter den besonderen Bedingungen eines unvollständigen, d. h. von anderen Pflanzenteilen abgetrennten Organismus, können daraus schwerlösliche, holzstoffartige Verbindungen entstehen, die in den Leitgefäßen den Wassertransport behindern (Burdett 1970, Durkin und Kuc 1966). Phenole kommen auch in den Blättern von Schnittblumen vor. Kommen Blätter mit hohen Phenolgehalten ins Vasenwasser, so wird die Haltbarkeit der darin stehenden Schnittblumen drastisch vermindert. Dies trifft in erster Linie für Rosen, Mimosen und Flieder, aber offenbar auch in geringerem Umfang für Nelken zu (Buys 1969). Bereits ein Extrakt von 2 bis 3 Laubblättern von 'Superstar' je Liter Wasser beeinflußt die Haltbarkeit der in diesem Wasser stehenden Rosen negativ. Durkin und Kuc (1966) fanden in Rosenstielen wasserundurchlässige Blöcke von Tannin und Lignin, während diese Stoffe von anderen nicht gefunden wurden (Parups und Molnar 1972).

Wie die Synthese solcher Polyphenole unter dem Einfluß von Äthylen und Abscisinsäure vorzustellen ist, zeigt Abb. 13. Beide Alterungshormone können die Enzyme PAL und CAH fördern (Walton und Sandheimer 1968, Abeles 1973), welche ihrerseits Holzstoffe aufbauen. Da Abscisinsäure sowohl im Xylem als auch im Phloem transportiert werden kann (Hoad 1978), ist auch eine vom Blatt ausgehende Steuerung einer Leitbahnblockade möglich. Dies würde voll der Wirkungsweise von Hormonen entsprechen.

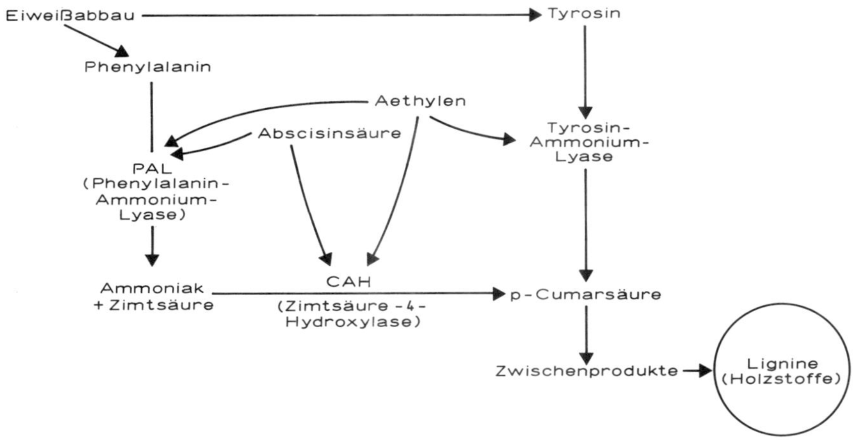

Abb. 13. Angriffsstellen von Äthylen und Abscisinsäure beim Abbau von Eiweißen zu leitbahnblockierenden, holzartigen Substanzen.

Phenolische Verbindungen sind auch in Verbindung mit dem Abwehrsystem der Pflanze gegen parasitische Organismen und Verletzungen zu sehen. So hemmt z. B. das Phenylpropan Cumarin das Mikroorganismenwachstum.

2.2 Äußere Faktoren

Wenn Gärtner und Floristen im Sommer in den Kühlraum gehen, um Blumen einzulagern oder zu entnehmen, ziehen sie sich meistens eine Jacke an, um die großen Temperaturunterschiede nicht direkt am eigenen Körper wirksam werden zu lassen. Mit dem Standortwechsel sind nämlich klimatische Veränderungen verbunden, die als unangenehm empfunden werden können. Der Mensch gleicht die Extrembedingungen aus, indem er sich den Gegebenheiten aktiv anpaßt. Diese Anpassung an widrige Verhältnisse ist im Zuge der Raumfahrt in der Tat auf die Spitze getrieben worden. In den Raumanzügen nimmt man das angenehme Mikroklima einfach mit und schützt sich vor den Gefahren einer fremden, für den Organismus nachteilig wirkenden Umwelt. Auch andere Teile einer altvertrauten Umgebung können relativ einfach mitgenommen werden; wie z. B. das Licht. Diese Möglichkeiten sind jedoch der Pflanze vollkommen genommen.

Im allgemeinen können Lebewesen kurzfristige Streßbedingungen gut überstehen, sofern der Organismus voll funktionstüchtig, d. h. intakt ist. Gerade diese Forderung ist jedoch bei Schnittblumen sofort nach dem Schnitt nicht mehr erfüllt.

Sofort nach dem Schnitt herrscht Streß.

Je nach Pflanzenart und -sorte ist der Streß – der zunächst durch Wassermangel hervorgerufen wird – unterschiedlich stark.

2.2.1 Ursachen des Wassermangels

Mit dem Schnitt trennen wir nicht nur Pflanzenteil von Pflanzenteil, sondern es wird gleichzeitig einer Wassersäule durchtrennt, die insgesamt gewissermaßen die Hauptschlagader der Pflanze darstellt.

Die Schnittblume ist nun nicht in der Lage, die Wasserabgabe an die Umgebung schlagartig nach dem Schnitt zu unterbinden, sondern sie gibt weiterhin Wasserdampf ab. Zwar kann das Ausmaß der Transpiration mit der Zeit herabgesetzt werden, jedoch ist auch nach dem Schließen der Schließzellen (Stomata) ein Wasserverlust zu verzeichnen. So wird die Wasserabgabe ohne Wassernachlieferung sehr schnell zum Hauptproblem, und zwar um so schneller, je höher die Temperaturen nach dem Schnitt sind und je trockener die umgebende Luft ist. Außerdem spielt der Wassergehalt der Pflanze zum Zeitpunkt des Abschneidens eine wesentliche Rolle. Dies trifft auch für die Pflanzentemperatur zu. Eine Kühlung der Gewebe ist nur dann möglich, wenn Wasser abgegeben werden kann. Turgeszente, d. h. wassergesättigte, Pflanzenteile überstehen daher kurzfristig unterbrochene Wassernachlieferung besser als bereits welke Organe. Es passiert gewiß nur dem Unerfahrenen, daß Blumen nach der Ernte längere Zeit im warmen Gewächshaus liegen bleiben und ein nicht wieder zu reparierendes Wasserdefizit erleiden. Doch ist seit langem bekannt, daß auch mit nicht gerade tödlichem Wassermangel bereits äußerst nachteilige Alterungsprozesse in der Pflanze beginnen. Daher ist die

Begrenzung der Transpiration oberstes Gebot.

Selbst wenn Schnittblumen so rasch wie möglich in Wasser gestellt werden, ist das Problem der Wasserversorgung nicht aus der Welt geschafft. Und nicht etwa nur deswegen, weil die gesamte Blume früher oder später zu welken beginnt, sondern weil die verschiedenen Organe unterschiedlich stark transpirieren. Das hängt damit zusammen, daß sich die Oberflächenstrukturen und die physiologischen Zustände der Gewebe unterscheiden. Dabei gibt es sogar Unterschiede zwischen den einzelnen Sorten einer Art (Kap. 2.1.1).

Wasserstreß ist eine der Hauptursachen für die rasche Alterung von Schnittblumen. Aus welchem Grund aber besteht das Problem hinreichender Wasserversorgung schon sofort nach dem Schnitt und welche Faktoren verstärken die anfängliche Streßsituation?

Gefäßblockade durch Luftblasen

In ausführlischen Untersuchungen hat Kuhlen (1958) gezeigt, daß Sprosse und Blätter im Moment des Abschneidens Luft in ihre Hohlräume einsaugen. Der Wasserstrom ist in den Stengeln stets zur Triebspitze hin gerichtet und reißt infolge einer bestehenden Saugspannung Luft in die Wasserleitgefäße (Xylem). Diese Luft kann die Wasserfäden in den Leitbahnen unterbrechen und die Wasserversorgung der Organe auch dann nachteilig beeinflussen, wenn die Stielenden in Wasser getaucht werden. Kaltes Wasser enthält mehr Luft (bei 0 °C etwa 30 cm^3/l) als warmes Wasser (bei 30 °C etwa 15 cm^3/l). Deshalb können sich bei Wassererwärmung in der Vase an der Schnittfläche Gasblasen abscheiden, die mit dem Transpirationsstrom in das Xylem eingesogen werden. Andererseits kann warmes bzw. luftarmes

Wasser bereits in den Xylemzellen vorhandene Luft lösen und damit einer „Luftembolie“ vorbeugen.

Es wurde früher empfohlen, Schnittblumen aus dem genannten Grund nach der Ernte unter Wasser nachzuschneiden, um die Gasblasen, die an den ersten Querwänden der Leitgefäße stecken bleiben, zu entfernen. Dies ist jedoch für die Praxis ein unbrauchbares, weil umständliches Verfahren.

Die Bedeutung der Xylemblockade durch Luftblasen ist seit Beginn der Diskussion um dieses Thema umstritten. So mißt GRÜNING (1935) der eindringenden Luft keinerlei Bedeutung bei, während LAURIE (1936) durch Unterwasserschneiden eine verbesserte Haltbarkeit bei *Antirrhinum*, Nelken, *Lathyrus*, Astern und *Tagetes* fand. Dagegen zeigten *Calendula* und *Matthiola* keine längere Haltbarkeit. Diese Gegensätze sind jedoch nicht verwunderlich, wenn man bedenkt, daß sich Schnittblumen hinsichtlich Anordnung und Durchmesser der Xylemzellen unterscheiden. Das Ausmaß einer Blockade durch Luftblasen ist daher von Gattung, Art und Sorte abhängig. Der Genotyp stellt also selbst einen Faktor dar, der bei der Beurteilung des Unterwasserschneidens berücksichtigt werden muß. Durch Verwendung unterschiedlicher Genotypen ist es möglich, im Laufe diesbezüglicher Untersuchungen zu ganz unterschiedlichen Ergebnissen und Auffassungen zu gelangen.

Die Beurteilung der tatsächlichen Wirkung der eingesogenen Luft wird dadurch erschwert, daß der Zustand der Pflanze kurz vor dem Schnitt eine wesentliche Rolle spielt. Hierauf wurde bisher kaum geachtet. Je mehr die Pflanze am Erntetermin zum Welken neigt, um so wahrscheinlicher ist das Einsaugen von Luft. Ein bereits vor dem Schnitt vorhandener Wassermangel (Wassersättigungsdefizit) legt daher den Grundstein für die Erhaltung der Wassermangelsituation auch dann, wenn die Stiele nach der Ernte in Wasser eingestellt werden. Die nachteilige Wirkung eingesogener Luft kann dadurch auf ein Minimum vermindert werden, indem die Pflanzen in einem möglichst wassergesättigten, d. h. turgeszenten Zustand geerntet werden. Dieser Zustand ist immer dann gegeben, wenn die Wurzel genügend Wasser aufnehmen kann und der Sproß infolge angemessener Temperatur und hoher Luftfeuchte möglichst wenig verbraucht. Im Sommer tritt diese Konstellation meist nur in den Morgenstunden auf. Deswegen werden viele Schnittblumen – insbesondere Rosen – morgens geerntet. Sie überstehen dann Durststrecken besser als welke Organismen.

Barrieren an der Schnittfläche

Betrachtet man einen im Gewächshaus sauber geführten, schrägen Schnitt im Mikroskop, so sieht man zerbrochene Zellwände, auslaufendes Zellplasma, Schmutzteilchen, die von der Stengeloberfläche durch das Messer auf die Wunde übertragen werden, kleine Luftbläschen und andere nicht näher bestimmbare Objekte (Artefakte). Die Gefahr, daß nach Einstellen eines derart endenden Stengels in Wasser Zellteile in die Leitbahnen gelangen, ist praktisch unabwendbar. Je unsauberer ein Schnitt geführt wird, desto mehr Zellschutt kann in die offenen Leitbahnen eindringen und damit den Wassertransport hemmen.

Es gibt nun Schnittblumen, die zusätzlich zur Verstopfung der Gefäße beitragen, indem sie nämlich aus der Wunde Milchsaft (Euphorbiaceae, Mohn) oder schleimige Stoffe (Narzissen) absondern. Diese Substanzen können die Schnittstelle derart verkleben, daß eine Wasseraufnahme erschwert wird.

Mikroorganismen

Schon die saubere Wunde stellt einen äußerst günstigen Nährboden für das Wachstum von Bakterien und Pilzen dar. Viele der Mikroorganismen sind ständige Wegbegleiter der Pflanze und vermehren sich rapide, sobald ihnen das Vasenwasser als Lebensraum zur Verfügung steht.

Die zuckerhaltigen Ausscheidungen aus der Schnittwunde (Phloemsaft!) begünstigen die Vermehrung derart, daß bald nach Beginn des Vasenlebens ein dichter Besatz kleinster Lebewesen auf der Schnittstelle vorhanden ist. Dies zeigt Abb. 14.

Die Generationszeit der meisten Bakterien liegt etwa zwischen 30 Minuten und wenigen Stunden, d. h. daß nach dieser Zeit aus einem Bakterium durch Teilung zwei neue entstanden sind. Selbst bei geringem Bakterienbesatz der ins Wasser eintauchenden Stieloberfläche sind im günstigen Medium Vasenwasser nach 3 bis 4 Tagen Milliarden über Milliarden von Bakterien vorhanden. Es sind Gattungen, die normalerweise im Leitungswasser, im Boden, im Abwasser, in der Milch und in der Luft vorkommen. Sie alle bevölkern die Vasen und Container in Gartenbaubetrieben (Ford et al. 1961). Bakterien erweitern ihren Lebensraum bis weit in die Leitgefäße der Schnittblume und schaffen so eine Leitbahnblockade. Selbst in sterilisiertem Wasser aufgestellte *Antirrhinum* zeigen einen erheblichen Bakterienbesatz in den Stielen. In 10 bis 12 cm Entfernung von der Schnittstelle konnten bei 20% aller untersuchten Löwenmaulstiele Bakterien isoliert werden, wenn steriles Vasenwasser verwendet wurde (Danserau und Vines 1973). Der stärkste Befall liegt an

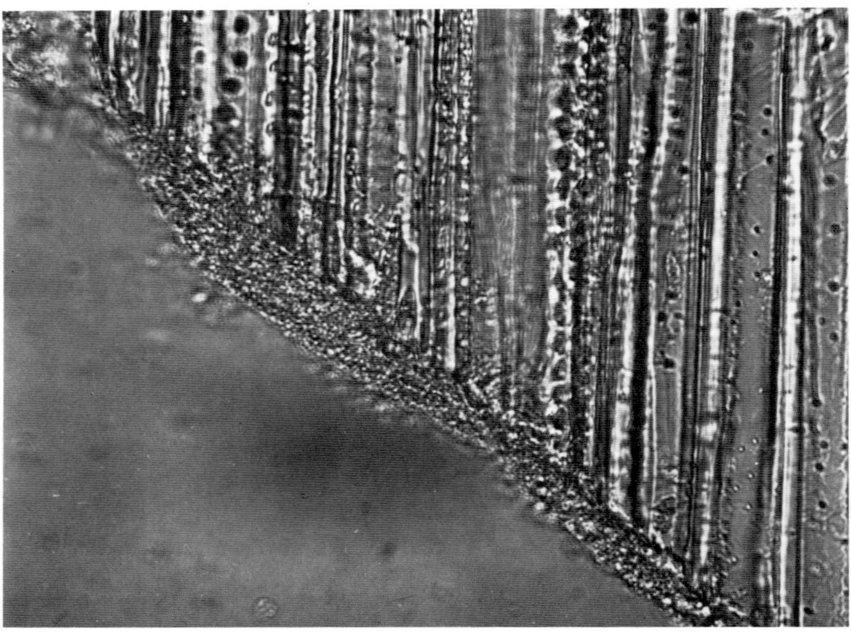

Abb. 14. Durch Mikroorganismen verstopfte Schnittfläche einer Dahlie 8 Tage nach Einstellen ins Vasenwasser (Aarts 1957).

der Schnittstelle vor, weshalb ein Nachschneiden des Stieles ganz außerordentlich günstige Wirkung auf den Wasserdurchsatz und damit auf die Wiedergewinnung der Turgeszenz und der einhergehenden Verlängerung des Vasenlebens haben kann.

Nicht nur die Zellkörper der Mikroorganismen tragen zum schnellen Welken bei. Es gibt Indizien dafür, daß Mikroorganismen Stoffe ausscheiden, die auf eine seltsame Weise zur Verstopfung der Leitbahnen beitragen. Offenbar zerstören die Ausscheidungsprodukte das pflanzliche Gewebe oder sie regen die Pflanze zur Bildung von Substanzen an, die nun selbst die Wasserleitbahnen blockieren. Selbst wenn nach Filtrierung des Wassers die Bakterien ausgeschaltet sind, wirkt die filtrierte Lösung auf Schnittblumen haltbarkeitsmindernd. Dies wurde u. a. an Chrysanthemen festgestellt (Aarts 1957).

Das Problem der Haltbarkeit in Abhängigkeit von den Mikroorganismen im Vasenwasser ist also mehrschichtig. Haben sich die Bakterien und Pilze erst einmal richtig vermehrt und blockieren sie auf diese Weise das Xylem, so kann auch ein bakterizides und fungizides Mittel keine Abhilfe mehr schaffen. Die toten Zellen stellen weiterhin eine Barriere für das Wasser dar. Selbst wenn die toten Zellen dann zu entfernen wären, bleiben die Stoffwechselausscheidungen (Toxine, Enzyme) zurück.

Weitere Nachteile, die durch Anwesenheit von Mikroorganismen entstehen, sind einmal unangenehmer Fäulnisgeruch, schmierige Stielenden, Zerstörung der Schnittblume durch krankheitserregende Parasiten und zum anderen die Notwendigkeit einer mühevollen Reinigung von Containern und Vasen. Der einzig wirksame Weg zur Überwindung der aufgeführten Schwierigkeiten und Nachteile liegt daher in der konsequenten Beachtung der Forderung:

Mikroorganismen im Vasenwasser unterdrücken.

2.2.2 Wasserqualität

Schnittblumen reagieren auf bestimmte Mineralsalzlösungen sehr unterschiedlich (Arnold 1930, 1931). Bereits 1911 schreibt Kühn, daß Salvien und *Helianthus* in Leitungswasser rascher welken als in Flußwasser. Auch die Frage, ob man als Vasenwasser besser Regen- oder Leitungswasser nehmen soll, wurde schon lange vor den intensiven Studien zur Haltbarkeitsverbesserung gestellt. Heute enthält das Regenwasser – insbesondere über Ballungsräumen und Industriegebieten – eine Reihe von Schadstoffen, so daß das Auffangen von Regenwasser im Hinblick auf eine Haltbarkeitsverlängerung wahrscheinlich nicht der Mühe wert ist. Abgesehen davon ist es für die meisten Floristen gar nicht möglich, Regenwasser zu sammeln. Wenn wir von Wasserqualität sprechen, so müssen mindestens vier wesentliche Kriterien der Qualität ins Auge gefaßt werden, nämlich Salzgehalt, Elemente mit spezifischen Schadwirkungen, pH-Wert und Wassertemperatur.

Salzgehalt

Die Bedeutung des Salzgehaltes für die Haltbarkeit ist noch nicht voll erkannt. Problematisch wird es offenbar immer dann, wenn bestimmte Elemente in hoher Konzentration bzw. mit hohem physiologischem Wirkungsgrad vorhanden sind.

Der Gesamt-Salzgehalt kann daher in seiner Wirkung schwierig erfaßt und interpretiert werden.

Auf die Bedeutung der Ionenrelation wurde bereits von WATERS (1966) hingewiesen. SACALIS (1974) hat gezeigt, daß Wasser, welches durch vorgeschaltete Ionenaustauscher fließt, zur verbesserten Haltbarkeit von Rosen beiträgt. Dabei wird die Wasseraufnahme begünstigt und bereits am 2. Tage nach der Ernte liegt das Frischgewicht – ein Maß für die Haltbarkeit – über dem der Kontrollpflanzen. Die physiologische Leitgefäßblockade wird ebenso wie das Auftreten von „hängenden Köpfen“ gemindert. Offenbar werden durch den Ionenaustauscher Elemente abgefangen, die an der Verstopfung der Leitbahnen erheblich Anteil haben. Weiterhin wurde gezeigt, daß eine 0,1 bis 0,2%ige Lösung von Calciumnitrat den Wasserdurchsatz durch Leitgefäße holziger Stiele fördert (AARTS 1957). Mit abnehmender Wasserhärte wurde eine abnehmende Haltbarkeit von Rosen, Chrysanthemen (CRÖSSMANN 1968) und Nelken (HOLLEY und MATTHEWS 1962) festgestellt.

Über das Vasenwasser angebotene anorganische Salze, die keine phytotoxischen Elemente enthalten, sind offenbar in höheren Konzentrationen in der Lage, die osmotische Konzentration in den Zellen im Verlauf der Alterung zu erhöhen und damit einer typischen Alterungserscheinung entgegenzuwirken. Als Folge wird die klimakterische CO_2-Bildung durch starke Veratmung von Reservestoffen in der Zelle hinausgeschoben und damit die Haltbarkeit verlängert. Auch wird dadurch die Empfindlichkeit gegenüber Äthylen herabgesetzt. Offenbar spielen in diesem Prozess quellende (Kalium) und entquellende (Calcium) Ionen eine wichtige Rolle. In einer Lösung mit 18 g KNO_3 (Kaliumnitrat) und 1,2 g $Ca(NO_3)_2 \cdot 4\,H_2O$ (Calciumnitrat) konnte die Haltbarkeit von Nelken gegenüber destilliertem Wasser erheblich gesteigert werden (MAYAK et al. 1978).

Die Bedeutung bestimmter Elemente für die Haltbarkeit wurde insbesondere da untersucht, wo das natürliche oder aufbereitete Wasser wirtschaftlich bedrohliche Schäden an Schnittblumen hervorrufen kann. Diese Untersuchungen sind außerordentlich nützlich, und zwar auch für diejenigen, die selbst unschädliches Wasser aus den Leitungen zapfen können. Stehen die Blumen nämlich nur kurzfristig in diesem mit Schadstoffen angereicherten Wasser, so können sie auch dann noch Schädigungen zeigen, wenn sie später beim Verbraucher an einem viele Tausend Kilometer weit entfernten Ort in durchaus optimales Vasenwasser eingestellt werden.

Chlorid

Die Wasserqualität von vielen klimatisch begünstigten Ländern, aus denen Schnittblumen importiert werden, zeichnet sich durch einen hohen Gehalt an Natriumchlorid (Kochsalz) aus. Die Haltbarkeit von Chrysanthemenlaub und Gladiolenblättern wird durch hohe Kochsalzgehalte drastisch vermindert. Auch Calciumchlorid wirkt sich auf Chrysanthemen negativ aus (WATERS 1968b). Vermutlich spielt dabei das Chlor-Ion eine wesentliche Rolle.

Natriumchlorid in Steckmassen

Über die Haltbarkeit von Schnittblumen in Steckmassen aller Art, die von Floristen in großer Stückzahl für Arrangements zu den verschiedensten Anlässen verwendet werden, gibt es praktisch keine exakten Kenntnisse. Wir gehen im allgemeinen davon aus, daß diese Materialien chemisch inert, d. h. nicht reaktionsfähig, sind und somit den Blumen auch nicht schaden. Aus Holland kommt jedoch der Hinweis, daß Steckmassen durchaus Blütenschäden hervorrufen und zugesetzte Blumenfrischhaltemittel keine Wirkung zeigen können. Obwohl die Analysen relativ hohe Gehalte an Natriumchlorid (bis 457 mg/l) offenbarten, wird dieser Faktor nicht als Ursache der aufgetretenen Schäden angesehen (Sytsema 1975 b). Jedoch zeigte Waters (1968 b), daß Chrysanthemenlaub bei derart hohen Konzentrationen schon erheblich geschädigt werden kann.

Fluor

Es ist bekannt, daß Gladiolen geradezu Zeigerpflanzen für Fluorverbindungen in Boden, Wasser und Luft sind. Bereits 15 ppb Fluorwasserstoff, das sind etwa 15 mg je 1000 m^3 Luft, reichen für Blattschädigungen aus, wenn das Gas nur 8 Stunden auf die Pflanzen einwirkt (Spierings 1969). So ist es nicht verwunderlich, daß Gladiolen auch als Schnittblumen in fluorhaltigem Wasser negativ reagieren. Bereits 1 ppm Fluor (1 mg/l Wasser!) kann die Haltbarkeit vieler Schnittblumen negativ beeinflussen. Dies geschieht offenbar über die Wasserbilanz, da Fluor die Öffnungsweiten der Stomata vergrößert (Woltz 1964). Blattnekrosen kommen zustande, indem die hohen Fluorgehalte, die sich an Blattspitzen und oberen Blatträndern feststellen lassen, den Stoffwechsel beeinträchtigen. Immerhin können in Gladiolenblättern bis zu 90 ppm Fluor gefunden werden, während gesunde Partien Gehalte von weniger als 1 ppm aufweisen (Spierings 1969).

Sytsema (1972) hat gezeigt, daß Lilien und *Prunus triloba,* Forsythien und *Nerine, Gerbera* und Tulpen durch Fluorkonzentrationen von 1 bis 4 ppm geschädigt werden können. Dies gilt auch für Brakteen von Poinsettien. Knospige Freesien und Nerinen blühen nicht mehr auf, wenn 1 ppm Fluor im Vasenwasser enthalten ist. Rote Nelkenpetalen bekommen blaue Flecken oder blaue Ränder.

Aus Tabelle 8 geht hervor, daß mit stiegendem Salzgehalt des Vasenwassers (es wurde Wasser unterschiedlicher Herkunft verwendet) die Haltbarkeit von Chrysanthemenblättern vermindert wird, während Fluor keinen Einfluß aufweist (Sytsema 1972, Waters 1968). Dagegen verringert das Fluor die Blütenqualität von Gladiolen, während sich der Salzeffekt weniger stark auswirkt. Hier wird deutlich, daß die Betrachtung der einzelnen Wasserbestandteile sehr genau und kritisch erfolgen muß.

Tab. 8. Beziehung zwischen Wasserqualität und Haltbarkeit von Chrysanthemenlaub ‘Iceberg’ und Gladiolenblüten ‘Valeria’ (Waters 1968, vereinfacht)

Wasser	Salzgehalt (mg/l)	Fluorgehalt (ppm)	Haltbarkeit Chrysanthemenlaub (Tage)	Qualitätsindex Gladiolen (10 = beste Qualität)
destilliert	0	0,1	19,3	10,0
Herkunft A	235	3,8	17,7	3,7
B	650	3,7	15,0	4,5
C	880	1,5	13,7	8,7
D	1550	4,2	11,0	6,8

Erstaunlich ist, daß bei hohem Salzgehalt (Herkunft D in Tab. 8) der hohe Fluorgehalt bei Gladiolen weniger schädlich wirkt, als vergleichbarer Fluorgehalt (Herkunft A) bei niedrigem Salzgehalt. Möglicherweise verdrängen andere Ionen das Fluor bei der Aufnahme.

Fluor vermindert die Haltbarkeit.

In Florida ist das fluorhaltige Wasser ein großes Problem (Marousky und Woltz 1971, Woltz 1964). Gerade hier, wo ein beträchtlicher Teil des amerikanischen Gladiolenanbaues durchgeführt wird, liegen die Gehalte bei 5–6 ppm. Sowohl Blüten als auch Blätter werden dadurch geschädigt. Mit Hilfe von Blumenfrischhaltemitteln kann man diesem Problem leidlich beikommen. Auch die Sortenwahl spielt eine Rolle. Nicht alle Schnittblumen reagieren derart empfindlich auf Fluor wie die Gladiole. So sind offenbar Cymbidien, Narzissen, Flieder, einige Rosensorten und einige Sorten von *Gerbera* weniger empfindlich (Sytsema 1972).

Kupfer und Eisen

In der Reihe der Hausmittel zur Verbesserung der Schnittblumenhaltbarkeit befindet sich auch der Kupferpfennig. Der Sinn der Maßnahme liegt vermutlich in dem richtigen Gedanken, daß sich Kupfer als Schwermetall mit Eiweißen verbindet und auf diese Weise den Stoffwechsel der Mikroorganismen stört. Die Verwendung von Kupfervasen kann Vorteile bringen. Im Wasser solcher Vasen wurden 1 bis 2 mg Kupfer je l gefunden (Laurie 1936). Das Kupfer als unverzichtbarer Bestandteil im pflanzlichen Stoffwechsel fördert die Eiweiß- und Kohlenhydratsynthese und hemmt damit den Chlorophyllabbau. Dennoch ist die Wirkung von Kupfer in bezug auf die Haltbarkeit nicht eindeutig erkannt. Aarts (1957) hat Kupfersulfat als unbrauchbares Mittel bezeichnet, während an anderer Stelle die Stielfäule geschnittener Gerbera mit 5 bis 10 mg Kupfersulfat je l Wasser verringert werden konnte (Penningsfeld und Forchthammer 1966). Einige Pflanzen reagieren offenbar positiv auf Kupfer (Kupferspäne oder Kupferdraht im Vasenwasser) wie z. B. Astern, Narzissen, *Matthiola, Antirrhinum, Calendula* und *Tagetes.* Andere Schnittblumen reagieren nicht (z. B. *Rudbeckia, Myosotis, Centaurea* und *Penstemon*) und eine dritte Gruppe wird offenbar sogar geschädigt (z. B. Nelken). Diese Ergebnisse (Laurie 1936) sind ähnlich schwierig zu interpretieren wie die verschiedenen Effekte beim Unterwasserschneiden von Stengeln.

Als weiterer Faktor muß der Zusammenhang zwischen Kupfer bzw. Eisen und für die Haltbarkeit schädlich wirkenden Enzymen in Betracht gezogen werden. Kupfer bzw. Eisen sind die metallischen Komponenten phenoloxidierender Enzyme, so daß die Funktionsfähigkeit dieser Katalysatoren durch Anwesenheit der Metalle erhalten und womöglich verbessert wird. Die Folge davon ist eine verstärkte Blockade der Leitbahnen durch Polyphenole. Es liegt nahe, den günstigen Effekt eines Ionenaustausches (Sacalis 1974) darauf zurückzuführen, daß der Ionenaustauscher die Schwermetall-Ionen abfängt. Diese Auffassung wird durch die Tatsache gestützt, daß es mit Chelatoren, d. h. organischen Verbindungen, welche die Metallionen so umgeben, daß diese nicht mehr ohne weiteres in der sonst üblichen Weise wirksam werden können, möglich ist, die Haltbarkeit zu verbessern.

Solche Chelatoren sind z. B. das 8-Hydroxychinolinsulfat (ZENTMEYR 1943) und Cupferron.

pH-Wert

Der pH-Wert des Vasenwassers zeigt bei einigen Schnittblumen (*Antirrhinum,* Nelken, Zinnien, *Gerbera*) keinen Effekt auf die Haltbarkeit (AARTS 1957, PENNINGSFELD und FORCHTHAMMER 1966), während bei anderen (Rosen, Dahlien, *Convallaria, Matthiola*) eine günstige Wirkung festzustellen ist (AARTS 1957, MAROUSKY 1971, 1972, PARUPS und CHAN 1973). Insbesondere bei Rosen ist der pH-Wert von großer Bedeutung. Niedriges pH verbessert die Haltbarkeit. Es kann mit Citronensäure, Oxalsäure, Schwefelsäure usw. abgesenkt werden. Die günstige Wirkung von Essigzugabe zum Vasenwasser – eine alte Empfehlung – beruht auf erniedrigtem pH-Wert.

Ein pH von 4 und weniger hemmt das Wachstum der Bakterien und ist schon deswegen von Vorteil. Aber die entscheidende Funktion ist wohl darin zu sehen, daß einige Blumen ganz spezifisch auf saures Vasenwasser reagieren. So ist z. B. der Wasserdurchsatz durch Rosenstiele auch bei sterilem Arbeiten größer, wenn das pH im sauren statt im basischen Bereich liegt (CONRADO et al. 1980). Die Folge ist eine verbesserte Wasserbilanz. Dies ist in Tabelle 9 dargestellt. Offenbar wird die Enzymaktivität durch niedriges pH des Vasenwassers verringert, wodurch eine weniger stark ausgeprägte Blockade der Leitbahnen entsteht. Auch mikrobenbürtige, abbauende Enzyme können dadurch in ihrer Wirkung gebremst werden.

Niedriger pH-Wert verbessert die Wasserbilanz.

Obwohl durch das saure Vasenwasser die Blüten von Rosen länger frisch bleiben, ist nach wie vor ein Verblauen roter Petalen festzustellen. Diese Erscheinung geht auf die Auflösung des Eiweißbestandes zurück und zeigt, daß ein niedriges pH zwar die Wasserbilanz verbessern kann, jedoch damit andere Alterungsprozesse nicht notwendigerweise verlangsamt.

Tab. 9. Wirkung des Säuregrades von Vasenwasser auf Wasserdurchsatz und Frischgewicht von Rosen 'Better Times' (MAROUSKY 1971)

pH	Wasserdurchsatz (ml/Flächen- und Zeiteinheit)	Änderung des Frischgewichts in %
3	3800 a*	+ 11,8 a
4	1800 b	+ 7,3 b
5	800 c	+ 2,1 c
6	600 c	+ 1,7 c
7	800 c	+ 0,8 c

* statistisch signifikante Unterschiede werden durch unterschiedliche Buchstaben angezeigt.

Wassertemperatur

Auf die Bedeutung der Wassertemperatur wurde bereits bei der Besprechung der Leitbahnenblockade durch Luftblasen eingegangen. Oberflächenspannung, Viskosität, Gasgehalt und Temperatur des Wasser hängen eng zusammen. Mit steigender Temperatur des Wassers nehmen alle drei anderen physikalischen Größen ab. Um eine verbesserte Wasseraufnahme zu erreichen, hat man versucht, die Oberflächenspannung mittels Pril oder anderen Detergenzien zu senken. Diese Maßnahme hat aber meistens Schädigungen der Pflanze zur Folge. Bei roten Rosen kommt es zum schnellen Aufblühen, Verblauen und Verwelken. Dies ist wahrscheinlich die Folge einer pH-Erhöhung im Zellsaft der Petalen und der durch hohes pH begünstigten Verstopfung der Gefäße.

Auf einen wichtigen Effekt, der durch Luftblasen im Xylem hervorgerufen wird, soll an dieser Stelle noch eingegangen werden. Es handelt sich um die Tatsache, daß im Wasser gelöste Luft nicht die gleiche Zusammensetzung hat wie die atmosphärische Luft. Im Wasser ist der Sauerstoffanteil höher, so daß vermutlich sauerstoffabhängige Blockade-Prozesse im Xylem begünstigt werden. Da warmes Wasser weniger Luft enthält als kaltes, ist auch der Sauerstoffgehalt geringer. Nach Untersuchungen von Conrado et al. (1980) wird sauerstoffarmes bzw. -freies Wasser zumindest anfänglich schneller aufgenommen. Beim Abkühlen des warmen Wassers können Luftblasen aus den Stielenden gelöst werden, weil die Löslichkeit von Luft in Wasser bei niedriger Temperatur höher ist. Stellen wir Schnittblumen also in warmes Wasser (40 °C) so heben wir die Blockade durch Luftblasen auf und verhindern bzw. bremsen die physiologische Blockade.

Die Schwierigkeit bei der Wasserversorgung von Schnittblumen liegt also darin, daß Blüten und Blätter ständig Wasser aus der Vase benötigen, daß aber aufgrund der Blockierung von Leitgefäßen ein Wassernachschub nicht oder zumindest nicht ausreichend gewährleistet ist.

2.2.3 Schadgase in der Atmosphäre

Schnittblumen können durch Gase geschädigt werden; die Empfindlichkeit der einzelnen Genotypen gegenüber gasförmigen Abfallprodukten kann stark variieren. Nun kommen höhere Konzentrationen an Schwefeldioxid, Fluorwasserstoff und anderen Schadgasen nur in bestimmten Bereichen vor. Das gleiche gilt für schädigende Stäube.

Man ist geneigt, bei Nachernteprodukten eine schädigende Wirkung von Immissionen (luftverunreinigende Stoffe, die an der Pflanze auftreten) zu vernachlässigen, weil

a) relativ wenig über tatsächliche Schadbilder bekannt ist und
b) in der Regel unterstellt wird, daß diese Produkte entweder nur sehr kurz den Immissionen ausgesetzt oder in Verpackungen gänzlich geschützt sind.

Fluorwasserstoff (HF) wird durch die Stomata aufgenommen und als Fluor in erster Linie in Blattspitzen und Blatträndern abgelagert. Fluor wird dort freigesetzt, wo thermische Aufbereitung mineralischer Rohstoffe erfolgt. Geringe Fluor-Konzentrationen erhöhen die Atmung und vermindern die Photosyntheseleistung. Meist treten gleichzeitig mit steigender Atmung der Pflanze sichtbare Schäden an Blattspitzen auf. Der natürliche Gehalt an Fluor in frischen Blättern liegt in der Regel unter 1 ppm. Durch HF-Immission kann er auf 10 bis 15 ppm, bei Gladiolen bis 90 ppm, ansteigen. Zwischen Länge der Nekrosen an den Blattspitzen und dem F-Gehalt besteht eine enge Beziehung. Gladiolen sind am empfindlichsten gegenüber Fluor, gefolgt von Tulpen, Lilien, *Iris, Fritillaria, Convallaria,* Paeonien, Mahonien und Narzissen.

Für die Haltbarkeit der Schnittblumen spielt die Immission insofern eine Rolle, als z. B. bei Tulpen bereits bei einer Konzentration von etwa 0,1 ppb Fluor, d. h. 0.0001 mg Fluor/m^3 Luft, über 18 Stunden erhebliche Blattschäden entstehen, die sich erst im Laufe der Zeit entwickeln (Wolting 1978).

Exogenes Äthylen

Die Geschichte des Äthylens begann vor über 100 Jahren. Damals fand man heraus, daß Stadt- oder Leuchtgas, welches aus defekten Leitungen ausströmt, ausgewachsene Bäume vollständig entblättern kann (Girardin 1864, Wehmer 1900). Welcher Bestandteil des Leuchtgases für die Entblätterung verantwortlich war, wurde erst später 1901 von Neljubov gefunden, nämlich Äthylen.

Nachdem einige Gärtner in den USA den durch ausströmendes Leuchtgas verursachten Zusammenbruch ihrer Nelkenpflanzungen ansehen mußten, wurde 1908 die Wirkung von Äthylen auf Nelken geprüft (Crocker und Knight). Dabei hat man gefunden, daß sich schon geöffnete Nelkenblüten in mit Äthylen angereichter Luft schließen und dann nie mehr ganz öffnen:

Äthylen verursacht das „Schlafengehen" von Nelken.

Diese Erscheinung trat besonders häufig in Wohnungen auf, die mit Stadtgas beleuchtet wurden. Nach der Umstellung auf Elektrizität spielte dieses Problem in den Wohnungen eine geringere Rolle. Heute kommen Äthylenschäden bei besonderen Wetterlagen in Industriegebieten vor und in Bezirken mit hohem Verkehrsaufkommen, also überall dort, wo Verbrennungsprodukte des Erdöls und seiner Abkömmlinge (z. B. Benzin) entstehen. Blumengeschäfte, die vor ihrer Ladentür eine Ampel haben, in deren Bereich durch das Anfahren der Autos die Äthylenkonzentration der Luft ansteigt, müssen mit Äthylenschäden rechnen. Auch auf Flughäfen, die heute Umschlagpaltz für Schnittblumen sind, kann die hohe Äthylenkonzentration aus Flugzeugabgasen das vorzeitige Vergehen von Schnittblumen bewirken.

Äußerst problematisch kann die Äthylenwirkung in größeren geographischen Dimensionen werden, wenn sich z. B. photochemischer Smog (Los-Angeles-Smog) bildet. Abgesehen davon, daß in diesem Smog bereits wirksame Äthylenkonzentrationen von über 0,02 ppm vorhanden sind, entwickeln die photochemischen Reaktionen einen weiteren Schädigungsfaktor. Aus den Primärbestandteilen des Smogs, nämlich Kohlenwasserstoff und Schwefelsäure, werden durch Sonneneinstrahlung die Sekundärbestandteile Peroxyacetylnitrat, Olefine und Ozon gebildet. Ozon aber erschöpft die Zuckerreserven der Pflanzen, da er die Atmung steigert und die Zellmembranen zerstört. Besonders empfindlich reagieren Chrysanthemen, *Anthirrhinum*, Nelken *Capsicum*, Rosen und Zinnien. Entscheidend ist, daß nach Ozoneinwirkung (0,25 ppm über 2 Stunden) die Pflanze mit erhöhter Äthylenproduktion reagiert und damit selbst Schadgase freisetzt. Durch hohe Äthylenkonzentrationen

Abb. 15. Schädigung von Cattleyen-Blüten durch Äthylen. Links Kontrollpflanze, Mitte 24 Stunden 0,1 ppm Äthylen, rechts 24 Stunden 0,5 ppm Äthylen (DAVIDSON 1949).

in kalifornischen Städten ist die Produktion von empfindlichen Orchideen, z. B. Cattleyen, unmöglich geworden (ABELES 1973). Die Konzentrationen können in Städten bzw. Stadtgebieten über 0,5 ppm ansteigen (Autoabgase enthalten 100 bis 400 ppm), die Schadschwelle für Cattleyen liegt dagegen unter 0,02 ppm.

DAVIDSON (1949) hat kurzfristig geringe Äthylenkonzentrationen auf *Cattleya trianae* einwirken lassen. Er setzte die blühenden Pflanzen 24 Stunden lang einer Konzentration von 0,1 bzw. 0,5 ppm Äthylen aus (das sind 0,1 bzw. 0,5 mg Äthylen je m^3 Luft!). Welchen Effekt diese Behandlung hat, zeigt Abb. 15. Es treten Schädigungen der Blüten auf, Gewebeschrumpfungen zwischen den Adern, Verfärbungen und Absterbeerscheinungen an Sepalen und Petalen. Die von DAVIDSON verabreichte Äthylenkonzentration von 0,1 ppm liegt im Bereich der auf belebten Flughäfen vorkommenden Gehalte. Noch bei Konzentrationen von 0,02 ppm fand DAVIDSON eine Hemmung der Knospenentwicklung bei *Cattleya*. Konzentrationen unter 0,01 ppm zeigten keine Wirkung mehr.

2.2.4 Allelopathie

Es wurde bereits angesprochen, daß das von einer Blume produzierte Äthylen die Äthylenproduktion der Nachbarblume anregen kann. Solche Wirkungen zwischen benachbarten Pflanzen faßt man unter dem Begriff Allelopathie zusammen. Eine allelopathische Beziehung besteht aber nicht nur über die Gasphase, sondern wird auch über andere Trägersysteme ermöglicht. So beeinflussen die Ausscheidungen von Narzissenstielen im Vasenwasser vor allem die in der gleichen Vase stehenden Tulpen sehr nachhaltig. Der Narzissenschleim ist selbst bei starker Verdünnung sehr schädlich (Abb. 51).

Vermutlich bestehen zwischen einer Reihe von Schnittblumen in einer Vase Beziehungen dieser Art, jedoch ist dies weit weniger auffällig. Unsere Kenntnisse hierüber sind noch gering.

2.3 Schlußfolgerungen

Aus Kap. 2 geht hervor, daß drei Faktoren die Haltbarkeit beeinflussen, nämlich:
- Wasserverbrauch,
- Energieverbrauch,
- schädliche Verbindungen.

Die Wasserbilanz bestimmt Haltbarkeit und Qualität von Schnittblumen. Mehrere Autoren haben gezeigt, daß die Wasserversorgung nach der Ernte immer mangelhafter wird. Dabei gibt es erhebliche Unterschiede zwischen den Genotypen, weil die Fähigkeiten, Stomata zu schließen, unterschiedlich sind. Die durch Luftblasen zeitweise verstopften Gefäße können die Wasseraufnahme hemmen. Selbst wenn dann diese Blockade aufgehoben wird, verstellen Verstopfungen innerer Natur wie z. B. Thyllen, Polyphenole oder Zellwandtrümmer den Wasserweg. Da die Blätter aber meistens trockener und warmer Luft ausgesetzt ist, entsteht ein erheblicher Wasserstreß mit allen negativen Folgen wie Überhitzung, Anstieg des Abscisinsäuregehaltes, Start der Äthylenproduktion, Abbau der Zucker und Eiweiße usf. Wie gezeigt wurde, führt bereits der Wassermangel der ersten Sekunde zu vorerst kleinen stoffwechselphysiologischen Veränderungen, die aber ihrerseits lawinenartig immer mehr schädliche Vorgänge auslösen und zu erschwerter Wasserversorgung beitragen. So gilt in der Regel:

Wassermangel induziert Wassermangel.

Dies gilt z. B. auch für Stielzonen, die durch Turgoverlust abknicken und folglich die Wasserzufuhr zur Blüte unterbrechen. Hierbei wird eine Gewebeschwäche durch Wassermangel sichtbar.

Der zweite wesentliche Faktor, die Atmung, erschöpft die Betriebsstoffe wie Zucker und Eiweiße und führt so gewissermaßen einen Bankrott des Stoffwechsel herbei. Bei gleicher Lichtintensität nehmen die Substanzverluste mit steigender Temperatur zu. Sieht man von speziellen Maßnahmen ab, so gilt:

Verminderte Atmung bedeutet längere Haltbarkeit.

Alle die dem endgültigen Verwelken vorgeschalteten Alterungsvorgänge können theoretisch so gestoppt und umgelenkt werden, daß die Alterung verzögert wird. Dies ist ein sehr schwieriges Unterfangen. Moderne Forschungsmethoden haben jedoch etwas ganz entscheidendes aufgedeckt:

Schädliche Stoffwechselprodukte verursachen frühzeitiges Verwelken.

Die Arbeiten auf dem Gebiet der Pflanzenhormone erlauben es heute, den Hormonhaushalt mit Hilfe synthetischer Verbindungen so zu beeinflussen, daß von einer Wiederverjüngung gesprochen werden kann (Mothes 1960).

Was hier in den letzten Jahren an Kenntnissen gewonnen wurde, macht ein Zitat aus dem Jahre 1929 deutlich: „Oft sieht man, daß die unteren Blätter gelb werden und abfallen. Dies ist immer ein Zeichen von Nahrungsmangel, gegen den es bei abgeschnittenen Pflanzen kein Mittel gibt.“ (PRINGSHEIM 1929).

Heute sind die Ursachen dieser Erscheinung viel klarer zu bezeichnen und es gibt auch eine Reihe von Möglichkeiten, Organe länger lebensfähig und frisch zu halten.

3 Maßnahmen zur Verhinderung des vorzeitigen Welkens

In diesem Kapitel ist darzulegen, welche Maßnahmen aufgrund der in Kap. 2 gewonnenen Erkenntnisse ergriffen oder vermieden werden sollen, um die Haltbarkeit von Schnittblumen zu verlängern. Dabei sind Einflußfaktoren vor der Ernte ebenso wichtig wie solche während und nach dem Schnitt. Schnittblumen müssen von Beginn der Kultur bis zum Verlassen des Blumengeschäftes konsequent sorgfältig behandelt werden, wenn der Verbraucher zufriedengestellt werden soll. Somit müssen Kultivateure, Händler und Floristen gleichermaßen Sorge für die Qualität tragen. Selbstverständlich kann auch der Verbraucher Maßnahmen zur Verlängerung der Haltbarkeit ergreifen.

Viele der bisher aufgeführten, für die Haltbarkeit nachteiligen Faktoren können gemildert oder gar ausgeschaltet werden. Unsere Betrachtung über diesbezügliche Maßnahmen soll da beginnen, wo der Grundstein zur Schnittblumenqualität gelegt wird, nämlich beim Züchter.

3.1 Züchtung haltbarer Genotypen

Nach den Ausführungen in Kap. 2 wäre es leicht, einen ganzen Forderungskatalog an die Züchtung zu richten.

Der belgische Biochemiker C. Buys hat Nelken nach ihrem Polyphenolgehalt selektiert, um haltbare, phenolarme Genotypen zu finden.

Untersuchungen von Grüning (1935) weisen darauf hin, daß zwischen Stengeldicke und Haltbarkeit eine Beziehung bestehen kann. Wie bereits angedeutet, können dickere Stengel mit größeren Zuckerreserven die Atmung möglicherweise länger auf einem günstigen Niveau halten. Die Praxis hat sich im Falle von *Gerbera* verstärkt auf dickstielige Genotypen verlegt, da diese offenbar weniger knickanfällig sind. Bei *Gerbera* geht es aber nicht um die Frage der Reservestoffe, sondern vielmehr um die Aufrechterhaltung der Gewebestabilität in einem besonders anfälligen Schaftstück unter der Blüte (Wilberg 1974). Tetraploide *Gerbera* weisen eine bessere Haltbarkeit auf als diploide. Jedoch ist die Tetraploidie offenbar an eine bestimmte Petalenform und -größe gekoppelt (Hondelmann und Schulz 1971).

Die Erfüllung von ästhetischen Vorstellungen und die Forderung nach größtmöglicher Haltbarkeit können daher nicht immer kombiniert werden. Aus Untersuchungen zur Lagerung von Nelken (Hardenburg et al. 1970) ergibt sich der Hinweis, daß nicht nur bezüglich der Haltbarkeit Unterschiede zwischen verschiedenen Nelkensorten bestehen, sondern daß diese erst dann deutlich werden können, wenn die klimatischen Bedingungen, unter denen die Pflanzen wachsen, eine bestimmte Konstellation annehmen. Während im Sommer die Haltbarkeit zweier Genotypen durchaus gleich sein kann, zeigt einer der Genotypen womöglich im Winter eine bedeutend längere Haltbarkeit. Hieraus mag man entnehmen, daß die Prüfkriterien bei der Selektion von großer Bedeutung sind.

Zu achten wäre auch auf hohen natürlichen Cytokiningehalt, großes Speicherungsvermögen für Zucker (Saccharose), geringe Atmungsrate, hohe mechanische Belastbarkeit und hohe Resistenz gegen Wasserverlust.

3.2 Kulturmaßnahmen vor der Ernte

Solange die intakten Pflanzen noch im Gewächshaus stehen, ist eine mehr oder minder genaue Regelung von Wachstumsfaktoren möglich. Durch vielerlei Kombinationen von Maßnahmen wird hier über die Qualität entschieden. Da die gärtnerischen Fähigkeiten in großem Ausmaß über die Haltbarkeit der Blumen nach Verlassen des Produktionsbetriebes entscheiden, muß hier auf die wichtigsten Punkte eingegangen werden. Der Produzent schneidet, bündelt und verpackt. Von ihm aus müssen Schnittblumen in bester Qualität auf den Weg zum Verbraucher gehen.

3.2.1 Netto-Assimilation

Die Trockensubstanz (% Trockengewicht) von Schnittblumen kann als ein Maß für die Qualität und Haltbarkeit angesehen werden (Holley 1961, Waters 1964). Je nach Lichtintensität, Temperatur und Düngung ist die Trockensubstanz einer Sorte unterschiedlich groß. Es kommt darauf an, daß die photosynthetisch gebildeten Assimilate in nur geringem Umfang für die Atmung verbraucht werden, sobald die Ernte bevorsteht. Dies ist immer dann der Fall, wenn die Tage hell, aber nicht zu heiß und die Nächte kühl sind. Da je nach Jahreszeit unterschiedliche Lichtverhältnisse vorhanden sind, ergeben sich bei gleicher Temperaturführung unterschiedliche Trockensubstanzen. Deswegen ist die Haltbarkeit z. B. für Rosen, Nelken und *Gerbera* im Winter (mitteleuropäische Verhältnisse) geringer als im Sommer, Frühjahr und Herbst (Crössmann 1974, Hardenburg et al. 1970, Mayak und Dilley 1976). Der Standort ist insofern von Bedeutung, als die mittlere Sonnenscheindauer vor der Ernte außerordentlich eng mit der Haltbarkeit verknüpft ist (Lancaster 1974). Dies ist am Beispiel von Nelken in Abb. 16 dargestellt. Je länger die mittlere tägliche Sonnenscheindauer 14 Tage vor der Ernte ist, desto größer ist die Haltbarkeit.

In Abb. 16 gibt jeder Punkt die Situation bei einem bestimmten Anbauer an einem bestimmten Standort an. Die Proben wurden von Oktober bis März genommen.

Zwischen Zuckergehalt und der Haltbarkeit wurde eine enge Beziehung nachgewiesen. Wie die Trockensubstanz nimmt auch der Zuckergehalt nach dem Schnitt ab (Nichols 1975, Weinstein 1957). So können Nelken 'Red Sim' innerhalb von 7 Tagen in der Vase 64% ihrer Zuckerverbindungen verbrauchen (Knappenberger et al. 1955). Sind größere Mengen von energiereichen Verbindungen vorhanden, so kann länger von ihnen gezehrt werden. Deswegen sollen die Temperaturen vor der Ernte nicht zu hoch sein, da dadurch die Netto-Assimilation erniedrigt und der Zuckergehalt reduziert wird (Knappenberger et al. 1955, Mastalerz 1952).

Abb. 16. Mittlere Haltbarkeit (Tage) von Nelken 'CSU Sim' in Abhängigkeit von der mittleren täglichen Sonnenscheindauer in den letzten 14 Tagen vor der Ernte (nach Daten von LANCASTER 1974).

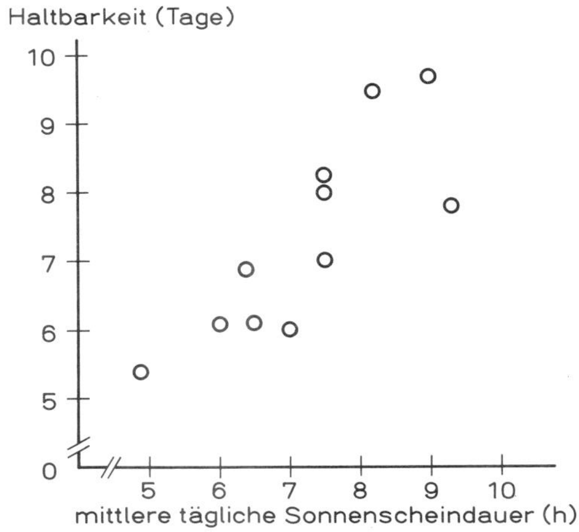

Wenn also die zu höchstmöglicher Netto-Assimilation beitragende Temperaturführung weder notwendige Entwicklungsprozesse stört noch andere nachteilige Folgen für die Pflanze hat, so gilt:

Hohe Netto-Assimilation verbessert das Haltbarkeitspotential.

Um die Assimilation zu begünstigen, müssen nicht nur die Licht-Temperatur-Verhältnisse, sondern auch andere Wachstumsfaktoren beachtet werden.

3.2.2 Düngung

Die Qualität der Pflanzen wird durch die Inhaltsstoffe bestimmt. Dabei spielt die Düngung eine wesentliche Rolle. Die Haltbarkeit wird nämlich negativ beeinflußt, wenn die Inhaltsstoffe in einem ungünstigen Verhältnis zueinander stehen. Dies kommt vor, wenn durch einseitige, mangelhafte oder überdosierte Ernährung Mangel oder Überschuß an Nährstoffen oder organischen Verbindungen herrschen. Sachgemäße Düngung wurde in der Praxis schon früh als wesentlicher Faktor für die Haltbarkeit erkannt. Neben Stickstoff (N) und dem Kalium (K)/Calcium (Ca)-Verhältnis spielt offenbar das Chlor (Cl) für die Haltbarkeit eine wesentliche Rolle.

Stickstoff

Die Wirkung von N auf die Haltbarkeit von Schnittblumen ist fast ausschließlich an Chrysanthemen und Nelken untersucht worden. Dabei wurde festgestellt, daß mit steigenden N-Gaben die Trockensubstanz von Chrysanthemenblättern und -blüten abnimmt (WATERS 1965a, 1967). Mit steigendem Angebot eines Volldüngers mit Langzeitwirkung erhielt WATERS (1965b) ähnliche Resultate. Werden Chrysanthemen bis zur Ernte mit hohen N-Gaben versorgt, so vermindert sich die Haltbarkeit erheblich.

Die Qualität von Chrysanthemen nach der Ernte steht in enger Beziehung zum N-Gehalt von Laub- und Blütenblättern vor der Ernte. Die etwa 8 jüngsten Blätter unterhalb der terminalen Knospe sollen daher höchstens 3,5 bis 4,5% N (% der Trockensubstanz) und zwischen 3,5 und 6% K enthalten. N- und K-Gehalte der Blüte sollen zwischen 1,5 und 2,5% liegen (WATERS 1965, 1967).

Eine gärtnerische Erfahrung besagt, daß mit der Düngung von Chrysanthemen spätestens dann aufzuhören ist, wenn die Knospen Farbe zeigen. Im Hinblick auf die Haltbarkeit wird daher folgende Maßnahme empfohlen: In den ersten beiden Dritteln der Kulturperiode soll das N:K-Verhältnis 1:1 sein, im letzten Drittel aber 0:2 oder höchstens 1:2 betragen, wobei die in den ersten beiden Dritteln verabreichte N-Menge mindestens halbiert werden soll (WATERS 1967). Mit dieser Düngung wird der N-Spiegel der Pflanze gegen Kulturende erniedrigt.

Von Nelken ist bekannt, daß hohe N-Gehalte im Frühjahr und Sommer das „Einschlafen" begünstigen, wenn der K-Gehalt gleichzeitig einen Schwellenwert (2%) unterschreitet. Auch kommen dann Schädigungen des Kelches vor.

Die N-Form spielt bei der Erzeugung von Qualitätspflanzen eine Rolle. Haltbarkeitsunterschiede in Abhängigkeit von der N-Form werden jedoch nicht in jedem Falle gefunden (TSUJITA et al. 1975). Werden extreme Ernährungssituationen vermieden, so spielt die N-Ernährung für die Haltbarkeit keine sehr bedeutende Rolle. Allerdings sieht dies im Hinblick auf die Ertragskriterien wie z. B. Stiellänge, Gewicht, Anzahl Blüten usf. ganz anders aus.

Der höchstmögliche Ertrag ist vermutlich nicht mit der größtmöglichen Haltbarkeit zu vereinen.

Kalium und Calcium

Eine optimale Kaliumernährung ist für die Frischhaltung von Schnittblumen von großem Nutzen. Pflanzen mit ungenügender Kaliumversorgung welken leicht, da sie das Wasser in den Geweben schlecht festhalten können. Daher kann insbesondere nach dem Schnitt, wenn Wasserstreß auftritt, ein latenter Kaliummangel deutlich werden. Kalium beeinflußt die Haltbarkeit aber vermutlich nicht nur über den Wasserhaushalt, sondern auch über den Aufbau und Abbau von Pflanzensubstanz. Bei ausreichender K-Ernährung findet man im Gegensatz zum K-Mangel dickere Zellwände und höhere Anteile an Stützgewebe. Solche Gewebe stehen ja in direktem Zusammenhang zur Stabilität und Knickfestigkeit von Stengeln.

Ein niedriger K-Spiegel in der Pflanze führt zur Aktivierung von eiweißabbauenden Enzymen. Kalium fördert außerdem den Assimilatetransport und trägt somit zur Ernährung von sich entwickelnden Pflanzenteilen bei.

An Nelken wurde gezeigt, daß reichliche K-Gaben insbesondere im Sommer zum Tragen kommen und K-Mangel zu einer Haltbarkeitsminderung von 2,5 Tagen führen kann (HOLLEY 1954).

In den Zellwänden ist Calcium als Baustein vorhanden. Bei Ca-Mangel kommt es folglich zu mangelhafter Zellwandbildung. Konkurriert K mit Ca bei der Aufnahme über die Wurzel und verdrängt dieses, kann es zu hohen K-Gehalten in der Pflanze bei gleichzeitigem Mangel an fest gebundenem Ca in den Zellwänden kommen (CAROW und RÖBER 1979). Bei Wasserstreß können solche nicht voll entwickelten Gewebe schnell zusammenbrechen. Wie Abb. 17 zeigt, sinkt an der Knickstelle von *Hippeastrum*-Schäften der Gehalt an Struktur-Calcium praktisch auf Null ab. Den Schaden (Welken) kurz nach dem Schnitt zeigt Abb. 18. Ähnliche Schäden treten auch gelegentlich bei Tulpen und Zinnien aus der Unterglas-Produktion auf.

Abb. 17. Ca-Gehalte von *Hippeastrum*-Schäften in Abhängigkeit von der Schaftposition bei geknickten und intakten Schäften (Carow und Röber 1979).

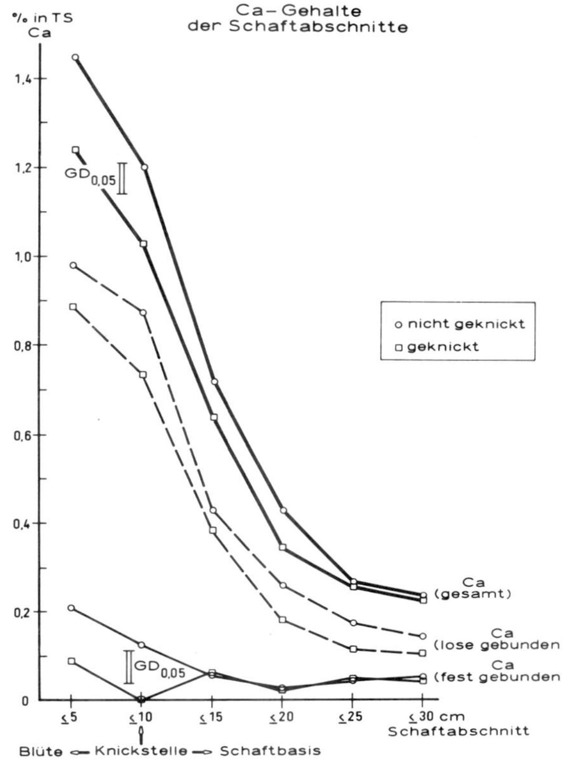

Chloride

Im Gegensatz zum Kalium kann das Chlorid-Ion (Cl^-) den Abtransport von Kohlenhydraten aus den Blättern behindern. Die Düngungskombination Ammonium-N und Chlorid kann den Abbau organischer Verbindungen beschleunigen und zu einer Anreicherung von Ammoniak-N führen. Hohe Cl-Gehalte sind in der Lage, den Abwurf von Laubblättern zu begünstigen. Solche Entlaubungseffekte erinnern an die Wirkung von Äthylen. In der Tat besteht zwischen Chloridgehalt und Äthylenproduktion ein Zusammenhang. Mit steigendem Cl-Gehalt nimmt der Äthylenausstoß von Citrus-Blättern zu, und zwar selbst dann, wenn äußerlich keine Blattschäden zu erkennen sind (Rasmussen et al. 1969). Bei Verwendung von Cl-haltigen Düngern und der damit möglicherweise verbundenen Anreicherung von Cl im Substrat sind demzufolge negative Auswirkungen auf die Haltbarkeit von Schnittblumen zu erwarten. Andererseits muß mit sehr unterschiedlicher Cl-Empfindlichkeit der einzelnen Genotypen gerechnet werden.

Salzstreß

Obwohl heute erhebliche Düngermengen – besonders im Unterglasanbau – verwendet werden, liegen zu diesem Thema nur wenige Daten vor. Hohe Salzgehalte im

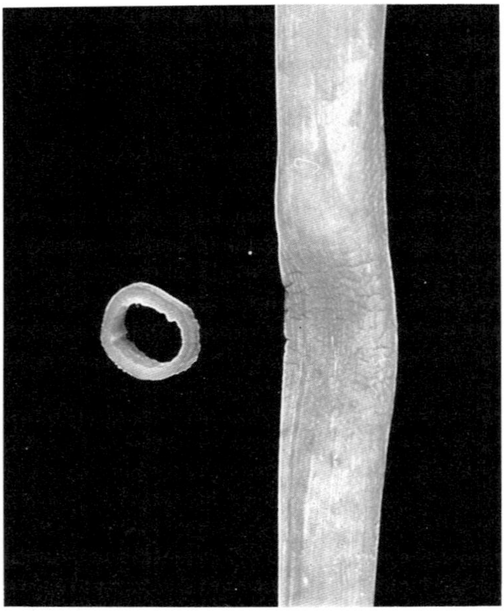

Abb. 18. Welkebeginn eines Schaftabschnittes unter dem Blütenstand; Schaftquerschnitt mit unterschiedlichen Wanddicken (Carow und Röber 1979).

Wurzelbereich vermindern die Haltbarkeit von Chrysanthemen. Dieser Effekt wird um so deutlicher, je größer die Konzentrationsschwankungen in der Bodenlösung sind. Solche Schwankungen hängen eng mit der Bodenart und der Bewässerungsmethode zusammen. Unregelmäßig bewässerte Sandböden wirken nachteiliger als unregelmäßig bewässerte Tonböden. Salzstreß sollte in jedem Falle vermieden werden (Rutland 1972).

CO_2

Normalerweise bauen die Pflanzen ihre organische Substanz aus Kohlendioxid (CO_2) der Luft auf. Der mittlere CO_2-Gehalt der Luft beträgt etwa 0,03% oder 300 ppm. Während der Nacht reichert sich das CO_2 im geschlossenen Gewächshaus an und wird morgens verbraucht, sobald die Pflanze ihre Assimilation bei Licht wieder aufnimmt. Bleibt im Winter das Gewächshaus geschlossen und ist dieses relativ dicht, so kann der CO_2-Gehalt unter 300 ppm absinken. Hierauf reagieren die Pflanzen mit eingeschränktem Stoffaufbau. Eine zusätzliche CO_2-Begasung (CO_2-Düngung) kann daher die Stoffbilanz verbessern und die Zuckergehalte erhöhen. Mit CO_2-Konzentrationen zwischen 500 und 1000 ppm lassen sich die Qualitäten in lichtarmen Zeiten steigern (Holley 1966, Parups und Chan 1973).

3.2.3 Bewässerung

Wie bereits erwähnt, sind Schwankungen im Wassergehalt des Bodens dann haltbarkeitsmindernd, wenn dabei außergewöhnlich hohe Salzkonzentrationen auftreten. Ist dies nicht der Fall, sind Schwankungen im Wassergehalt des Substrats offenbar sogar haltbarkeitsfördernd. MAYAK und KOFRANEK (1976) stellten nämlich fest, daß Nelken der Sorte 'Improved White Sim' nach dem Schnitt besser halten, wenn nicht regelmäßig gewässert wird, sondern die Pflanzen während des Wachstums relativ trocken kultiviert werden. Ähnliche Ergebnisse fanden auch HANAN und JASPER (1969), wobei allerdings zugunsten der Haltbarkeit ein verminderter Ertrag festzustellen war.

Relativ trockene Kultur begünstigt die Wurzelbildung, wodurch es zu einem günstigen Cytokiningehalt der Pflanze kommen kann. Auch weisen trocken kultivierte Pflanzen eine höhere Trockensubstanz auf. Bei akutem Wassermangel wird jedoch die Cytokininproduktion in der Wurzel gedrosselt, so daß keine Qualitätspflanzen erzeugt werden können. Die Bildung eines möglichst großen und verzweigten Wurzelwerks ist Voraussetzung für ein möglichst hohes Haltbarkeitspotential.

3.2.4 Wachstumsregulatoren

Wuchshemmstoffe wie CCC, B-Nine bzw. Alar (Wirkstoff: N-dimethylaminobernsteinsäure) und Phosfon sind in der Lage, die Äthylenproduktion von pflanzlichem Gewebe zu hemmen (ABELES und RUBENSTEIN 1964). An Topfchrysanthemen wurde gefunden, daß Spritzbehandlungen mit B-Nine (2,5%ig, 3 und 8 Wochen nach KT-Beginn) die Haltbarkeit der Blüten um 5 Tage verlängert haben (BUXTON und CULBERT 1967). Dabei spielt der Behandlungstermin die entscheidende Rolle. Auch HALEVY und WITTWER (1966) haben verbesserte Haltbarkeit durch Anwendung von CCC und B-Nine festgestellt.

Zur Vermeidung zu langer und schwacher Stiele während des Wachstums in lichtarmen Zeiten ist es heute üblich, Wachstumsregulatoren einzusetzen. Dabei wird auch Ethrel, Ethephon oder CEPA (2-chloräthylphosphonsäure) eingesetzt. Diese Verbindung setzt jedoch Äthylen frei. Daher wird die Haltbarkeit von Nelken 'White Sim' nach dem Schnitt um so geringer, je später der Behandlungstermin am Blühbeginn liegt. Die Sprühbehandlung von Nelken im 8-Nodien-Stadium reduziert die Haltbarkeit der geschnittenen Blumen immerhin noch um etwa einen Tag (JOHNSON 1973). Der Nebeneffekt liegt darin, daß Ethrel das Wachstum des Fruchtknotens fördert und dazu Substanzen aus den Petalen abzieht, wodurch diese eher verwelken (NICHOLS 1971).

3.2.5 Temperaturführung

Die Erfahrung lehrt, daß mehrere Rosen- und Chrysanthemensorten eine geringe Haltbarkeit zeigen, wenn relativ kalt kultiviert wird. In Kap. 2.1.8 wurde dargelegt, daß Polyphenole die Haltbarkeit von Rosen erheblich reduzieren können. Der Polyphenoleinfluß wurde jedoch nicht immer festgestellt. Das kann damit zusammenhängen, daß die Phenolgehalte von Rosen je nach Jahreszeit unterschiedlich hoch sind (SYTSEMA 1968). Als Ursachen kommen sowohl die Lichtintensität, die Tageslänge als auch die Temperatur in Frage. MOE (1975) fand, daß die Temperatur während der Vegetationsperiode einen entscheidenden Einfluß auf die Haltbarkeit von Rosen hat. In seinen Versuchen wurden die Rosen der Sorten 'Zorina', 'Garnette' und 'Baccara' (auf *Rosa canina*) Anfang März zurückgeschnitten und bei konstanten Temperaturen von 12, 15, 18, 21, 24 und 27 °C kultiviert. Nach der Ernte im üblichen Blütenstadium wurden die Rosen in destilliertes Wasser eingestellt. Aus Tab. 10 ist die Anzahl der Tage zu entnehmen, bis die Blüten verwelkt waren.

Es wird deutlich, daß mit zunehmender Temperatur alle drei Sorten eine verbesserte Haltbarkeit zeigen. Woran liegt dies?

Tab. 10. Haltbarkeit von Rosen (Tage bis zum Verwelken aller Blüten) in Abhängigkeit von der Temperatur während des Wachstums im Gewächshaus (Moe 1975, verändert)

Temperatur °C	Sorte		
	Garnette	Zorina	Baccara
12	14	7	8
15	14	8	8
18	18	10	9
24	21	13	12

Moe (1975) hat an auf eigener Wurzel kultivierten 'Garnette'-Rosen demonstriert, daß bei Überschreiten einer bestimmten Temperatur wieder eine Abnahme der Haltbarkeit auftritt (zu wenig Zuckerreserven!), daß aber die Wasseraufnahme der in der Vase stehenden Rosen um so größer ist, je höher die Temperatur während der Kulturzeit war. Dies zeigt Tab. 11.

Tab. 11. Haltbarkeit und Wasseraufnahme von Rosen 'Garnette' in Abhängigkeit von der Temperatur vor der Ernte (Moe 1975, gekürzt)

Temperatur °C	Tage bis zum Verwelken der Petalen	Wasseraufnahme (ml/Tag/4 Rosen)
15	13,0	8,4
18	16,7	10,6
21	19,7	16,5
24	15,6	16,6
27	13,0	17,6

Es ist in Tab. 11 deutlich erkennbar, daß bei 21 °C die Wasseraufnahme doppelt so groß ist wie bei 15 °C, was auf eine Xylembarriere durch Polyphenole hinweist. Die Ursache für die geringe Haltbarkeit bei 27 °C ist ganz wo anders zu suchen, denn hier wird das meiste Wasser aufgenommen. Die gleiche Wirkung bei 15 °C und 27 °C (in beiden Fällen ist die Haltbarkeit 13 Tage) hat also sehr verschiedene Ursachen.

Wird die Kultur bei 18 °C gehalten und auf 12 °C abgesenkt, sobald die Knospe bis kurz vor dem äußerlich sichtbaren Farbezeigen entwickelt ist, so hat diese Temperaturabsenkung keinen nachteiligen Effekt auf die Haltbarkeit mehr.

Niedrige Temperaturen bis kurz vor dem Farbezeigen vermindern Rosenhaltbarkeit.

Mit abnehmender Temperatur während der Kultur nimmt die haltbarkeitsvermindernde Wirkung von Inhaltsstoffen (Phenolen) zu (Moe 1975, Sytsema 1968). Dies gilt für eine ganze Reihe von Rosen-Sorten. Die schädlichen Stoffe befinden sich auch in den Blättern und dringen in verstärktem Maße in die Leitbahnen ein, wenn die Laubblätter ins Vasenwasser oder in das Wasser der Lagerungscontainer gelangen. Tab. 12 zeigt die Wirkung von Blattextrakt aus 'Zorina'-Blättern, die während der Kultur bei 12 °C gewachsen sind.

Tab. 12. Effekt von Blattextrakt im Vasenwasser auf die Haltbarkeit von 'Zorina'-Rosen (Moe 1975, gekürzt)

Behandlung	Tage bis zum Verwelken	Anzahl hängender Köpfe von 10 Rosen nach 10 Tagen Vasenleben
destilliertes Wasser	13	1
mit Extrakt (12 °C-Kultur)		
50 ml/l	11	6
150 ml/l	10	9
mit Chlorogensäure	10	10
150 ml Extrakt/l + Zugabe von Chrysal	12	1

Aus Tab. 12 geht weiterhin hervor, daß die Anzahl hängender Köpfe von der Menge des zugefügten Blattextraktes abhängt. Dies ist auch bei Zugabe von Chlorogensäure – einer phenolischen Verbindung – der Fall. Die Haltbarkeitsdauer wird verlängert, wenn dem mit Blattextrakt versetzten Vasenwasser Chrysal hinzugefügt wird. Ähnliche Reaktionsweisen, wie hier für Rosen gezeigt, sind auch bei Nelken bekannt. Hier wird deutlich, was gezielte Frischhaltemaßnahmen bewirken können und wie eng der Erfolg an die Kenntnis biochemischer Reaktionen gebunden ist.

3.2.6 Luftfeuchte

Die Luftfeuchte beeinflußt die Transpiration und wirkt sich damit auch auf den Wasser- und Wärmehaushalt, auf die CO_2-Versorgung durch Stomataregulierung und auf die Verteilung derjenigen Stoffe aus, die mit dem Wasserstrom aus der Wurzel in den Sproß gelangen. Neben den Mineralstoffen gehören hierzu organische Verbindungen, wie z. B. Cytokinine. Es wurde gezeigt (Kap. 2.1.2), daß Cytokinine die Alterungsvorgänge verzögern können. Wenn nun durch hohe Luftfeuchte der Cytokininstrom verlangsamt oder gestoppt wird, so treten vorzeitige Alterungserscheinungen schon nach wenigen Tagen auf. Aufhellung und Vergilbung älterer Blätter sind die Folge. Durch Aufsprühen von Benzyladenin – einem künstlich hergestellten Cytokinin – können die Abbautendenzen verzögert werden. Dies ist gleichzeitig der Beweis dafür, daß in den Organen ein Cytokininmangel vorliegt, welcher durch mangelnde Transpiration ausgelöst werden kann (Michael et al. 1969).

3.2.7 Krankheiten vor der Ernte

Kranke Pflanzen sind nicht haltbar. Sowohl pflanzliche als auch tierische Schädlinge veranlassen die Pflanze zur Äthylenproduktion. Besonders kritisch wird die Situation jedoch, wenn kranke Pflanzen gelagert oder längere Zeit transportiert werden. In den meist relativ luft- und wasserdichten Verpackungen (Polyäthylenfolie) können sich Pilze und Bakterien infolge der hohen relativen Luftfeuchte rasch vermehren und auf diesem Wege die Ware zerstören.

Die haltbarkeitsverlängernden Maßnahmen vor der Ernte haben nur dann einen Sinn, wenn entsprechende Behandlungen auf allen folgenden Ebenen fortgesetzt werden. Der Produktion folgt zunächst die Ernte. Dabei ist eine Reihe von Faktoren zu beachten, wenn die Mühen während der Kulturzeit später in einem langen Vasenleben der Schnittblumen Niederschlag finden sollen.

3.2.8 Äthylen im Gewächshaus und im Blumengeschäft

Wenn auch Pflanzen selbst Äthylen produzieren, so stellen sie vor der Ernte doch eine zu vernachlässigende Äthylenquelle dar, wenn die Kultur sachgemäß geführt wird. Andere Faktoren können jedoch die Äthylengehalte im Gewächshaus bedenklich in die Höhe treiben.

Chemische Industrie, Gaswerke, Verbrennungs- und Heizungsanlagen können mehr oder minder große Äthylenmengen freisetzen. Sind Heizungsanlagen direkt im Gewächshaus installiert, so muß eine saubere Abgasführung gewährleistet sein. Verbrennungsmotoren, die in der Gärtnerei eine wichtige Rolle spielen, stoßen ebenfalls äthylenhaltige Abgase aus. Automobilgase enthalten etwa 0,7% Kohlenwasserstoffe. Etwa 27% davon sind Äthylen (Abeles 1973). Daher kommt es in verkehrsreichen Stadtgebieten zur Zeit des Berufsverkehrs morgens und abends zu steigendem Äthylengehalt der Luft. Auch beim Stau vor Ampeln muß mit einer Äthylenwelle gerechnet werden. Es kann dadurch zu erheblichen Verlusten bei Orchideen kommen, die in nahegelegenen Gewächshäusern wachsen und blühen. Auch Früchte, die in der Nähe von Schnittblumen reifen – z. B. ein benachbartes Gewächshaus mit Tomaten – können so viel Äthylen produzieren, daß es zum „Einschlafen" von Nelken kommt (Eaves und Forsyth 1969). Auf die nachteiligen Wirkungen defekter Gasleitungen wurde schon hingewiesen. Auch Zigarettenrauch enthält Äthylen und kann zur Katalyse der Äthylenerzeugung beitragen. Zur Abwehr von Äthylenschäden sei folgende Checkliste angeführt:

a) Wo Abgase auftreten – z. B. beim Fräsen – Gewächshaus gut lüften.
b) Heizungsbrenner richtig einstellen.
c) Abgasleitungen abdichten.
d) In Packhallen und Sortierräumen keine Motoren laufen lassen.
e) Bei Drift von Abgasen (Müllverbrennung, Industrierauch) Lüftung auf Windseite schließen.
f) Pflanzenkrankheiten kontrollieren, kranke Pflanzen verwerfen.
g) Offene Blüten – wenn nicht mehr gebraucht – entfernen.
h) Keine Kunststoffe und Abfälle neben dem Gewächshaus verbrennen – zumindest Windrichtung beachten.
i) Vorsicht bei Ethrel-Anwendung, benachbarte Kulturen abschirmen.

Einige dieser Forderungen gelten auch für Blumengeschäfte, insbesondere wenn diese in verkehrsreichen Stadtgebieten liegen.

3.2.9 Antitranspirants

Eine der vielversprechendsten Entwicklungen im Gartenbau ist die Anwendung von Substanzen, die den Wasserverlust der Pflanze begrenzen. Hier sollen nun Stoffe besprochen werden, die auf die Blätter gebracht werden – durch Besprühen oder Tauchen – und die Wasserabgabe pflanzlicher Gewebe mindern.

Solche Stoffe sind heute für Autobahnbepflanzungen, Rasen oder Golfplätze, bei Verpflanzen größere Bäume mit Laub und für die Frischhaltung von Weihnachtsbäumen im warmen Wohnzimmer im Test.

Es gibt drei Typen von Antitranspirants:

a) Verbindungen, die einen dünnen Film über das Blatt ziehen und die Stomata gewissermaßen abdichten. Die im Handel erhältlichen Antitranspirants sind meistens von diesem Typ (Martin 1974).
b) Material, welches die volle Stomataöffnung unterbindet.
c) Substanzen, die die Strahlung reflektieren, damit eine Erwärmung des Blattes verhindern und folglich die Transpiration begrenzen. Die Beschaffenheit dieser Antitranspirants (weiß oder glänzend) begrenzt die Verwendbarkeit für Zierpflanzen, da das natürliche Aussehen beeinträchtigt wird.

Da die Stomata gleichzeitig Eintrittsöffnung für das zur Photosynthese benötigte CO_2 der Luft sind, vermindert das Schließen der Stomata nicht nur den Wasserverlust, sondern auch den Stoffgewinn durch Assimilation. Da wir diesen Stoffgewinn bei Schnittblumen ohnehin meistens vernachlässigen können (Post 1952) und in der Lage sind, die Schnittblumen künstlich mit Zucker zu ernähren, scheinen Antitranspirants gerade bei Schnittblumen ideale Möglichkeiten in der Frischhaltung zu bieten.

Als filmformende Materialen können Wachse, Wachs-Öl-Emulsionen, hochwertige Alkohole, Silikone, Kunststoffverbindungen, Kautschuksubstanzen und Harze verwendet werden (Davenport et al. 1971). Diese Verbindungen müssen ungiftig, für die Pflanze unschädlich, bruchsicher, durchsichtig und relativ temperaturstabil sein, so daß das Aussehen der Schnittblume nicht entstellt wird. Als Nebeneffekt kann ein gewisser Schutz gegen Schädlinge, insbesondere Bakterien und Pilze, auftreten.

Die Antitranspirants müssen in handlicher Form als Spray verpackt sein, oder sie müssen sich in Wasser leicht lösen (Tauchverfahren). Sie entfalten dann offenbar ihre größte Wirkung wenn sie bei voller Turgeszenz der Pflanze aufgebracht werden (Davenport et al. 1971). So konnte die Transpiration von Oleander-Topfpflanzen um 35% reduziert werden. Bei anschließender Austrocknung des Substrates waren die behandelten Pflanzen viel länger turgeszent als die unbehandelten Kontrollpflanzen. Das gleiche gilt für Schnittblumen. Die Wasserbilanz von Rosen kann offenbar durch Antitranspirants verbessert werden (Davenport et al. 1971). Jedoch zeigten sich Blumenfrischhaltemittel als effektiver. Hier steht die Forschung in den Anfängen und Kombinationsmaßnahmen sind nicht bekannt geworden. Auch die Wirkung solcher Substanzen, die bei längerem Transport wie z. B. Verpflanzungen und Transport von Bäumen als günstig erkannt wurden (Davenport et al. 1972) ist an Schnittblumen unbekannt. Auch sind nicht alle möglichen, mehr oder weniger schädlichen Nebeneffekte von Antitranspirants bekannt.

Dennoch sind die Antitranspirants gerade in der Nachernte-Physiologie interessant, weil unter den meist relativ hohen Temperaturen und der geringen Luftfeuchte der Wasserverlust erheblich ist. Die Haltbarkeit von Schnittblumen und Schnittgrün kann daher durch Anwendung eines Antitranspirants verbessert werden (zit. MARTIN 1974).

Die Eigenschaften der Pflanze und das Anwendungsziel bestimmen in erster Linie die Auswahl von Antitranspirants. Für Schnittblumen kommen nur solche Mittel in Frage, die auch von den Blütenblättern ohne Schaden ertragen werden. Als aussichtsreiche Verbindungen sind nach MARTIN (1974) Folicote, Mobileaf und Wilt Pruf NCF zu nennen.

3.3. Maßnahmen während der Ernte

Die Ernte einer Schnittblume erfordert meist nur wenige Handgriffe, welche jedoch schonend und sachgemäß durchgeführt werden sollen. Es gibt aber auch während der Ernte einige wesentliche Punkte, die beachtet werden müssen.

3.3.1 Zu welcher Tageszeit soll geerntet werden?

Die Haltbarkeit von Schnittblumen wird nicht durch die Tageszeit als solche bestimmt, sondern durch die klimatischen Größen, die zu bestimmten Tageszeiten herrschen. Extreme Bedingungen – wie starke Sonneneinstrahlung und damit einhergehende hohe Temperaturen – sollen vermieden werden. Bei hohen Temperaturen sind die Pflanzen meist nicht voll turgeszent, so daß die geschnittenen Stiele in verstärktem Maße Luft in die Leitbahnen einsaugen. Es ist daher darauf zu achten, daß die Pflanzen zur Zeit der Ernte turgeszent sind. Hohe Pflanzentemperaturen tragen außerdem zum schnellen Stoffabbau bei. Können wir aufgrund der Klimafaktoren mit einer positiven Netto-Assimilation rechnen, so liegen am Abend die meisten Assimilate in der Pflanze vor. Diese entspricht unserer Forderung nach einem möglichst hohen Potential an veratembarer Substanz. Der Pflanze können gewissermaßen größere Proviantmengen mit auf den Weg gegeben werden.

Obwohl durch die nächtliche Atmung Substanz verloren geht, gibt es sehr gewichtige Gründe für eine Ernte am Morgen. Insbesondere im Sommer ist die Wasserbilanz morgens besser als abends, so daß entschieden werden muß, welcher Faktor der bedeutendere von beiden ist. Rosen werden in der Regel morgens geschnitten. Sie sind dann voll turgeszent und überstehen so Sortierung und Verpackung ohne nachhaltig wirkenden Wasserverlust. Sind die Pflanzen mit Wasser gesättigt und werden sie nach dem Schnitt nicht gleich extremen Bedingungen ausgesetzt, so ist es wohl eher eine Frage der Betriebsorganisation als eine Frage der Haltbarkeit, ob Blumen morgens, mittags oder abends geschnitten werden.

Blumen turgeszent schneiden. Während der Ernte Extrembedingungen vermeiden.

3.3.2 Schneiden oder Brechen?

GRÜNING (1935) prüfte die Haltbarkeit von 14 verschiedenen Gattungen in Abhängigkeit vom Schneiden oder Abbrechen. Sie fand keine Unterschiede. Jedoch wurde in diesen Versuchen die Oberfläche der Bruch- bzw. Schnittstellen nicht gemessen, so daß gleiche Oberflächen der Wunden zu gleichartiger Haltbarkeit geführt haben können. Die Prüfung der Wirkung eines geraden und schrägen Anschnitts ergab nämlich, daß der schräg gezogene Schnitt die Lebensdauer von Blumen mit holzigem Stiel geringfügig verbesserte. Dies hängt damit zusammen, daß holzige Stiele nur über die Schnittfläche Wasser aufnehmen können, während krautige Stiele auch über die Epidermis mit Wasser versorgt werden. Bei Stielen, die innen hohl sind (Narzissen, *Hippeastrum, Gerbera*), kann die Wasseraufnahme im Rahmen der Eintauchtiefe des Stieles auch von zwei Seiten her erfolgen. Obwohl die Haltbarkeit durch den schrägen Anschnitt in der Regel nicht wesentlich verbessert wird, ist der schräge Schnitt schon wegen des geringen Kraftaufwandes für die schneidende Person vorzuziehen. In Tab. 13 ist die Haltbarkeit einiger Schnittblumen in Abhängigkeit von der Schnittmethode aufgezeigt.

Das Abschneiden mit einer Schere erleichtert die Arbeit bei holzigen Gewächsen. Da aber die Gefäße gequetscht werden, sollte später ein sauberer Nachschnitt mit einem scharfen Messer erfolgen.

Das Abbrechen hat dann Vorteile, wenn ein Messer im Wege ist und die Bruchstelle durch die Gewebeeigenschaften nicht zu sehr ausfranst.

Das Zupfen *(Cyclamen)* oder das Abdrehen von Blüten am Stengelgrund *(Gerbera)* ist wahrscheinlich weniger eine Frage der Haltbarkeit, sondern eher der Arbeitsrationalisierung und der Pflanzenhygiene im Bestand. Gequetschte Gewebe sind meistens Infektionsorte. Im Falle von Cyclamenblumen ist das Stielende etwa verhärtet und gezupfte Blüten müssen daher vor dem Einstellen in Wasser sauber nachgeschnitten werden. Ähnliches gilt für Gerbera.

Tab. 13. Einfluß der Schnittführung auf die Haltbarkeit (in Tagen) einiger Schnittblumen (GRÜNING 1935, gekürzt)

Gattung und Art	gerader Schnitt	schräger Schnitt
Chrysanthemen	24,8	25,4
Syringa vulgaris	4,3	5,6
Rosa gallica	3,0	3,4
Dahlia pinnata	8,4	10,0
Galanthus nivalis	4,6	4,1
Narcissus pseudonarcissus	6,8	6,8
Narcissus poeticus	4,0	4,4

3.3.3 Schnittposition

Da Schnittblumen möglichst lang sein sollen, wählt man in der Regel die Schnittstelle da, wo die Stiele aus der Zwiebel oder Knolle entspringen oder an anderen Sproßachsen ansetzen. Bei eintriebigen Schnittblumen schneidet man meist direkt über der Substratoberfläche ab. Bei holzigen Stielen kann dies ein Nachteil sein. Es wurde demonstriert, daß die Haltbarkeit um so geringer ist, je tiefer der Schnitt ansetzt (Abb. 19). Chrysanthemen 'Mrs. Roy' wurden in unterschiedlicher Höhe über der Substratoberfläche geschnitten und auf die Änderungen im Frischgewicht geprüft. Dabei stellte sich heraus, daß das Frischgewicht der Blumen in der Vase um so stärker abnahm, je näher der Schnitt an der Bodenoberfläche, also im meist verholzten Stielbereich lag. Das holzige Gewebe beeinflußt die Wasseraufnahme negativ. Wurde ins Vasenwasser ein Extrakt dieser verholzten unteren Stengelteile gegeben, so war die Wasseraufnahme der Chrysanthemen um so schlechter, je näher der extrahierte Stengelteil an der Bodenoberfläche lag (MAROUSKY 1973). Offensichtlich haben wir es hier mit einem Polyphenoleinfluß zu tun.

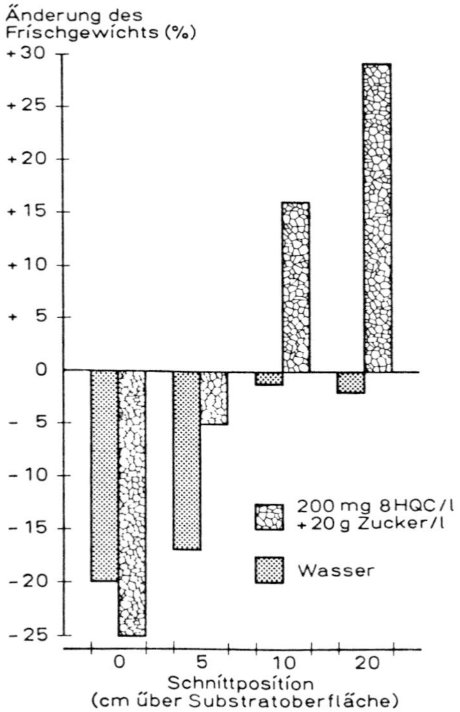

Abb. 19. Änderung des Frischgewichts (%) von Chrysanthemen 'Mrs. Roy' in Abhängigkeit von der Schnittposition und der Art der Vasenflüssigkeit 3 Tage nach der Ernte (nach Werten von MAROUSKY 1973).

3.3.4 Bedeutung des Entwicklungsstadiums der Blüte

Eigentlich sollten Schnittblumen so früh wie möglich, d. h. im Knospenstadium, geerntet werden, damit die Phase der Blütenentwicklung noch zum Vasenleben beim Verbraucher gerechnet werden kann. Jedoch weiß man seit langem, daß einige Blumen nur in vollentwickeltem Zustand geschnitten werden dürfen, wenn ein schelles Vergehen vermieden werden soll. Zu diesen Schnittblumen gehören in erster Linie die Compositen, also Chrysanthemen, Margeriten, *Gerbera* u. a. Auch Orchideen, *Cyclamen* und Euphorbien werden vollreif geschnitten. Wird vorher geerntet, so fallen die Blüten schnell in sich zusammen, die Stiele knicken ab, eine

Knospenentwicklung erfolgt nicht. Die Faktoren, welche die Entwicklung der Knospen an der Pflanze vorantreiben, sind offenbar im Minimum. Die Gewebe sind noch nicht stabil genug, die Zucker zum Aufbau stabilisierender Strukturen und zur Unterstützung des Streckungswachstums fehlen.

Andere Schnittblumen dagegen (z. B. Freesien, Gladiolen, *Hippeastrum, Iris,* Lilien, Rosen, Tulpen) können in einem mehr oder minder ausgeprägt knospigen Stadium geschnitten werden. Dabei muß bekannt sein, welches Stadium eine Knospenentwicklung gerade noch zuläßt und in welchem Schnittstadium eine Blütenentfaltung unmöglich ist. Hier gibt es sehr enge Grenzen zwischen „gerade noch" und „gerade nicht mehr". Diese Grenze ist darüber hinaus sortenabhängig. Auch ist die Jahreszeit von Bedeutung. So können Schnittblumen in der Regel im Frühjahr, Sommer und Herbst in einem früheren, festeren Stadium geschnitten werden, als dies im Winter möglich ist. Das zeigt, daß Zuckerreserven für die Knospenentwicklung mit verantwortlich sind. In halberblühtem Zustand können z. B. *Antirrhinum, Lathyrus, Liatris* und *Nerine* geschnitten werden.

Da die einzelnen Blütenformen und Größen sowie die Anzahl der Blüten je Blütenstand sich unterscheiden, ist die zur Knospenentwicklung oder Blütenstandsentfaltung benötigte Energie in Form von Zuckern unterschiedlich groß. Da aber Zucker nach der Ernte sozusagen Mangelware sind, öffnen sich nur Knospen, die entweder ausreichend mit Zuckern versorgt werden (Assimilation, vorhandene Speicherorgane) oder sich mit derart geringem Aufwand öffnen können, daß die in der Blüte vorhandenen Reserven dafür hinreichen.

Hinweise zu den einzelnen Entwicklungsstadien finden sich bei der Besprechung der einzelnen Gattungen (Kap. 5).

3.4 Maßnahmen nach der Ernte

Wir müssen davon ausgehen, daß haltbarkeitsverbessernde Maßnahmen nach der Ernte um so wirkungsvoller greifen, je größer das Haltbarkeitspotential zum Erntetermin ist. Auf der anderen Seite kann die beste Qualität durch unzureichende Pflege und unsachgemäße Behandlung der Ware vernichtet werden. Dies ist auf allen Vermarktungsstufen, also auch beim Händler und Floristen, möglich.

Je nach Marktkanal kommen die Blumen nicht nur früher oder später, sondern auch in einem sehr unterschiedlichen Qualitätszustand beim Verbraucher an. Zwischenstationen auf dem Weg dorthin sind unentbehrlich, jedoch für die Haltbarkeit in der Vase nicht immer vorteilhaft. Um so bedeutsamer ist es daher, daß die Einflußfaktoren und ihre Wirkungen auf der Reise der Schnittblumen bekannt sind.

3.4.1 Sonderbehandlungen

Vielfach werden in der Praxis holzige Stielenden nach dem Ernteschnitt einige Sekunden in kochendes Wasser getaucht. Nach dieser Maßnahme nehmen Chrysanthemen in der Vase des Floristen schneller Wasser auf und werden rasch turgeszent. Jedoch ist damit eine Verlängerung der Lebensdauer nicht in jedem Fall verbunden. Im Laufe von einigen Tagen holen unbehandelte Blumen an Frischgewicht relativ auf (vgl. Kap. 3.4.7). Je nach Sorte kann es bei Chrysanthemen sogar zu einem kürzeren Vasenleben kommen (Harkema 1979).

Unmittelbar nach dem Abschneiden milchsaftführender Pflanzen ist es nützlich, den Saftfluß zu verhindern. Damit werden die Pflanzen selbst frei von Milchsaftflecken gehalten. Weiterhin lassen sich Folgearbeiten mit verklebten Fingern und Händen schlechter durchführen. Wichtigster Punkt jedoch ist, daß der ausfließende, klebrige Saft die Schnittstelle nicht verstopft. Dies ist der Fall, wenn der Milchsaft mit der Zeit am Stielende antrocknet. Durch kurzes Eintauchen des Stielendes (ca. 10 cm) in warmes oder auch heißes Wasser gerinnt der Milchsaft in den Milchröhren (dienen nicht zur Wasseraufnahme) und wird somit am Ausfließen gehindert. Ein ähnlicher Effekt wird durch das sogenannte Anbrennen des Stielendes mit offener Flamme erreicht. Um die Wasseraufnahme zu begünstigen, muß das verklebte Stielende nachgeschnitten werden, jedoch nur innerhalb der behandelten Stielzone.

3.4.2 Sortieren und Aufbereiten

Wenn nicht während der Ernte schon aus arbeitsökonomischen Gründen marktfertig gebündelt wird, wie dies z. B. bei kleineren Schnittblumen erfolgen kann *(Cyclamen, Lathyrus, Gloriosa)*, so finden Sortierung und Verpackung meist in speziell dafür hergerichteten Räumen statt. In den meisten Fällen werden die unteren, überflüssigen Blätter der Stiele entfernt, wodurch günstige Voraussetzungen für die Erhaltung der Wasserbilanz geschaffen werden. Das Abstreifen der unteren Blätter ist außerdem für die Handhabung der Schnittblumen durch den Floristen von Vorteil. Gleichzeitig wird damit einer Zersetzung der Blätter im Vasenwasser vorgebeugt und ein Wirksamwerden ausgewaschener Polyphenole verhindert. Entblättern führt aber wie das Entstacheln zu Wunden, wodurch später ein verstärkter Befall mit Mikroorganismen und eine stärkere Äthylenproduktion auftreten können.

Während der Sortierungs- und Aufbereitungsarbeiten sind folgende Aspekte von Bedeutung:

a) Atmung begrenzen, hohe Temperaturen vermeiden.
b) Wasserverlust in Grenzen halten.
c) Pflanzen nicht mehr als unbedingt erforderlich verletzen.
d) Druck und Quetschung vermeiden, nicht über Gebühr stapeln.
e) Im Sortierraum keine Autoabgase dulden.
f) Gas- und Abgasleitungen müssen dicht sein.

Sortieren und Aufbereiten: schnell aber vorsichtig.

Stärkere Beschädigungen der Petalen – aber auch der Laubblätter – durch Druck und Quetschung können zu hohen, haltbarkeitsverkürzenden Äthylenkonzentrationen später im Versandkarton führen. Wie Abb. 20 zeigt, wird das Äthylenmaximum dadurch gegenüber intakten Nelken um etwa 2 Tage vorverlegt. Kommt zur Beschädigung noch eine – meist wahrscheinliche – Botrytisinfektion hinzu, so geht nochmals ½ Tag verloren. Die ausgestoßenen Äthylenmengen (Flächen unter den Kurven in Abb. 20) sind, unabhängig von der Behandlung, gleich groß (Smith et al. 1964).

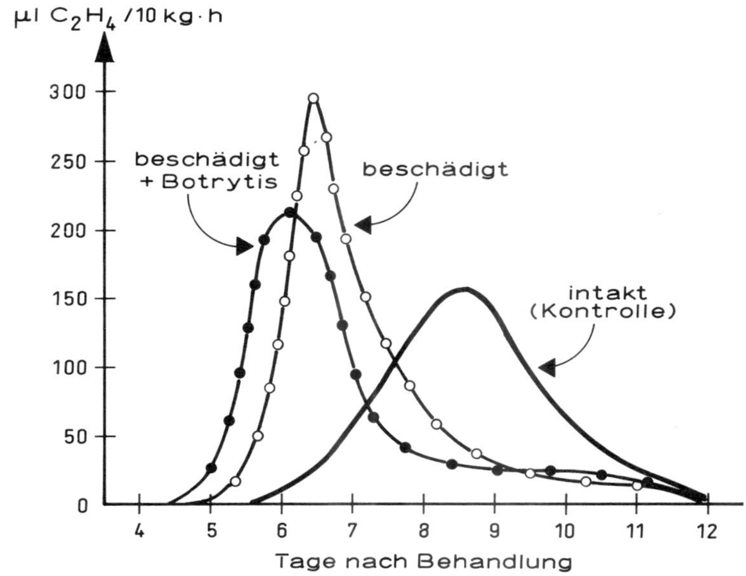

Abb. 20. Äthylenproduktion von Nelken nach mechanischer Beschädigung der Blüten und Botrytisinfektion (nach SMITH et al. 1964).

3.4.3 Bestrahlung

Die erste Bestrahlung von Schnittblumen mit ionisierenden Strahlen wurde 1969 durchgeführt (USCIATI und DUPUY). Durch eine Strahlendosis von 20 bis 30 krad blieben Tulpen länger ansehnlich und zeigten nicht die typischen Symptome des Auswachsens und der Stengelkrümmung. Rosenblüten wurden durch die gleiche Dosis in ihrer Entwicklung gebremst. Diese Entwicklungsverzögerung tritt auch bei Strahlendosen von eta 10 krad auf. Ab 75 krad entstehen, vermutlich sortenabhängig, Petalenschäden. Die Bestrahlung, welche auch die Haltbarkeit von Früchten im Lager verbessern kann, wirkt vermutlich über eine Denaturierung von Eiweißverbindungen, d. h. auch von Enzymen. Auf diesem Wege werden Alterungsprozesse gebremst oder teilweise vollständig blockiert. Bestrahlungsversuche wurden auch in der Schweiz und in den USA durchgeführt, jedoch wurde diese Arbeitsrichtung offenbar aus Gründen der nicht kontrollierbaren Nebeneffekte und der Praktikabilität verlassen.

3.4.4 Verpackung

Die Verpackung hat den Zweck, Schnittblumen in handlicher Form vor Beschädigung und Wasserverlust während Lagerung und Transport zu schützen. Dabei gilt, daß ein für einen Zweck günstig erkanntes Verpackungsmaterial oder Verpakkungsverfahren nicht für alle Arten von Schnittblumen gleichermaßen von Vorteil ist. Alle Maßnahmen, die Schaden und Wasserverlust verringern, sind für die Haltbarkeit nützlich. Schnittblumen werden entweder dicht gepackt (Nelken, Rosen) oder wenn die Empfindlichkeit der Blüten dies nicht zuläßt, auf besondere Art in Kartons so befestigt, daß sie während des Transports nicht durch Reibung zerstört werden (Anthurien, *Gerbera*). Es ist auch möglich, besonders empfindliche Gattungen in luftgefüllte Foliensäcke einzuschweißen. Dazu benötigt man einen Kompressor, der die Luft in die Folie drückt, und ein Verschweißgerät. Der Luft, die die Schnittblumen vor Druckbelastung schützt, kann noch CO_2 oder N_2 beigegeben werden, um die Äthylenproduktion im geschlossenen System zu bremsen.

Zeitungspapier soll zum Verpacken von Schnittblumen nicht verwendet werden. Es saugt freies Wasser auf und entzieht den Blumen die Feuchtigkeit (Post und Fischer 1952). Andererseits kann feuchtes Zeitungspapier im Knäuel oder mehr oder weniger zerfetzt als Feuchtigkeitsspender mit verpackt werden.

Heute vermeiden wir Wasserverlust durch Einwickeln der Schnittblumen in Kunststoffolien. Damit sich an den Folieninnenwänden kein Kondenswasser bildet, gibt es Folien mit einem Antikondensbelag bzw. perforiertes Material. Perforierte Folien erfüllen dann ihren Zweck, wenn sie mehr als 150 Löcher/dm^2 aufweisen.

Nicht perforierte Polyäthylenfolien sind ja nach Dicke unterschiedlich gasdurchlässig (Boeke 1949, Sytsema 1968). Sytsema hat gezeigt, daß in geschlossenen Polyäthylenfolien (PE-Folien) der Sauerstoffgehalt um so stärker absinkt, je dicker die Folien sind und je höher die Temperatur ist. Die Pflanzen atmen, verbrauchen den Sauerstoff, assimilieren aber nicht und tragen so zum Anstieg von CO_2 bei. Dementsprechend nimmt der CO_2-Gehalt mit steigender Foliendicke und steigender Temperatur zu. Die Äthylenproduktion wird infolge dieser Bedingungen zwar gebremst, jedoch können nicht alle Schnittblumen die in den Folien erreichten Sauerstoff- und Kohlendioxidgehalte vertragen. Während die CO_2-Produktion Konzentrationen bis weit über 10% zur Folge haben kann, besteht gleichzeitig die Möglichkeit, daß der Sauerstoffgehalt unter 1% absinkt. Hohe CO_2-Konzentrationen schädigen Nelken, während Tulpen und Narzissen weniger empfindlich reagieren. Um den Gasaustausch nicht zu stark zu behindern, wählt man daher meistens PE-Folien mit einer Dicke von 0,02 bis 0,04 mm (Sytsema 1968). Auch Polystyrol-Folien mit 0,02 mm Dicke und Perforation sind brauchbar (Reist 1978).

Zur Begrenzung der Transpiration können wachs- oder kunststoffbeschichtete oder metallische Verpackungsbehälter verwendet werden. Wichtig ist, daß das Verpackungsmaterial den Organen nicht das Wasser entzieht. Bei Kartons genügt ein Einschlagen der Ware in eine Folie. Aus dem gleichen Grunde sollen Kartons oder Kisten nicht halbvoll bleiben. Die im Vergleich zum Luftraum geringe Pflanzenmasse ist aus physikalischen Gründen gezwungen, den trockenen Raum anzufeuchten und damit Wasser abzugeben. Dies gilt insbesondere bei trockenem Wetter und hohen Temperaturen sowie bei nicht ganz sorgfältiger Folienumhüllung.

Heute verwendet der Produzent Folien in jeglicher Form, um den sehr unterschiedlich angeordneten und geformten Organen der Schnittblumen gerecht zu werden. Werden Folien den Blüten- und Sproßformen angepaßt, so übt die Umhüllung einen gewissen Druck auf die Organe aus und verhindert so, daß die Organe aneinander reiben und sich auf längerem Transport auf diese Weise zerstören. So werden unterschiedlich geschnittene, meist kegelförmige Folienschläuche benutzt, die entweder dicht geschlossen werden oder die Stielenden zum Einstellen in Wasser freilassen.

Wie beim Sortieren sind auch beim Verpacken Schnelligkeit und Sorgfalt von großer Bedeutung. Der Florist ist wie der Produzent und Händler für die Qualität der ausgelieferten Sträuße, Arrangements und Dekorationen verantwortlich. Daher muß er die oftmals sparrigen, voluminösen Gebinde vor Hitze und Wasserverlust schützen.

Viele Versuche sind gemacht worden, um die Blumen während der Verpackungsphase, also auch auf dem Transport, mit Wasser zu versorgen, indem wassergesättigte, salbenartige Substanzen um das Stielende gelegt werden. Kieselgur und Talkum, Bentonit und wassergefüllte, schwammartige Materialien wurden geprüft, jedoch sind diese Verfahren zeitaufwendig und schlecht praktikabel bei geringer Wirkung. Praktisch bewährt hat sich das mit dehnbarem Verschluß versehene Wasserröhrchen für Anthurien und Orchideen.

Es dauert in der Regel 2 bis 3 Tage, bis warm verpackte Blumen die Temperatur des Kühlraumes annehmen (Halevy et al. 1978). Bei ungünstiger Stapelung und gut isolierten Kartons wird die gewünschte Lagertemperatur oftmals gar nicht erreicht, trotz des hohen technischen Aufwandes für die Kühlung. Es ist daher angebracht, die Blumen nicht in „warmer Verpackung“ zu kühlen. Wird bei höheren Temperaturen verpackt, so ist es von Vorteil, wenn die gefüllten Kartons im Lager nicht gleich geschlossen werden.

3.4.5 Lagerung

Vom Standpunkt der Ökonomie muß man der Lagerung einen hohen Stellenwert einräumen. Es ist Ziel dieses Kapitels, Anwendungsmöglichkeiten und Grenzen der Lagerhaltung von Schnittblumen aufzuzeigen. Fragen der Technik, Isolation, Luftführung und elektrischen Ausstattung von Kühlräumen blieben unberücksichtigt.

Innerhalb gartenbaulicher Betriebsorganisationen spielt die Lagerung die gleiche Rolle wie in anderen Branchen. Der Sinn liegt darin, Märkte kontinuierlich mit ausreichenden Stückzahlen zu beliefern und im Falle von Produktionsschüben hinreichend große Verkaufschargen sammeln zu können. Darüber hinaus dient das Lager als Materialpuffer bei Absatzflauten oder Beschaffungsschwierigkeiten. Das Lagerverfahren muß auf das Lagergut abgestimmt werden, d.h. auf die geringen Reservestoffe, die großen Oberflächen und die qualitätsmindernde Erzeugung von autokatalytischem Äthylen. Wenn Kernaussagen aus Kap. 2 als Voraussetzung für den Lagererfolg zusammengestellt werden, erhält man folgende Liste:

Lagergut

Geeignete Genotypen (Gattungen, Arten und Sorten) und gute Qualitäten:
- genetisch fixierte Atmungsrate klein,
- Cytokiningehalt hoch,
- Wasserverbrauch gering,
- Trockensubstanz = Atmungsreserven hoch,
- unempfindlich gegen mechanische Belastung,
- ausreichend und harmonisch ernährt,
- junge Organe (Knospen).

Lagerbedingungen

Faktoren, die im Lager angeboten werden müssen:
- niedrige und gleichmäßige Temperatur,
- Transpirationsschutz bzw. sauberes und geeignetes Wasser,
- saubere Becken, Container, Kartons, Folien, Böden,
- ausreichend hohe und gleichmäßige Luftfeuchte,
- eventuell Äthylenadsorber.

Auf dem Wege vom Produzenten zum Verbraucher kann eine Schnittblume mehrere Male aufbewahrt werden. Nach jedem Transport wird sie meist mehr oder weniger lang und fachkundig zwischengelagert. Auch dann sollen die Lagervoraussetzungen, insbesondere die vor der Lagerung notwendige Beurteilung des Warenzustandes und die optimalen Lagerbedingungen, beachtet werden. Die Prinzipien der Lagerhaltung gelten sowohl für längere als auch für kürzere Aufbewahrungsperioden. Deswegen sind sie für Produzenten, Händler und Floristen gleichermaßen von Bedeutung. Grundsätzlich aber müssen wir uns vor Augen halten, daß auch bei tiefer Lagertemperatur die Stoffwechselvorgänge nur quantitativ verlangsamt, niemals vollständig unterbrochen werden und daher jede Art der Aufbewahrung das Vasenleben der Schnittblume beim Verbraucher verkürzt.

Dies ist schon deswegen der Fall, weil in den meisten Kühlräumen weder Temperatur noch Luftfeuchte wirklich konstant geregelt werden können. Bei direkter Kühlung entzieht der Verdampfer der Kühlaggregate dem Raum immer dann Wasser, wenn die Kühlung einsetzt. Die Verdampfertemperatur liegt in der Regel dann 5 bis 10 °C unter der Lufttemperatur, so daß eine erhebliche Kondensation auftritt. So schwankt die Luftfeuchte entsprechend dem Kühlbetrieb. Kühlsysteme, die bei tiefen Temperaturen die Luftfeuchte konstant halten können, sind teuer und aufwendig, da sie praktisch eine „Luftveredelung" vornehmen (indirektes Kühlsystem).

Qualität des Lagerguts

Für das erfolgreiche Lagern kommen eigentlich nur Erzeugnisse von hoher Qualität in Frage. Minderwertige Ware wird im Lager niemals besser. Während Qualitätsunterschiede bei frisch ins Vasenwasser eingestellten Blumen nicht so deutlich sichtbar werden, können die Differenzen nach der Lagerung erstaunlich groß sein. Aus Tab. 14 ist zu entnehmen, daß eine Herabsetzung der Lichtintensität einige Tage vor der Ernte zu erheblichem Haltbarkeitsverlust nach der Lagerung führt, während

Tab. 14. Haltbarkeit (Tage) von *Chrysanthemum* 'Gold Coast' in Abhängigkeit von der Lagerung bei unterschiedlichem Lichtangebot 14 Tage vor der Ernte (nach Werten von MASTALERZ 1952)

Lichtangebot vor der Ernte (%)	frisch eingestellte Blumen	37 Tage bei 0 °C gelagerte Blumen
100	15	15
50	15	7
0	13	3

bei Verwendung frischer Blumen gleicher Vorbehandlung fast keine Differenzen auftreten (MASTALERZ 1952).

Um die Qualität zu erhalten, muß im Lager der Wasserverlust reduziert werden. Eine relative Luftfeuchte von 85 bis 95% ist als günstig anzusehen. Folien helfen dabei, die Transpiration und Austrocknung zu vermindern. Gewichtsverluste von mehr als 10% sind in vielen Fällen schon mit nachteiligen Erscheinungen verbunden. Die Lagertemperaturen müssen für die einzelnen Zwecke geregelt werden, damit es nicht nach Unterschreiten einer kritischen Temperatur zu Kälteschäden kommt, die möglicherweise erst dann richtig sichtbar werden, wenn die Ware aus dem Lager kommt oder auf dem Wohnzimmertisch des Kunden steht.

Temperaturführung

Im Gegensatz zu Obst und vielen Gemüsearten enthalten Schnittblumen wenig Reservestoffe. Das Verhältnis von Oberfläche zu Masse ist bedeutend größer als bei anderen, mehr oder weniger kugelig kompakten Gartenbauerzeugnissen. Durch diese Eigenschaft wird die Schnittblume selbst bei kurzfristigen Temperaturerhöhungen schnell erwärmt.

Für die Lagerung spielt die Temperatur die größte Rolle.

Mit abnehmender Temperatur werden alle Lebensvorgänge – wenn auch unterschiedlich intensiv – verlangsamt; die Alterung wird verzögert. Wie tief dürfen die Temperaturen nun sein?

Normalerweise gefriert Wasser bei 0 °C. Das Zellwasser der Pflanze aber gefriert hier noch nicht, weil die im Zellsaft gelösten Stoffe den Gefrierpunkt erniedrigen, so daß es meist erst bei –1 °C oder –2 °C zum Gefrieren kommt. Als tiefst mögliche und gleichzeitig sichere Lagertemperatur wird daher 0 °C gewählt. Bei Temperaturen unter 0 °C besteht die Gefahr, daß nichtpathogene Bakterien als Kondensationskerne für eine Eisbildung auftreten, also den Gefrierpunkt erhöhen und so das Gewebe schädigen (MAYAK und ACCATI-GARIBALDI 1979).

Tiefe Temperaturen begrenzen die Atmung, verhindern Reifeprozesse weitgehend, stoppen Form- und Farbänderungen, hemmen Zerfall durch Infektionen und bremsen unerwünschtes Wachstum. Es ist daher sinnvoll, Schnittblumen, die nicht sofort verkauft werden können, bei möglichst niedrigen Temperaturen zu lagern. Empfehlungen für die Lagerung ändern sich mit neuen Verfahren und neuen Sorten, so daß eine Standardisierung der Lagermethoden unmöglich erscheint. Auch die Ziele der Lagerung wirken sich auf die Lagerbedingungen aus. In der Regel haben die Unternehmen Kühlräume oder Kühlzellen, in denen etwa 2 bis 4 °C herrschen. Bei diesen Temperaturen können die meisten Schnittblumen für kürzere Zeit problemlos gelagert werden. Einige Blumen vertragen diese niedrige Temperatur schon nicht mehr (z. B. Orchideen, Anthurien).

Schnelles Herunterkühlen von Vorteil

Je schneller die sogenannte Feldwärme der Schnittblumen abgeführt wird und die Organe selbst die Temperatur des Kühlraums annehmen, um so weniger Reserven gehen verloren. Um dies zu erreichen, soll die Temperaturdifferenz zwischen Produkt und Kühlraum möglichst klein sein. Beim Kühlprozeß ist darauf zu achten, daß das Kühlgut wirklich bis in den letzten Winkel gekühlt wird. Warm verpackte Nelken erreichen in den Kartons kaum die gewünschte Kühltemperatur im Lager, weil sie durch Atmung – im Inneren der Karton wird es erst nach vielen Stunden wirklich kühl – Eigenwärme produzieren (Maxie et al. 1974, Molenaar 1979). In solchen Fällen müssen die Kartons so beschaffen sein, daß die Wärme im Inneren der Kartons durch Öffnungen abgeführt werden kann. Auch das Stapeln muß so erfolgen, daß die kalte Luft an den Kartonflächen vorbeistreicht. Es ist ein praxisübliches Verfahren, die Rosen nach der Ernte im Naßlager herunterzukühlen und erst später (aus Zeitgründen!) zu sortieren und zu verpacken.

Während der Lagerung kommt es auf gleichmäßige Temperaturverteilung und gleichmäßigen Temperaturverlauf an.

Es gibt die Möglichkeit, Schnittblumen mit Hilfe von Eis und Eiswasser zu kühlen. Eingepackte Blumen können regelrecht auf Eis gelegt werden. Die zum Schmelzen des Eises notwendige Wärme wird dabei den Pflanzen entzogen. Diese Methode gehört aber aufgrund erhöhter Transportkosten immer mehr der Vergangenheit an. Heute wird zur schnellen Abkühlung der Pflanzenteile eine Vorkühlung durchgeführt. Dies kann in einem Vorkühlraum geschehen, der mit besonders leistungsfähigen Kühlaggregaten ausgestattet ist. Eine solche Maßnahme ist dann sinnvoll, wenn größere Mengen in der Verpackung gekühlt werden sollen und bei direkter Beschikkung des eigentlichen Lagerraums zu einer Temperaturerhöhung im Lager führen würden.

Für den Transport über weite Strecken ist Vorbedingung, daß schnell gekühlte Blumen auch in den gekühlten LKW (0 bis 2 °C) kommen. In vielen Fällen werden Schnittblumen warm oder wieder erwärmt (nach Kühlung) in Kartons gepackt, um dann transportiert oder gelagert zu werden. In jedem Fall ist der Karton mit warmen Pflanzenmaterial gefüllt. Es dauert sehr lange, bis der Kartoninhalt die Lagertemperatur erreicht, zumal die Blumen durch Atmung Wärme produzieren. Um die reale Haltbarkeit dem theoretischen Haltbarkeitspotential weiter anzunähern, gibt es die Methode des Forced-Air-Cooling (FAC). Sie kann möglicherweise die Zugabe von Eis in die Kartons endgültig ablösen. Die Blumen werden bei FAC in Kartons verpackt, welche an den Enden mit Öffnungen versehen sind. Durch die Löcher wird kalte Luft durch den Karton gepresst und so die Feldwärme der Schnittblumen abgeführt. Dieses Schnellkühlverfahren hat nur volle Wirkung, wenn in der Transportkette (Ladevorgang, LKW 0 bis 2 °C, Kühlung bei Händler und Florist) stets gekühlt wird. Die FAC-Kartons kommen am Bestimmungsort auch dann mit niedriger Temperatur an, wenn sie gemeinsam mit anderen Kartons transportiert werden. Im LKW ist die Kühlung der Kartonoberfläche maßgebend (Farnham et al. 1978 a, b, Hanan 1977). Bei tiefer Außentemperatur reagiert nämlich der Kartoninhalt relativ träge, so daß die tieferen Temperaturen im Karton lange gehalten werden können.

Vakuumkühlung

Ein besonders elegantes, aber teures und für Schnittblumen bislang nur selten eingesetztes Verfahren zur Schnellkühlung ist die Vakuumkühlung. Die Wirkung dieser Kühlmethode beruht darauf, daß Wasser bei reduziertem Druck schneller verdampft. 1 Liter Wasser benötigt zum Verdampfen 540 kcal*. Diese Wärmemenge wird dem Kühlgut entzogen, und zwar um so schneller, je eher das Wasser siedet. So wird in kesselförmigen Stahlröhren ein Vakuum mit entsprechenden Pumpen geschaffen und das hinzugefügte Wasser – aber auch ein Teil des in dem Produkt verfügbaren Wassers (etwa 2 bis 5%) – zum Verdampfen gebracht. Das geschieht bei etwa 0,006 bar und 0 °C. Mit dieser Methode kann innerhalb von 20 bis 30 Minuten das Erntegut von 20 °C auf 2 °C abgekühlt werden (Boer und Wiersma 1974, Wiersma 1971, Wiersma und Boer 1970). Die Vakuumkühlung ist dann interessant, wenn große Mengen an Ernteprodukten anfallen und eine schnelle Durchkühlung gefordert wird, weil entweder das Produkt schnell vergänglich ist oder die Pflanzentemperaturen zu besonderen Ernteterminen außergewöhnlich hoch sind. Die Vakuumkühlung wird in Holland speziell für bestimmte Gemüsearten eingesetzt, ist aber auch für die Kühlung von Rosen, Nelken, Chrysanthemen, Freesien, Tulpen und Narzissen verwendbar. Die bis ins Mark gekühlten Produkte erwärmen sich auf dem Transport nicht so schnell wie nur oberflächlich gekühlte Ware und halten somit beim Verbraucher länger.

Die Kosten für die Vakuumkühlung sind erheblich und nur dann zu rechtfertigen, wenn die Apparatur ausgelastet ist. Bisher arbeiten nur einige Genossenschaften und Veilingen mit solchen Anlagen.

Trocken oder naß lagern?

Diese Frage ist verknüpft mit der Frage, wie lange gelagert werden soll. Stehen die Schnittblumen im Kühlraum in Wasser (naß) so setzen sie bei Temperaturen über 0 °C ihre Entwicklung – wenn auch langsam – fort. Sie halten nach längerer Lagerdauer daher in der Vase weniger gut als trocken gelagerte, weil sie den akuten Alterserscheinungen schon während des Lagers näher gerückt sind. Es laufen bei nasser Lagerung offenbar Prozesse ab, die für vorzeitiges Vergehen typisch sind. Aus diesem Grunde sollen z. B. Rosen, die länger gelagert werden, vorher nur kurz oder gar nicht in Wasser gestellt werden. Nach der Lagerung verblauen sie sonst rasch (Mastalerz 1953). Obwohl man zur Zeit dieser Untersuchungen (1939/1952) noch recht wenig über Wasserzusätze und Blumenfrischhaltemittel wußte, können Mikroorganismen im Wasser nicht allein für das Altern verantwortlich gemacht werden, indem sie möglicherweise eine Leitbahnblockade schaffen. Denn die Untersuchungen ergaben auch, daß die Abnahme von Zuckern in Nelken bei nasser Lagerung schneller voranschreitet. Somit sind später nach der Lagerung weniger Kohlenhydrate verfügbar.

Naßlagerung

In der Regel soll die nasse Lagerung nicht länger als 2 bis 4 Tage dauern. Wie Arbeiten von Sytsema (1970) zeigen, nimmt die Haltbarkeit von Rosen mit zunehmender Dauer im Naßlager rasch ab. Dies macht Tab. 15 deutlich.

Während des Naßlagers müssen tiefe Temperaturen herrschen, wenn die Haltbarkeit nach der Lagerung noch befriedigend sein soll. Es bestehen jedoch Sortenunterschiede. Dies zeigt Tab. 16. Während z. B. 'Carol' noch bei 13 °C einige Tage

---

* 1 kcal = 4187 Joule

Tab. 15. Hauptwirkung der Naßlager-Dauer auf die Haltbarkeit (Tage) von Rosen nach Lagerung (nach Werten von SYTSEMA 1970)

Lagerdauer (Tage)	Carol	Dr. Verhage	Baccara	Zorina	Superstar	Nordia
2	11,2*	5,5	5,3	6,1	4,7	4,5
4	8,5	3,9	3,9	4,7	3,5	3,2
7	6,5	2,1	2,0	3,4	2,1	1,5

* Werte sind über verschiedene Lagertemperaturen gemittelt.

Tab. 16. Hauptwirkung der Temperatur während der nassen Lagerung auf die Haltbarkeit (Tage) von Rosen nach der Lagerung (nach Werten von SYTSEMA 1970)

Temperatur °C	Carol	Dr. Verhage	Baccara	Zorina	Superstar	Nordia
2	9,9*	6,0	5,4	5,3	4,6	4,2
5	9,8	5,5	5,6	5,4	4,6	4,5
9	9,4	4,8	5,0	5,2	4,1	4,2
13	9,5	4,3	4,2	5,1	4,0	3,6
17	8,4	3,1	2,8	4,5	2,6	2,5
21	8,4	2,2	1,9	3,1	2,7	2,0
25	5,8	0,8	1,0	–	1,5	0,4

* Werte sind über Lagerdauer von 2,4 und 7 Tagen gemittelt.

gelagert werden kann, sollte die Lagertemperatur für 'Dr. Verhage' 5 °C nicht übersteigen.

Im Naßlager ist die Wasserqualität entscheidend.

Die Qualität des Wassers, in denen die Schnittblumen im Kühlraum stehen, hat großen Einfluß auf die spätere Haltbarkeit. Da die Blume keine Wurzel mehr hat, kann sie nicht selektieren, was sie aufnimmt. Im Wasser haben wir mit Pflanzenresten, ausgewaschenen Phenolen und Mikroorganismen zu rechnen. Im wirtschaftlich arbeitenden Betrieb ist es praktisch unvermeidbar, daß Blätter oder andere Bestandteile in das Kühlzellen-Wasser kommen. Diese Stoffe fördern die Vermehrung von Mikroorganismen. Es ist also von Bedeutung, dem Wasser bakterienhemmende Substanzen hinzuzufügen. Hibitanglukonat (50 bis 100 mg/l Wasser) ist ein gutes Bakterizid und hat sich bei Rosen bewährt. Es schädigt jedoch z. B. Freesien und Narzissen (SYTSEMA 1968), so daß bei Verwendung Vorsicht geboten ist.

Im November 1974 kam Chrysal VB (VB = Vorbehandlung) auf den Markt. Dieses Mittel ist speziell für den Produzenten hergestellt und enthält keinen Zucker, damit die Aufblühprozesse nicht schon im Lager gefördert werden. Es hat vielmehr bakterizide und antioxidierende Eigenschaften. Chrysal VB ist für das Aufbewahrungswasser (Kühlzellen-Wasser) gedacht und wurde u. a. an Rosen geprüft. Dabei wurden die Rosen in verschmutzte Eimer gestellt, die schon vorher zur kurzfristigen Naßlagerung von Rosen gedient hatten. Diese Eimer enthielten während der Prüfung einmal 3 Wochen lang gebrauchtes Wasser und zum anderen ebenso lange gebrauchtes Wasser mit Chrysal VB. Die Haltbarkeitsprüfung wurde mit sauberem Wasser und Wasser mit Chrysal (nicht VB!) durchgeführt. Es zeigte sich, daß Chrysal VB in diesem Versuch nicht in allen Fällen eine günstige Wirkung besaß (z. B. bei 'Baccara'), daß aber sowohl bei 'Sonia', als auch bei 'Ilona' und besonders bei 'Belinda' die Haltbarkeit gesteigert wurde. Ohne die Vorbehandlung erhöhte Chrysal die Haltbarkeit mit Ausnahme von 'Belinda' (Tab. 17). Offenbar wurde 'Belinda' durch das schmutzige, faule Kühlzellen-Wasser derart geschädigt, daß auch ein nachträglich eingesetztes Chrysal nutzlos blieb.

Werden Rosen in gebrauchtem Wasser, statt in einer haltbarkeitsfördernden Lösung aufbewahrt, so steigt auch der Anteil der Rosenknospen, die sich nicht mehr öffnen. Die damit verbundenen berühmten „hängenden Köpfe“ sind allgemein bekannt. Wie gebrauchtes, verschmutztes Wasser in dieser Hinsicht wirkt, zeigt Tabelle 18.

Saubere Container, saubere Vasen, sauberes Wasser fördern die Haltbarkeit.

Tab. 17. Haltbarkeit (Tage) von Rosen nach verschiedenen Vorbehandlungen (Sytsema 1975, gekürzt)

Vorbehandlung	Baccara		Sonia		Ilona		Belinda	
	W*	Ch**	W	Ch	W	Ch	W	Ch
schmutzige Eimer + gebrauchtes Wasser	3,0	8,4	4,3	11,2	3,2	4,8	4,1	3,6
schmutzige Eimer + gebrauchtes Wasser + Chrysal VB	3,0	8,8	6,4	10,8	2,4	8,2	6,5	12,4

* Wasser und ** Chrysal im Vasenwasser

Tab. 18. Haltbarkeit und Anteil sich öffnender Knospen von 'Dr. Verhage'-Rosen in Abhängigkeit von der Wasserqualität (Sytsema 1968, gekürzt)

Vaseninhalt	Haltbarkeit (Tage)	Anzahl sich öffnender Blütenknospen von 10
Leitungswasser	5,5	10
Leitungswasser + Silbernitrat	6,7	10
Leitungswasser + Chrysal	6,9	10
Wasser von Dr. Verhage 3 Tage alt	3,0	0
Wasser von Superstar 3 Tage alt	3,0	0
Wasser von Superstar 3 Tage alt + Chrysal	6,9	10

Rosal entspricht in der Wirkung dem Chrysal-VB. Die Formulierung von Rosal beruht auf Aluminiumsulfat-Basis (800 mg/l Wasser). Das Aluminium-Ion verbessert die Wasserbilanz und hemmt gleichzeitig Mikroorganismen (vgl. Kap. 3.4.9).

Trockenlagerung

Wird eine längere Lagerung beabsichtigt, so ist die trockene Lagerung der nassen Lagerung vorzuziehen. Die Organe entwickeln sich nicht in dem Maße wie im Naßlager weiter, was für die Haltbarkeit später von Vorteil ist (Fischer 1953, Neff 1939). Im Trockenlager wird auch mehr Platz gespart, weil Wasserbehälter nicht nötig sind und die verpackten Blumen in Regalen bis unter die Decke gestapelt werden können. Welche Möglichkeiten die trockene Lagerung anbietet, zeigt Tab. 19 am Beispiel von Rosen. Aus dieser Tabelle geht hervor, daß eine 7tägige Lagerung im Bereich von 0,5 bis 9 °C in jedem Falle die Haltbarkeit nach der Lagerung um 1 bis 2 Tage, in einigen Fällen sogar um 3 bis 4 Tage herabsetzt. Die Ergebnisse verblüffen insofern, als die relativ hohen Temperaturen (13 bis 25 °C) in diesem Versuch die Haltbarkeit in der Regel nicht so drastisch reduziert haben, wie man hätte erwarten können. Das kommt sicherlich auch davon, daß die hier verwendeten Rosen im Sommer heranwuchsen. Sie wurden nämlich in der Zeit von August bis Oktober auf Haltbarkeit geprüft (Sytsema 1970). Wie schon erwähnt, sind unter günstigen Lichtverhältnissen die Qualitäten besser. Durch die im Vergleich mit einer Winterkultur höhere Trockensubstanz ist die Pflanze in der Lage, unter Streßbedingungen mehr „zuzusetzen“.

Tab. 19. Haltbarkeit (Tage) von Rosen nach trockener Lagerung in Polyäthylenfolie (0,02 mm). Dem Vasenwasser wurde 8-Hydroxychinolincitrat zugesetzt (300 ppm) (Sytsema 1970, verändert)

Lagertemperatur °C	Lagerdauer (Tage)	Sorten					
		Carol	Zorina	Baccara	Superstar	Dr. Verhage	Nordia
0,5	1	14,4	7,8	7,6	8,0	6,2	5,6
	7	12,1	6,7	4,9	7,4	4,6	4,9
2	1	13,4	7,4	7,5	7,7	6,4	6,3
	7	12,3	6,2	6,3	6,9	4,9	5,2
5	1	13,6	7,9	7,1	7,2	6,2	6,5
	7	11,7	6,4	6,3	6,2	4,9	5,5
9	1	14,3	7,6	7,7	7,3	5,9	5,9
	7	10,9	6,3	4,5	5,1	4,1	5,4
13	2	13,8	6,6	6,5	6,0	5,0	4,7
17	2	12,3	6,2	6,3	5,4	4,9	4,9
21	2	11,8	6,0	6,0	6,1	5,2	5,1
25	2	11,1	5,9	6,0	5,6	5,1	5,9

Soll länger als eine Woche gelagert werden, so ist es für die Haltbarkeit äußerst nützlich, die Temperaturen exakt um 0 °C zu halten, wobei die Schwankungen am besten nicht mehr als ± 0,5 °C betragen sollen. Zwar nimmt auch hier die Haltbarkeit nach der Lagerung mit zunehmender Lagerdauer ab, jedoch sind viele Schnittblumen – wie Tab. 20 für Nelken zeigt – dann noch einige Tage ansehnlich.

Gegen Streß im trockenen Lager und auf dem „trockenen" Transport können Schnittblumen entsprechend vorbereitet werden. Das als Konditionieren bezeichnete Verfahren beinhaltet Maßnahmen zur Verbesserung der Kohlenhydratbilanz, Wasseraufnahme nach beendeter Lagerung usw.

In Tab. 20 handelt es sich um folienverpackte Nelken, deren Stielenden vor der Lagerung 10 Minuten in eine Silbernitratlösung (1000 mg/l Wasser) getaucht und nach der Lagerung in eine 10%ige Zuckerlösung eingestellt wurden.

Betrachtete man die Nelken nach 4 Wochen Lagerdauer genauer, so waren leichte Petalenschäden bei einigen Sorten zu verzeichnen (z. B. bei 'Caribe', 'Tangerine', 'Blaze'), während andere Sorten vollkommen einwandfrei blieben ('White Sim', 'Dusty', 'New Improved Pink Sim'). Bei 'Scania' zeigte sich nach 4 Wochen eine etwas dunklere Blütenfarbe (Besemer 1975).

Tab. 20. Mittlere Haltbarkeit von Nelken in Abhängigkeit von der Lagerdauer (Besemer 1975)

Lagerdauer (Wochen) bei 0 °C	Vasenleben (Tage) (Stiele nicht nachgeschnitten)
1	13,4
2	13,6
3	12,8
4	11,1
5	9,7
6	9,4
7	9,7
8	7,5

Fast alle Schnittblumen können bis auf 0 °C heruntergekühlt werden, ohne dabei Schaden zu nehmen. Die maximale Dauer der Kühllagerung ist aber für die einzelnen Gattungen, Arten und Sorten unterschiedlich. Es gibt Schnittblumen, die nicht bis auf 0 °C heruntergekühlt werden sollen. Dabei werden drei Gruppen unterschieden, nämlich die besonders empfindlichen (Lagerung wenige Tage bei 13 bis 15 °C), die Gruppe mit 7 bis 10 °C und die 4 °C-Gruppe.

Spezielle Hinweise zur Lagerung werden in Kap. 5 bei der Besprechung einzelner Gattungen gegeben.

Trockene Lagerung erhöht Äthylenempfindlichkeit

Werden Nelken kurzfristig bei 5 °C trocken gelagert, so zeigen sie je nach Lagerdauer danach eine unterschiedliche Äthylenempfindlichkeit (Uota 1969). Diese Feststellung ist vor allem für die Schadensabwendung während des späteren Transports bei höheren Temperaturen von Nutzen. Was kommt dabei heraus, wenn Nelken nach 12- bzw. 48stündiger Lagerung bei 5 °C während einem anschließenden 24stündigen Transport unterschiedlich Äthylenkonzentrationen bei 20 °C ausgesetzt sind? Konzentrationen von 125 ppb, die auch in der Atmosphäre von Großstädten an Smog-Tagen und auf Flughäfen gefunden werden können, erhöhen den Anteil „schlafender" Nelken in einem nicht vertretbaren Ausmaß. Dies gilt auch für noch geringere Äthylengehalte (15, 30 und 60 ppb), wenn die Lagerdauer 48 Stunden beträgt. Abb. 21 zeigt den Zusammenhang zwischen Lagerdauer bei 5 °C, Äthylenkonzentration nach der Lagerung und Prozentsatz „schlafender" Nelken auf.

Werden die Nelken vor der Äthylenbehandlung naß eingelagert, so zeigen sich keine Auswirkungen auf die Äthylensensibilität (UOTA 1969).

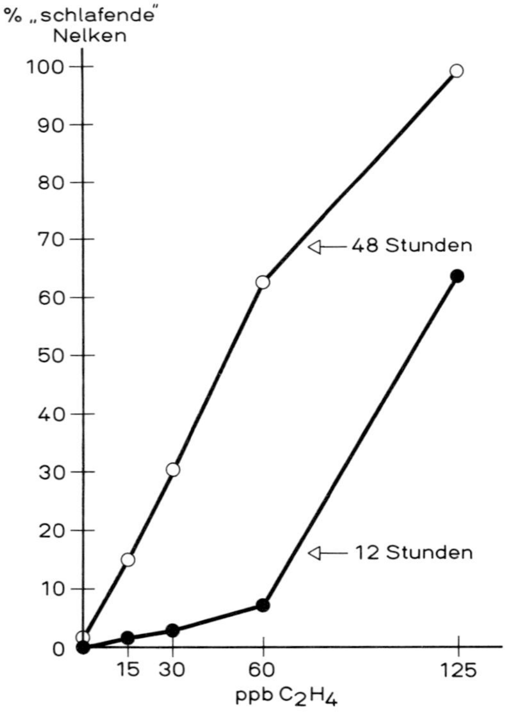

Abb. 21. Wirkung einer 24stündigen Äthylenbehandlung bei 20 °C auf den Prozentsatz „schlafender" Nelken nach 12- und 48stündiger trockener Lagerung bei 5 °C (nach Werten von UOTA 1969).

Belichtung

Über die Bedeutung des Lichts nach der Ernte und besonders während der Lagerphase liegen wenig Untersuchungen vor. Grundsätzlich wäre zu erwarten, daß Licht, welches die Assimilation begünstigt, auch die Haltbarkeit verlängert. Dies mag in einzelnen Fällen zutreffen, ist aber nicht immer so. Meistens überdeckt nämlich die im Licht immer schlechter werdende Wasserbilanz – im Licht sind die

Stomata geöffnet – den positiven Effekt des Stoffgewinns durch Assimilation. So zeigte ODOM (1954), daß Nelken um so länger halten, je weniger Licht vorhanden ist. Allerdings wurden diese Versuche mit relativ kurzstieligen Nelken durchgeführt, die wenige Blätter und daher geringe Assimilationsflächen aufwiesen. Aber auch an anderer Stelle wurden eher negative Einflüsse des Lichts auf die Haltbarkeit gefunden (CARPENTER und RASMUSSEN 1973), besonders wenn die Schnittblumen in reinem Wasser stehen (Tab. 21). Werden dem Vasen- bzw. Containerwasser aber Substanzen zugeführt, die den Wasserverlust begrenzen, d. h. entweder die Wasseraufnahme begünstigen oder die Wasserabgabe hemmen, also insgesamt die Wasserbilanz verbessern, so spielt das Licht als Alterungsfaktor keine Rolle mehr.

Die Änderung des Frischgewichts ist dann nämlich positiv, was gleichzeitig in jedem Falle verbesserte Haltbarkeit bedeutet. Diese Verhältnisse sind in Tab. 21 näher aufgezeigt.

Tab. 21. Frischgewichtsänderung (%) am 5. Tag nach der Ernte und Haltbarkeit (Tage) von *Antirrhinum majus* in Abhängigkeit vom Licht und vom Wasserzusatzmittel (MAROUSKY und RAULSTON 1970, verändert)

Vasenwasser	Frischgewichtsänderung %		Haltbarkeit (Tage)	
	Licht (2000 Lux)	Dunkelheit	Licht (2000 Lux)	Dunkelheit
Wasser	− 11,4	+ 20,3	7,7	9,3
+ 300 mg 8-Hydroxy-chinolincitrat/l	+ 21,6	+ 22,8	11,0	13,0
+ 1,5 % Zucker	− 15,1	+ 6,6	7,0	7,0
+ 300 mg 8-Hydroxy-chinolincitrat + 1,5 % Zucker	+ 37,9	+ 34,0	19,3	19,0

Aus dieser Tabelle geht hervor, daß Zuckerzusatz die Haltbarkeit vermindert, weil offenbar die Mikroorganismenflora stark gefördert wird, wodurch eine verminderte Wasseraufnahme stattfindet. Dadurch ist die Haltbarkeit bei Licht und Dunkelheit gleich schlecht. In reinem Wasser ergibt die dunkle Aufbewahrung bessere Ergebnisse, weil die Stomata nachts geschlossen sind. 8-Hydroxychinolincitrat verbessert die Wasserbilanz und damit auch die Haltbarkeit. Zusammen mit Zucker ergibt sich die größte positive Änderung im Frischgewicht und die längste Haltbarkeit, welche vollkommen unabhängig vom Licht ist.

Dies zeigt deutlich, welche Leistungen der Zusatz von bestimmten Chemikalien zum Vasenwasser erzielen kann. Die Chance sollte zum Nutzen der Produzenten, der Händler und Floristen und besonders der Verbraucher erkannt und genutzt werden. Bei der Besprechnung der Blumenfrischhaltemittel wird hierauf näher eingegangen.

Bei Chrysanthemen verbessern geringe Lichtintensitäten (um 1000 Lux) die Haltbarkeit der Blätter (WOLTZ 1965, WOLTZ und WATERS 1967). Je weiter die Lichtintensität unter 1000 Lux absinkt und je höher die Temperatur ist, um so stärker nimmt der Chlorophyllgehalt in Chrysanthemenblättern ab. Im Licht wird der

Zuckerstatus der Blätter weniger strapaziert, der Eiweißabbau wird verlangsamt. Dies gilt insbesondere, wenn eine optimale N-Düngung vorausging. Die Haltbarkeit der Chrysanthemenblüte wird durch das Licht kaum beeinflußt (Woltz und Waters 1967). Andererseits können hohe Lichtintensitäten nach der Ernte das Verblauen von Rosen offenbar bremsen (Neff 1939, Post 1952).

Verschiedene Gattungen und Sorten können das angebotene Licht auch unterschiedlich gut nutzen, so daß es bei Versuchen, die den Lichteinfluß berücksichtigen, zu widersprüchlichen Ergebnissen kommen kann. Die Lagerung wird heute zweckmäßig im Dunkeln durchgeführt.

Äthylenabwehr im Lagerraum

Es wurde bereits darauf hingewiesen, daß jegliche Äthylenquelle ausgeschaltet werden muß. Für eine Reihe von Geschäften, die sowohl Schnittblumen als auch Obst verkaufen, liegt es nahe, die Gartenbauprodukte möglicherweise gemeinsam zu kühlen und zu lagern. Wintz (1954) lagerte 27 verschiedene Früchte und Gemüsearten mit Nelken zusammen. Er fand, daß bei relativ hohen Temperaturen (15,6 °C) Äpfel, Birnen, Avocados und Tomaten die schädlichste Wirkung auf Nelken hatten. Broccoli, Ananas, Bananen, Rettich, Blumenkohl, Sellerie und Zwiebeln wirkten weniger stark. Wurde die Temperatur erniedrigt, so gaben Äpfel und Birnen immer noch bedenklich hohe Äthylenmengen ab und machten die Nelken unbrauchbar. Sobald ein Faulen des Lagergutes eintritt, wird eine wahre Äthylenflut ausgelöst.

Das Schadensausmaß wird durch Reifezustand, Temperatur, Luftfeuchte, Fäulnisgrad und Lagerdauer beeinflußt. Um allen Enttäuschungen aus dem Wege zu gehen, sollen Schnittblumen für sich gelagert werden.

Im Schnittblumenlager
- kein Obst und Gemüse aufbewahren,
- Krankheiten vermeiden,
- kranke Pflanzen entfernen,
- faulende Pflanzenreste beseitigen,
- keine Lebensmittel kühlen.

Die Schwierigkeiten mit Äthylen haben schon kurz nach seiner Entdeckung als Schadgas für Schnittblumen zu dem Wunsch geführt, ein leicht zu handhabendes, ungiftiges und pflanzenverträgliches Mittel zur Verfügung zu haben, mit welchem man die Wirkung des Äthylens ausschalten kann.

Äthylenoxid. Im Jahre 1963 berichteten Asen und Lieberman (1963), daß Rosen, die in einer 0,25%igen Äthylenoxid-Atmosphäre liegen, länger haltbar sind als die Kontrollpflanzen. Auch ist die Öffnungsrate der Blüte geringer, so daß die Rosen länger einen knospigen Zustand aufweisen. Die ursprüngliche Farbe wurde in der Vase besser erhalten und der Abwurf von Petalen erfolgte erst später als bei unbehandelten Blumen. Die Wirkung von 1 mg Äthylen/m^3 Luft kann durch eine Konzentration von 0,2% Äthylenoxid praktisch kompensiert werden. Die Schwierigkeit bei der Handhabung dieses Gases liegt jedoch darin, daß der günstige Konzentrationsbereich äußerst eng ist und die unterschiedlich entwickelten Blütenstadien unterschiedlich auf Äthylenoxid reagieren (BEN-YEHOSHUA et al. 1966). Obwohl die Haltbarkeit in ersten Versuchen verlängert werden konnte (ASEN und LIEBERMANN 1963), war durch die schwierige Dosierung und die unterschiedlichen Reaktionen verschiedener Sorten und Entwicklungsstadien das Äthylenoxid praktisch unverwertbar.

Bromierte Holzkohle. Äthylen kann zum Teil aus der Luft entfernt werden, wenn man diese durch Bromwasser leitet. Um die Effektivität dieses Verfahrens zu steigern, ist es möglich, Brom an Holzkohle zu binden und die Luft durch einen Brom-Holzkohle-Filter zu treiben. Das Verhältnis Brom zu Holzkohle ist dabei etwa 10:100. Diese Filtermasse reagiert zuverlässig mit Äthylen und bindet dieses. Jedoch besteht der Nachteil, daß die bromaktivierte Holzkohle hygroskopisch ist und durch Wasseraufnahme an Wirksamkeit verliert. Die lockere Bindung des Broms an die organische Substanz führt dabei zur Freisetzung von Bromgas und Bromwasserstoff. Diese Verbindungen hemmen zwar das Wachstum von Mikroorganismen im Lager, schädigen aber auch in höheren Konzentrationen die Pflanzen. Dennoch hat man lange Zeit in die Kartons bromierte Holzkohle gelegt, um das Äthylen in der Verpackung zu binden (FISCHER 1950, FISCHER und KELLER 1951, POST und FISCHER 1952). Um den Äthylenadsorber handlich zu machen, werden sogar Kügelchen, Scheiben und Stäbchen gepresst, die – ohne die Schnittblumen zu berühren – den Sendungen hin und wieder beigefügt werden.

Kaliumpermanganat. Auf der Suche nach einem Ersatz für die bromierte Holzkohle stießen die Forscher auf Kaliumpermanganat ($KMnO_4$). Mit Kieselgur vermischt ergibt diese Verbindung einen hervorragenden Äthylenadsorber (ABELES 1973). 500 g Kaliumpermanganat werden mit 375 g Kieselgur (Celite) und 600 ml Wasser vermischt (FORSYTH et al. 1969). Aber auch Perlite und gelöschter Kalk können als Trägersubstanz verwendet werden. In den USA wird eine Permanganat-Aluminium-Verbindung zur Äthylenadsorption hergestellt, die den Namen Purafil trägt. Auch mit diesem Adsorber dürfen die Blumen nicht direkt in Berührung kommen. Das ist während der Erschütterung beim Transport von Schnittblumen nicht einfach zu lösen.

Für die Luftwäsche im Lager wurde ein kleiner, transportabler „Äthylenschlukker" entwickelt. EAVES und FORSYTH (1969) beschrieben den 24×24×46 cm großen Apparat. Er besteht aus mehreren Schubladen bzw. Tabletts. Jedes Tablett hat eine Randhöhe von 1,5 cm. Auf diese Flächen (24×24 cm) wird das mit Kaliumpermanganat getränkte Kieselgur aufgebracht. Ein starker Ventilator bläst die Luft durch diesen Kasten hindurch, wobei das Äthylen an den Adsorberflächen gebunden wird.

Silber. Die immer steigende Aufmerksamkeit, die heute dem Äthylen als Pflanzenhormon entgegengebracht wird, liegt in den vielseitigen Anwendungsbereichen und -möglichkeiten. So können Bäume und z. B. Hortensien mit Äthylen entlaubt und z. B. eine Reihe von Bormelien mit Äthylen zur Blüte gebracht werden. Äthylen anzuwenden ist also viel weniger kompliziert, als dieses Gas unschädlich zu machen. Es ist schon länger bekannt, daß Äthylen mit einigen Metallen Komplexverbindungen eingeht und somit unwirksam wird. So fand BEYER (1976), daß auf Tomatenpflanzen aufgesprühtes Silbernitrat ($AgNO_3$), in Konzentrationen von

125, 250 und 500 mg/l Wasser einen anschließenden 6 Tage andauernden Äthylenstreß mehr oder weniger unwirksam machte. Die unbehandelten Pflanzen warfen bei Äthylenbegasung 50% ihrer Blätter ab, während dieser Prozentsatz mit steigender $AgNO_3$-Konzentration immer geringer wurde. Auch epinastische Erscheinungen (Verkrüppelungen, die durch stärkeres Wachstum von Blattoberflächen auftreten) und andere Alterungsvorgänge wurden durch Silbernitrat verhindert. Die gleiche Wirkung erzielten Silberacetat und Silberlactat, so daß die Wirkung wohl allein auf das Silber-Ion (Ag^+) zurückzuführen ist. Von über 20 geprüften Metallionen (Beyer 1976) erwies sich Silber als brauchbarstes Element. Auch Gurkenpflanzen zeigten nach „Silberbehandlung" eine größere Äthylentoleranz.

1977 versuchten Halevy und Kofranek im gleichen Verfahren Nelken 'White Sim' gegen Äthylen unempfindlicher zu machen. Die Nelken wurde eine Nacht bei 2 °C trocken gelagert und dann mit $AgNO_3$ behandelt. Der Silberlösung wurde ein Netzmittel zugesetzt (Tween 20, 0,01%). Diese Lösung wurde auf die Blüte gesprüht. Zusätzlich tauchte man die Stielenden 10 Minuten in eine Silbernitratlösung (1000 mg $AgNO_3$/l), was einer Imprägnierung des Gewebes gleichkommt (Kofranek und Paul 1975).

Die Behandlung der Blüten mit Ag vergrößert die Äthylentoleranz, jedoch ist die Methode problematisch, weil das Silber durch Licht oxidiert wird und daher die Petalen mit kleinen schwarzen Silberoxidflecken bedeckt sind.

Die Sprühapplikation mit Silbernitrat ruft bei Pelargonienblüten ebenfalls Flekken und Schäden hervor, während die Laubblätter keinerlei Symptome zeigen. Daher können z. B. Stecklinge durch Silberapplikation vor schnellem Vergilben leidlich bewahrt werden (Carow und Bahnemann 1980). Die Wirkung des Silbers setzt aber erst nach einer gewissen Zeit ein. Offenbar müssen nach der Anwendung etwa 2 Stunden vergehen, bevor eine Äthylenbegasung mit ihren nachteiligen Folgen unwirksam bleibt (Halevy und Kofranek 1977).

Durch das besser bewegliche Silberthiosulfat (vgl. Kap. 3.4.9) wird es vermutlich gelingen, die schützende Wirkung des Silber-Ions gegenüber Äthylen auch im Lager und auf dem Transportweg zu nutzen. Wenn nämlich Äthylenschäden im Lager auf einfache Weise durch ein kurzfristiges Beladen der Blüten und Blätter kurz vor der Lagerung verhindert werden können, so ist dies für die Vermarktung von Schnittblumen ein außerordentlich großer Gewinn. Wir sprechen bei diesem Verfahren von Konditionieren (Kap. 3.4.11).

Andere Möglichkeiten der Äthylenbekämpfung. Es hat an Versuchen nicht gefehlt, das Äthylen im Lager auf jede nur mögliche Weise zu zerstören. Dies kann mit Hilfe von UV-Licht und Röntgenbestrahlung geschehen (Abeles 1973). Auch Ozon reagiert mit Äthylen und spaltet dieses in Wasser, Kohlendioxid, Kohlenmonoxid und Formaldehyd auf. Alle diese Möglichkeiten haben sich nicht allgemein durchsetzen können. Andere Wege führen über die Gaszusammensetzung der Lageratmosphäre und die Verminderung des Luftdruckes im Lager.

CA-Lager

Das Gaslager oder CA-Lager (CA = Controlled Atmosphere) beruht auf der schon dargelegten Erkenntnis, daß vom Gehalt der natürlichen Atmosphäre abweichende Sauerstoff- und Kohlendioxidgehalte die Lebensdauer von Pflanzenteilen verlängern können. Verminderter Sauerstoff reduziert die Atmung, verringert damit die Äthylenproduktion und vermeidet Zuckerverluste. Kohlendioxid ist ein Äthylenantagonist, der nicht nur die Bildung unterdrückt, sondern auch die Wirksamkeit schon vorhandenen Schadgases herabsetzt. Dies ist eine wichtige Aufgabe des CA-Lagers (SMITH und PARKER 1966, SMITH et al. 1966, UOTA 1969), besonders dann, wenn die Lagertemperaturen über dem Nullpunkt liegen. Schon 50 ppb (0,05 mg/m^3 Luft) Äthylen reichen bei einer 3wöchigen Lagerung aus, um bei Nelken Schäden hervorzurufen. Mit 5% Kohlendioxid können diese 50 ppb unschädlich gemacht werden (SMITH und PARKER 1966, SMITH et al. 1966). Bei 0 °C schädigen 50 ppb nicht. Auch 100 ppb Äthylen führen bei einer Lagertemperatur von 0 °C noch nicht zu erheblicher Wertminderung (MAXIE et al. 1974).

Je tiefer die Lagertemperatur, um so weniger Äthylenschäden.

Sowohl Sauerstoff- als auch Kohlendioxidgehalte können nicht beliebig variiert werden, weil es sonst zu Schädigungen von Schnittblumen kommt. So darf der Sauerstoffgehalt nicht unter 2 bis 5% absinken, weil es dann zu Gärungen kommen kann (HANAN 1967). Zu hohe Kohlendioxidkonzentrationen schädigen insbesondere dann, wenn sie länger einwirken (BÜNEMANN 1956, HANAN 1967, THORNTON 1930). Auch das Problem der Sortenunterschiede taucht hier wieder auf.

Nelken, die 5 Wochen oder länger gelagert werden, werden durch 4% CO_2 geschädigt, während sie kurzfristig 10 bis 15% CO_2 vertragen (HANAN 1967, VAN STUIVENBERG 1949). Tulpen werden von mehr als 5% CO_2 negativ beeinflußt (BÜNEMANN 1956, VAN STUIVENBERG 1949). Flieder kann dagegen bei 15% CO_2 und 1 °C etwa 14 Tage gelagert werden. Für Rosen können Konzentrationen von 13 bis 21% Anwendung finden (VAN STUIVENBERG 1949). *Lathyrus* läßt nach der Gaslagerung die Blüten nicht in üblicher Weise fallen, sondern die Petalen verwelken am Stiel. Bei 18% CO_2 können Wicken bei 1 °C etwa 20 Tage aufbewahrt werden (VAN STUIVENBERG 1949).

Die Lageratmosphäre kann auch mit Stickstoff (N_2) angereichert werden (PARSONS et al. 1967, STUART et al. 1970). Dies kommt dann einer Erniedrigung des Sauerstoff- und CO_2-Gehaltes gleich. Werden Narzissen in einer 100%igen Stickstoffatmosphäre bei 4,5 °C aufbewahrt, so sind sie nach 3 Wochen Lagerdauer ebenso frisch und haltbar wie gerade geschnittene Blumen (PARSONS et al. 1967). Aber auch in der Stickstoffatmosphäre nimmt die Haltbarkeit mit zunehmender Lagerdauer ab.

Insgesamt bringt die CA-Lagerung für Schnittblumen zwar Vorteile (VAN STUIVENBERG 1949, SYTSEMA 1968) jedoch ist die Wirtschaftlichkeit offenbar nicht gegeben. Das mag daran liegen, daß jede Sorte die für sie optimale Konzentration an CO_2 oder O_2 benötigt, wenn Schäden vermieden werden sollen. Das Verfahren hat sich bis heute für Schnittblumen nicht durchgesetzt, obwohl es bei der Lagerung anderer Gartenbauerzeugnisse (Obst) eine wichtige Rolle spielt.

Lagerung bei reduziertem Druck (LRD)

Wird der Druck in einer gasdichten Kammer unter den normalen Luftdruck (± 1.013 bar) abgesenkt, so altern abgeschnittene Pflanzenteile langsamer und sind daher nach der Lagerung bei reduziertem Druck auch länger haltbar als nach Lagerung bei Normal-Druck.

Wird der Druck erniedrigt, so werden die einzelnen Partialdrücke von Stickstoff, Sauerstoff, Kohlendioxid und Wasserdampf proportional vermindert. Die im Pflanzengewebe entstehenden Gase können demzufolge leichter in die Unterdruckatmosphäre diffundieren und bleiben nicht im Gewebe zurück. Dies gilt selbstverständlich auch für Äthylen (BURG und BURG 1966). Wird der Druck auf 1/10 erniedrigt, so verläuft die Äthylenabgabe der Pflanze 10mal so schnell. Die Äthylenproduktion der Pflanze wird aber durch den Unterdruck nicht beeinflußt (BURG und BURG 1965). Ein Problem bei der LRD sind die geringen Wasserdampfgehalte der Lageratmosphäre. Die Unterdruckatmosphäre muß also mit Wasserdampf angereichert werden, um das Austrocknen der Schnittblumen zu verhindern. Durch spezielle Verfahren ist auch dieses Problem gelöst worden (BURG 1973, DILLEY et al. 1975).

Die LRD ist 1971 erstmalig bei Schnittblumen angewandt worden. Obwohl das Verfahren patentiert ist (Dormavac Corporation, US-Patent Nr. 3 33 967), befindet es sich weiterhin im Versuchsstadium und wird sich – wenn überhaupt – nur dann lohnen, wenn sehr lange gelagert werden soll.

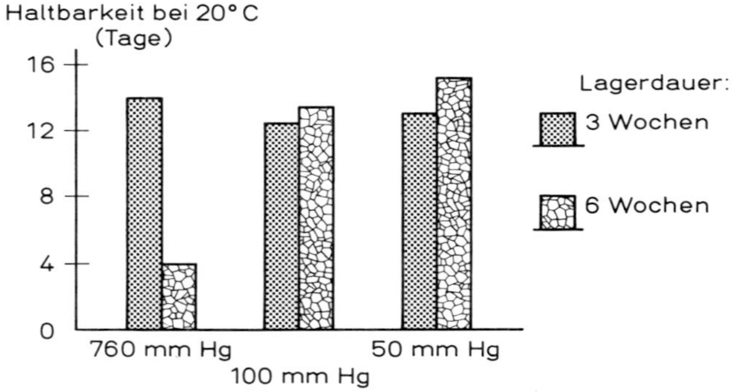

Abb. 22. Haltbarkeit von Nelken 'White Sim' nach 3 und 6 Wochen Lagerung bei unterschiedlichen Drucken (CARPENTER und DILLEY 1975).

In Abb. 22 ist dargestellt, daß die wahre Leistung der LRD erst dann deutlich wird, wenn die Lagerzeiten länger werden. Bei 3wöchiger Lagerung bei 0 °C sind Nelken unter normalen Luftdruck ebenso haltbar wie bei 0.0667 oder 0.1333 bar gelagerten. Bei 6 Wochen Lagerdauer ist aber die Haltbarkeit bei reduziertem Druck erheblich verlängert. Nach 8 Wochen LRD halten Nelken ebenso lange wie frisch geerntete Blumen (DILLEY et al. 1975). Das bei Nelken beobachtete „Einschlafen" wird durch LRD vollkommen unterdrückt. Auch die für ihre besonders starke Äthylenproduktion bekannten Antirrhinum lassen sich in knospigem Stadium 8 Wochen problemlos im LRD-Verfahren aufbewahren (CARPENTER und DILLEY 1975). Diese Lagerzeiten sind bei konventioneller Lagerung nicht möglich.

Wie Tab. 22 zeigt, sind die Ergebnisse bei LRD recht verblüffend. Knospige Nelken können mindestens 9 Wochen lang gelagert werden, ohne dabei später an Haltbarkeit zu verlieren. Auch das Öffnen der Knospen ist kein Problem. Gladiolen können bei etwa 2 °C und 0,079 bar viermal so lange gelagert werden wie unter Normaldruck, gleiche Haltbarkeit vorausgesetzt. Das gleiche gilt für *Antirrhinum*.

Tab. 22. Lagerung von Schnittblumen bei reduziertem Druck (LRD) (Burg 1973, gekürzt)

Pflanzenmaterial	Temperatur °C	Tage im Kühllager	Tage im LRD-Lager	LRD-Druck (mm Hg)
Nelken	0–2	21–28	63*	40
Rosen	0	7–14	42*	40
Gladiolen	2	6–8	28*	60
Antirrhinum	0	21–28	42*	40
Vanda	12	16	41	40
Heliconia	12	10	41	60

* Maximal mögliche Lagerdauer bisher nicht ermittelt.

Hier kann die Lagerzeit verdoppelt werden, ohne daß dies schon die Grenze der Lagermöglichkeit anzeigt (Carpenter und Dilley 1975). Gleiche Effekte zeigen sich aber auch bei Topfpflanzen und Stecklingen (Burg 1973).

Bangerth (1973) hat mit Nelken und Rosen ('Baccara) ähnliche Ergebnisse erzielt. Noch nach 48 Tagen Lagerung bei 4 °C und $^{1}/_{10}$ Luftdruck konnte er bei 25 °C in einer Zuckerlösung knospige Rosen 7 Tage ansehnlich halten. Nelken, die beim Schnitt etwa 1 bis 2 cm Farbe zeigten, konnten noch nach 58 Tagen LRD-Lagerung zum Aufblühen gebracht werden. Sie zeigten die gleiche Haltbarkeit wie die Kontrollgruppe (ungelagert).

Welche Konsequenzen können sich aus dieser Technologie ergeben? Durch die Möglichkeit, Schnittblumen mehrere Wochen lang zu lagern und die Tatsache, daß Lagerräume erheblich besser isoliert werden können als Gewächshäuser, ist eine Grundlage für beträchtliche Änderungen in der Kulturplanung, in den Anbauverfahren, der Absatzpolitik und der Marktsituation geschaffen.

Auf der Ebene des Anbauers ergeben sich Möglichkeiten, die, werden sie eines Tages tatsächlich genutzt, zu Umwälzungen führen können. Wenn nämlich Schnittblumen 6 bis 9 Wochen – und das scheint eine vorläufige Grenze zu sein – ohne merkliche Qualitätsverminderungen lagerfähig sind, so kann ein Angebot von Blumen mit guter Qualität auch in solchen Zeiten erfolgen, in denen ohne Zusatzlicht in höheren Breiten keine hochwertige Ware zu erzeugen ist. Darüber hinaus könnten zumindest für die Weihnachtszeit Blumen bereits im Spätsommer und Herbst in guter Qualität – und bei relativ günstigen Außentemperaturen! – produziert werden. Die Marktversorgung würde damit vom Produktionstermin in weit größerem Maße unabhängig sein, als es heute der Fall ist. Durch relativ lange, qualitätsschonende Lagerung von Ernteprodukten können sich in vielen Fällen Vorteile für das Unternehmen ergeben. Dabei ist in erster Linie an die Bewältigung von Arbeitsspitzen und an die Risikominderung zu denken. Durch Einführung der LRD-Methode würde die Lagerhaltungsfunktion in den Betrieben oder Genossenschaften an Bedeutung gewinnen. Sortieren und Verpacken könnten um mehrere Wochen verschoben werden.

Es ergeben sich aber auch Konsequenzen für den Langstrecken-Transport. Durch die LRD-Methode können leicht verderbliche Produkte auch auf dem Seeweg transportiert werden. Längere Transportzeiten stellen keine unüberwindliche Hürde mehr dar (Alloca 1980).

3.4.6 Transport

Der Transportweg und die Transportzeit können sehr kurz aber auch verhältnismäßig lang sein. Auf dem Weg vom Produzenten zum Verbraucher herrschen in den Transportkartons je nach Klima, Verpackungsart, anfänglicher Pflanzentemperatur und Anwendung technischer Aggregate sehr unterschiedliche Temperaturen. Ist das Transportgut 1 Tag oder gar 2 Tage unterwegs, so ist dies bei höheren Temperaturen für die vergängliche Ware eine lange Zeit.

Grundsätzlich ist auf dem Transport die Fortsetzung optimaler Lagerbedingungen zu fordern. Dies gilt insbesondere für langandauernden Transport bei hohen Außentemperaturen, wobei die Temperaturen im Karton bis zu 50 °C ansteigen können.

Der Temperaturkoeffizient Q_{10} für Stoffwechselvorgänge im allgemeinen liegt bei etwa 2, was bedeutet, daß bei einer Temperaturerhöhung um 10 °C die Stoffwechselvorgänge doppelt so schnell ablaufen. In gleicher Weise erfolgt die Wärmeproduktion in Lager- und Transportkisten (Molenaar 1979). Die Wärmeabgabe folgt daher im Bereich von 0 °C bis 35 °C etwa einer Exponentialkurve. Der Temperaturanstieg wirkt sich besonders auf die Äthylenerzeugung aus, da hierfür Q_{10} im Bereich von 10 bis 25 °C bei 2.8 liegt (Abeles 1973).

Auf kurzen Wegen vom Produzenten zum Floristen kann bei mäßigen Temperaturen, vor allem wenn direkte Sonnenbestrahlung der Kartons vermieden wird, die Lagertemperatur im Karton leidlich gehalten werden. Beim Verladen werden die Verpackungseinheiten oftmals ungeschützt warmer Luft und der Sonneneinstrahlung ausgesetzt. Dies gilt für die Situation auf Flughäfen genauso wie für den Ladeablauf im Produktionsbetrieb. Aber auch auf dem Flug von Kontinent zu Kontinent werden die Schnittblumen normalerweise nicht gekühlt.

Es stellt sich die Frage, wie schnell Schnittblumen die außerhalb des Kartons herrschende Temperatur annehmen, wenn sie direkt aus dem Kühllager kommen. In Abb. 23 ist aufgezeigt, wie sich die Temperatur von Rosenblüten ändert, wenn diese einmal von 25 °C nach 4 °C oder umgekehrt von einem 4 °C-Lager in einen Raum mit 25 °C verfrachtet werden.

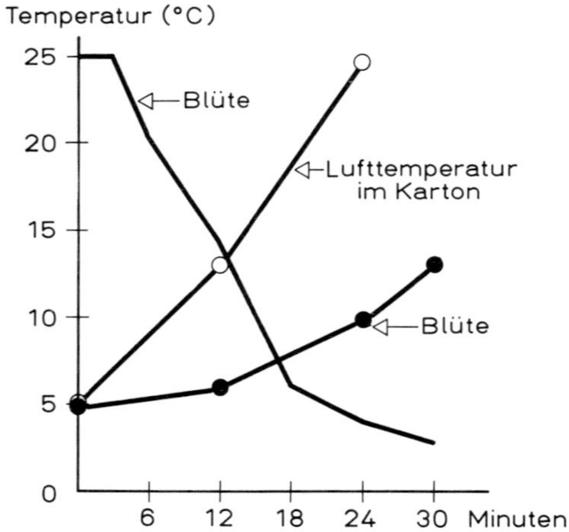

Abb. 23. Temperaturverlauf von 'Baccara'-Blüten in einem Karton, der von 4 °C nach 25 °C und umgekehrt überführt wurde (Halevy und Mayak 1974, verändert).

Dieser Abbildung ist zu entnehmen, daß bereits 30 Minuten nach Temperaturwechsel in 25 °C die Lufttemperatur im Karton mit der Außentemperatur übereinstimmt. Die Blütentemperatur erhöht sich zwar langsamer, erreicht aber nach 30 Minuten schon Temperaturen, die die Atmungsrate etwa verdoppeln.

4 bis 8 Stunden nach Herausnehmen aus dem Kühllager sind keine Unterschiede in der Temperatur von Kartonluft und Blüten mehr festzustellen, d. h. die Reservestoffe der Blumen werden voll angegriffen und der Äthylenproduktion steht nichts mehr im Wege. Deswegen wird die

Haltbarkeit mit zunehmender Transportdauer vermindert.

Diese Feststellung ist in Tab. 23 bekräftigt. Es zeigt sich, daß die Blumen um so schneller aufgehen, je länger der Transport dauert.

Obwohl die Baccara-Rosen (wie in Tab. 23 gezeigt) nach längerem Transport schneller aufgehen, bleibt ihre endgültige Größe hinter kurzfristig transportierten Blüten zurück (Halevy und Mayak 1974), wenn diese nach dem Transport neu angeschnitten und in entsalztes Wasser gestellt werden. Dies ist in Abb. 24 zu sehen.

Tab. 23. Wirkung der Transportdauer auf die Haltbarkeit und Aufblühreaktion von 'Baccara' (Halevy und Mayak 1974)

Transportdauer (Stunden)	Haltbarkeit (Tage)	Blütendurchmesser (mm) 4 Stunden nach Einstellen in Wasser
2	6,5 a*	27,5 c
22	6,2 a	29,7 c
32	5,8 b	35,6 b
46	5,0 c	40,6 a
70	4,6 d	43,7 a

* Werte mit unterschiedlichen Buchstaben sind signifikant voneinander verschieden.

Andere Rosensorten vertragen solche Torturen (28 °C, trockene Verpackung, 35 bis 40% relative Luftfeuchte) weniger gut und öffnen sich dann nicht mehr. Am Beispiel von 'Dr. Verhage' ist diese Reaktion in Abb. 25 dargestellt. Nach dem Transport erfolgte ein Nachschnitt des Stieles und Einstellen in entsalztes Wasser.

Die Gründe für diese verringerte Qualität nach unkontrolliertem Transport liegen auf der Hand. Der Hormonspiegel der Pflanzen ändert sich während der Streßbedingungen, die Zuckerreserven werden aufgebraucht, die Fähigkeit zur Aufnahme größerer Wassermengen nach Einstellen in die Vase geht verloren.

Die Idee, den Kartons Trockeneis beizufügen, schafft keine Lösung des Problems, weil dieses feste Kohlendioxid viel kälter als 0 °C ist und die direkte Berührung mit den pflanzlichen Geweben zum sofortigen Erfrieren führt. Am besten wäre also eine nicht unterbrochene Kühlkette vom Produzenten zum Verbraucher.

Während des Transports Temperatur niedrig halten!

Abb. 24. Öffnungsformen (opening shape) von 'Baccara' nach unterschiedlich langem Transport. Transportbedingungen: 28 °C, 35 bis 40% relative Luftfeuchte. Links 24-Stunden-Transport, rechts 48-Stunden-Transport (HALEVY und MAYAK 1974).

Abb. 25. Maximal erreichbare Blütengröße von 'Dr. Verhage'-Rosen nach unterschiedlich langem Transport bei 28 °C. Transportdauer: links 72, Mitte 48, rechts 24 Stunden (HALEVY und MAYAK 1974).

Ähnliche Ergebnisse – wie hier bei Rosen vorgestellt – liegen auch bei Nelken vor (SYTSEMA 1970). Dies ist aus Tab. 24 zu ersehen. Der 2. Transporttag reduziert die Haltbarkeit stärker als der 1. Tag. Das Vasenleben wird dadurch um etwa 20% vermindert.

Bei hohen Temperaturen können sich in den Containern während des Transportes Äthylenkonzentrationen bis 10,5 ppm bilden (MAXIE et al. 1974). Wie schon erwähnt, helfen eventuell die äußeren Bedingungen (150 ppb Äthylen an Smog-Tagen und auf Flughäfen) mit, die Autokatalyse von Äthylen zu starten (BARDEN

Tab. 24. Haltbarkeit von Nelken nach kurzfristiger Lagerung (1 und 2 Tage Transport) in Abhängigkeit von der Temperatur während des Transports (Sytsema 1970)

Temperatur ° C	William Sim		Crowley's Sim	
	1 Tag	2 Tage	1 Tag	2 Tage
13	10,2	8,6	10,6	8,5
17	8,9	7,2	10,9	8,9
21	9,4	7,5*	10,9	8,0
25	9,0	8,9*	10,4	8,7
Mittel	9,4	8,1	10,7	8,5
Kontrollblumen (ungelagert)	10,8		10,0	

* Qualitätsminderung

1971). Wie Tab. 25 zeigt, führen relativ geringe Äthylenkonzentrationen schon zu „schlafenden" Nelken, wenn die Einwirkungsdauer 24 Stunden und die Temperatur 20 °C betragen.

Vor dem Transport – wie vor der Lagerung – werden mehr und mehr Konditionierungsverfahren angewandt. Entweder wird die Schnittblume mit einer vollständigen „Konditionierungslösung" versorgt, die gleichermaßen vorbeugend den Transportstreß mildert, insbesondere die schnelle Äthylenbildung verhindert. Nach diesem ersten Schritt erfolgt die schnelle Kühlung der Blumen, z. T. mit Vorkühlung (precooling) oder auch mit FAC (Forced-Air-Cooling). Die Blumen dürfen bei diesem hohen Aufwand zwischen Kühlraum der Produzenten und gekühltem Frachtraum des LKW keine Wiedererwärmung erfahren. Am Bestimmungsort sollte die Ware ebenso schnell in eine kühle Umgebung kommen, wenn sie nicht direkt an den Verbraucher verkauft wird.

Kann die Kühlkette nicht perfekt sein, so kann zur Äthylenabwehr ein Äthylenadsorber (ethylene scrubber) in die Transportkartons gelegt werden. Es handelt sich dabei um handliche Formulierungen von Kaliumpermanganat und bromierter Holzkohle. Ein solches Präparat ist z. B. Exten-O-life der Stay-Fresh Corp., Texas. Es handelt sich um einen Doppelkammerbeutel von 7 × 20 cm mit einem Gewicht von etwa 40 g. Durch die Kammerung und Granulierung des Adsorbers kann der

Tab. 25. Prozentsatz „schlafende" Nelken 1 Tag nach der 24stündigen Einwirkung unterschiedlicher Äthylenkonzentrationen bei 20 °C (Uota 1969)

ppb Äthylen	% „schlafende" Nelken
0	1,8 a*
15	1,8 a
30	6,5 a
60	11,0 a
125	47,2 b

* Mittel mit gleichem Buchstaben unterscheiden sich nicht signifikant.

Beutel gut gebogen und zwischen die Blumen gelegt werden. In der einen Kammer befindet sich Holzkohle – vermutlich bromiert – in der anderen eine Kaliumpermanganat-Aluminium-Verbindung.

Da jedoch der Gasaustausch in Transportkisten relativ schlecht ist, werden solche Äthylenadsorber in der Regel nur eine schwache Wirkung zeigen, wenn sie nicht direkt an die Blüten deponiert werden.

Schnittblumen anwelken lassen?

Hin und wieder ist die Empfehlung zu lesen und zu hören, daß angewelkte Schnittblumen besser zu verpacken und zu transportieren sind. Zum einen sind sie leichter und belasten damit die menschliche Arbeitskraft und die Transportkosten weniger. Ein anderer Vorteil des Anwelkenlassens bestehe darin, daß die Blumen beim Hantieren weniger bruch- und stoßempfindlich sind.

Wenn der Wasserverlust in Grenzen bleibt, so ist ein Effekt ins Auge zu fassen, der die nachteiligen Folgen eines vorübergehenden Welkens wenigstens teilweise aufheben kann. Werden welkende Pflanzenteile ins Wasser gestellt, so ist es möglich, daß die unter Wasserstreß geschlossenen Stomata nie mehr die früher mögliche, maximale Öffnungsweite annehmen können. Dies führt vermutlich zu verbesserter Wasserbilanz, wenn die Wasseraufnahme durch den Stengel gesichert ist.

Die Methode ist insofern unsicher, als das Abschätzen des „richtigen" Anwelke-Stadiums kaum möglich ist, so daß hier Mißerfolge einkalkuliert werden müssen.

Schnittblumen sollten auf dem Weg zum Verbraucher nicht mehr als 10 bis 15% ihres Frischgewichts verlieren. Zwar erreichen die meisten Arten bei richtiger Behandlung auch nach 20% Gewichtsverlust wieder volle Turgeszenz, jedoch hat ein so großer Wasserverlust meist stark verkürztes Vasenleben zur Folge.

3.4.7 Nachbehandlung

Treffen die Schnittblumen nach Lagerung und Transport beim Floristen ein, so ist es meistens nötig, die welken Stiele, Blätter und Blüten wieder in einen turgeszenten, frischen Zustand zu versetzen.

Dabei ist zu beachten, daß das Stielende in den meisten Fällen angetrocknet und verschmutzt ist, so daß es sich immer empfiehlt, den Stiel einige cm schräg nachzuschneiden, bevor die Schnittblume ins Wasser eingestellt wird.

Wie Grüning (1935) zeigen konnte, genügt das einmalige Nachschneiden. Der tägliche Nachschnitt bringt bei den meisten Schnittblumen keine besonderen Vorteile. In ihren Versuchen mit *Narcissus, Rosen, Antirrhinum, Centaurea, Dianthus chinensis, Syringa und Matthiola* konnte Grüning lediglich bei den beiden letztgenannten Gattungen eine Haltbarkeitsverbesserung um 1 bis 2 Tage erzielen, wenn täglich oder jeden 2. bis 3. Tag nachgeschnitten wurde.

Mayak und Halevy (1971) haben 4 Tage gelagerte *Iris* (4 °C, trocken) 24 Stunden bei 22 °C in einem Karton aufbewahrt (Transportbedingungen). Danach wurden die Blumen bei 22 °C und 60% relativer Luftfeuchte in Vasen aufgestellt, wobei eine Gruppe sofort nach dem Transport nachgeschnitten wurde, die andere erst am 2. Tag nach Einstellen in die Vase. Dann erfolgte jeden 2. Tag ein Nachschnitt für beide Gruppen. Welche Ergebnisse durch diese Maßnahmen erzielt wurden, zeigt Tab. 26.

Tab. 26. Einfluß des sofortigen Nachschneidens von *Iris* 'Wedgwood' nach dem Transport auf den Prozentsatz sich öffnender Blüten.

Stielende nachgeschnitten	% geöffneter Blüten
sofort	100,0 a
nach 2 Tagen	16,5 b

Der sofortige Nachschnitt bewirkt eine verbesserte Wasseraufnahme. Bei verzögertem Nachschnitt wird die Blüte zwei weitere Tage nicht ausreichend mit Wasser versorgt. Der dadurch bedingte Wasserstreß unter relativ hohen Temperaturen und geringer Luftfeuchte verhindert das Aufblühen.

Nach „trockenem" Transport Stiele vor dem Einstellen in Wasser unbedingt nachschneiden.

Kann der Florist die Ware nicht sofort nach Anlieferung versorgen und in Wasser bzw. Frischhaltelösung einstellen, so muß auf jeden Fall geprüft werden, ob eine nochmalige, wenngleich kurzfristige, Trockenlagerung möglich ist. Sind die angelieferten Blumen noch kalt, so müssen sie schnellstens in den Kühlraum überführt werden, um eine unnötige Erwärmung zu vermeiden. Sind die Blumen jedoch „warm" angeliefert, so muß bei weiterer Trockenlagerung dafür gesorgt werden, daß sich das Lagergut in der Kühlzelle auch abkühlen kann. Dazu müssen die Kartons geöffnet werden. Man sollte sie keinesfalls geschlossen stapeln. Vielmehr ist es sinnvoll, die Ware auszupacken und so zu lagern, daß die kühle Luft an kleinen Verpackungseinheiten entlang streichen kann.

Für die Naßlagerung ist Hygiene im Kühlraum oberstes Gebot. Auch bei großer Eile sollten Schnittblumen nicht in altes, fauliges Wasser eingestellt werden. Die Aufbereitung für den Verkauf beginnt mit einem glatten, schrägen Schnitt am Stielende. Viele Sonderbehandlungen werden aus Tradition durchgeführt und zeigen praktisch keine nennenswerte Wirkung. Hierher gehören das Anbrennen von Adiantum-Stielen bzw. deren Eintauchen in Paraffin, das Stecken von *Lathyrus* in warmen Sand oder das Anwelken von Narzissen, Poinsettien oder Chrysanthemen-Arten.

Eine traditionelle Maßnahme ist auch das Anbrennen und kurzfristige Kochen der Stielenden. Die Methode des Anbrennens kommt aus Japan. Durch das Abtöten des Gewebes wird den Mikroorganismen ein günstiger Nährboden mehr oder minder stark vorenthalten. Damit kann eine bessere Wasseraufnahme erfolgen. Auch wird die Verstopfung von Leitbahnen durch das Einsaugen und spätere Quellen von noch lebenden Zellen oder Zellbestandteilen im Schnittbereich verhindert. Totes Gewebe kann auch nicht aktiv zur Wasserblockade beitragen, indem es Thyllen, Wundgummi oder Polyphenolblöcke bildet. Jedoch stellte AARTS (1957) fest, daß durch Hitzebehandlung holziger Stielenden eine aktive Blockade durch Wundgummi direkt oberhalb des toten Gewebes erfolgt.

Das Klopfen holziger Stiele mit einem Hammer vergrößert zweifellos die wasseraufnehmende Oberfläche, jedoch werden dabei so viele Zellen zerstört und gequetscht, daß es leicht zur Verstopfung der Leitbahnen kommen kann. Auch können sich Mikroorganismen besser entwickeln, sofern dem Vasenwasser keine biozide Substanz beigefügt wird.

Auch das Spalten von Stielenden bei Flieder oder Chrysanthemen wird oftmals empfohlen, ebenso wie das Abschälen der Rinde am holzigen Stielende. Eine leicht verbesserte Wasseraufnahme ist durch diese Maßnahme unter besonderen Umständen möglich, jedoch sind diese Maßnahmen im Vergleich zum Erfolg zeitraubend und kräftezehrend.

Freilich wird dadurch niemals der durch den Stielquerschnitt begrenzte Wasserdurchsatz erhöht; die wasserdurchlässige Fläche am Stielende wird jedoch vergrößert, so daß der maximal mögliche Wasserdurchsatz eher zu erreichen ist.

Das Eintauchen der Stielenden in heißes Wasser verhindert bei Euphorbiaceen und Mohn das Ausfließen des Milchsaftes und ist daher aus arbeitstechnischen Gründen vorteilhaft. Eine nenneswerte Haltbarkeitsverbesserung ist mit dieser Maßnahme nicht immer verbunden, weil die Schnittstelle durch ausfließenden Milchsaft nicht in jedem Fall stark verklebt wird.

3.4.8 Härten oder Auffrischen

Selbst wenn nach Lagerung und Transport ein Nachschnitt der Schnittblumenstiele erfolgt, dauert es nach dem Einstellen ins Vasenwasser sehr lange, bis die Organe wieder straff und frisch aussehen. Um das Wasserdefizit der Gewebe schneller zu beheben, kann der Florist – und auch der Verbraucher – den Vorteil warmen Wassers und kühler Luft nutzen.

Dabei werden die Blumen in Papier eingewickelt und mit den nachgeschnittenen Stielen in etwa 40 °C warmes Wasser eingestellt, wobei die Lufttemperatur je nach Schnittblume und Kühlmöglichkeit zwischen 4 und 10 °C liegen soll (Mastalerz 1952, 1953, Post und Fischer 1952).

Die Dauer dieses Auffrischungs- bzw. Härtungsprozesses beträgt je nach Welkegrad zwischen 2 und 12 Stunden bei hoher relativer Luftfeuchte.

Nach der beschriebenen Prozedur nimmt die Blume mehr Wasser auf und erhält daher ihre Wasserbilanz. Dies ist in Tab. 27 dargestellt.

Tab. 27. Gewichtszunahme (%) von Rosen 'Better Times' nach 24 Tagen Lagerung bei –0,5 °C und anschließendem 12stündigem Härten bei 4,5 °C (Mastalerz 1953)

Auffrischungsbehandlung	% Gewichtsänderung 12 Stunden nach Einstellen in die Vase
Wasser 0 °C	7
Wasser 0 °C + Nachschnitt	16
Wasser 32 °C	21
Wasser 32 °C + Nachschnitt	29

Um bei der Sortierung welk gewordene Schnittblumen frisch ins Lager zu bringen, wurde der Härtungsprozeß vor Lagerbeginn durchgeführt. Es zeigte sich bei Rosen, die in einer lichtarmen Jahreszeit geerntet wurden, nach 12 bis 15 Tagen Lagerung ein Verblauen (NEFF 1939), selbst wenn die Lagertemperatur zwischen 0 °C und – 1 °C lag (MASTALERZ 1953). Je länger das Härten für diese Rosen dauerte, desto intensiver trat das Verblauen zutage. Rosen, die im Sommer geerntet wurden, zeigten diesen Effekt in viel schwächerem Ausmaß. Das Verblauen wurde vermieden, wenn die Rosen in Wasser mit gelöstem Zucker gehärtet wurden (MASTALERZ 1953). Das zeigt, daß blaue Petalen durch ins Minimum geratene Zuckervorräte hervorgerufen werden.

Rosen vor trockener Lagerung nicht „härten".

Die welken Schnittblumen werden oftmals bis zum „Kragen" ins Wasser gestellt, um eine rasche Auffrischung zu erzielen. Zweifellos wird damit die Wasserbilanz schnell verbessert, weil die Blätter und Stiele über ihre Oberflächen Wasser aufnehmen können. Jedoch ist zu bedenken, daß diesem Vorteil große Nachteile gegenüber stehen können. Hierzu gehören das Auswaschen von Phenolen als schädliche Verbindungen, Vermehrung der Mikroorganismen, Fäulnisbildung und Wasserflecke (Kalk) auf den Blättern. Schafft man durch straffes Einwickeln der Schnittblumen in Papier oder Folie einen begrenzten Raum, der schnell mit Wasser gesättigt werden kann, so erzielt man den gleichen Effekt, wenn nur die Stielenden in Wasser eingestellt werden.

3.4.9 Wasserqualität und Wasserzusätze

Eine Vielzahl chemischer Verbindungen, die dem Vasenwasser beigegeben werden können, wurde als haltbarkeitsfördernd erkannt und in vielen wissenschaftlichen Arbeiten näher untersucht. Die wichtigsten günstigen Wirkungen sind zunächst auf einen Blick zusammengestellt:

a) Veränderung der Atmungsrate,
b) Verminderung der Transpiration,
c) Bremsen der aktiven Leitbahn-Blockade,
d) Hemmung von Mikroorganismen,
e) Erhaltung oder Verbesserung eines günstigen Hormonspiegels,
f) Hemmung der Äthylenbildung.

Obwohl nicht alle Schwierigkeiten bei der Frischhaltung von Schnittblumen mit Wasserzusätzen behoben werden können, so ist die Anwendung doch von großem Nutzen. Selbst wenn Blumen in gutem Zustand beim Floristen oder Verbraucher ankommen, welken sie leicht, wenn sie bei Zimmertemperatur nur in Wasser gestellt werden. Auf diese Weise ist weder dem Verbraucher, noch den Produktions- und Vermarktungseinrichtungen gedient.

Da Streßbedingungen für Schnittblumen sofort nach der Ernte bestehen, ist es nicht verwunderlich, daß sofortige Maßnahmen die größte Haltbarkeit garantieren. Ist nämlich einmal das Leitsystem verstopft, sei es durch Mikroorganismen oder durch die Wundreaktion der Pflanze, so ist meist keine wirksame Verbesserung der Haltbarkeit mehr möglich. Schon nach wenigen Stunden kann die Wundreaktion der Pflanze deren Haltbarkeit ganz entscheidend vermindern. Ist also eine trockene Lagerung nicht beabsichtigt, so erreichen wir die beste Haltbarkeit, wenn wir

Wasserzusätze unmittelbar nach dem Schnitt anwenden.

Da Wasseradditive Geld kosten, stellt sich die Frage, ob nicht durch Sauberhalten des Vasenwassers der gleiche günstige Effekt zu erzielen ist.

Erneuerung des Vasenwassers

Die alleinige tägliche Erneuerung des Vasenwassers hat aus zwei gewichtigen Gründen keinen wesentlichen Einfluß auf die Haltbarkeit von Schnittblumen.

a) Mikroorganismen, die mit dieser Maßnahme ausgeschaltet werden sollen, setzen sich ohnehin größtenteils nur am Stielende fest und vermehren sich dort, so daß die ganze Mikrobenbevölkerung nach dem Wasserwechsel in das neue Wasser mitgeschleppt wird.

b) Die physiologische Blockade der Leitbahnen durch Polyphenole, Zellschutt, Wundgummi, Thyllen usw. wird durch frisches Wasser nicht aufgehoben. Eher besteht noch die Möglichkeit, daß Gasabscheidungen aus kaltem Leitungswasser den physiologischen Block durch Sauerstoffangebot verstärken. Diese Gefahr besteht besonders dann, wenn Leitungswasser durch einen am Hahn befindlichen Perkolator (Siebeinsatz) fließt, der das Wasser mit Luft anreichert. So fand Grüning (1935), daß ein Wasserwechsel – gleichgültig ob täglich oder in größeren Abständen durchgeführt – praktisch keine Vorteile bringt (Tab. 28).

Tab. 28. Einfluß des Wasserwechsels auf die Haltbarkeit (Tage) von Schnittblumen (Grüning 1935, verändert)

Blumenart	Wasserwechsel		
	ohne	täglich	jeden 2.–3. Tag
Convallaria majalis	6,4	7,1	6,6
Dahlia pinnata	10,0	9,4	10,4
Galanthus nivalis	4,1	4,2	4,1
Gladiolus-Hybriden	8,1	8,8	8,2
Narcissus poeticus	3,8	4,4	4,1
Narcissus pseudonarcissus	6,8	6,8	–
Rosa gallica	5,3	5,6	5,6
Scilla	6,9	7,0	6,9
Syringa vulgaris	5,6	6,4	–

Bei Wassererneuerung ist ein positiver Effekt nur dann festzustellen, wenn gleichzeitig ein Nachschnitt erfolgt, der das mehr oder weniger wasserundurchlässige (Mikroorganismen, Schmutzteilchen, Pflanzenreste u. a.) Stielende entfernt und die freien Leitbahnen dann klarem Wasser aussetzt. Bei vielen Schnittblumen wird jedoch eine aktive Wasserblockade in dem Stengelteil errichtet, welcher der Schnittstelle am nächsten liegt und gleichzeitig Sauerstoff zur Verfügung hat. Dies ist an der Grenzfläche zwischen Wasser und Luft der Fall (BURETT 1970, LINEBERGER und STEPONKUS 1976).

Beim Nachschneiden darf nicht vergessen werden, die Blätter am Stiel so weit zu entfernen, daß sie nicht ins Vasenwasser eintauchen. Nicht nur die Haltbarkeit von Rosen, deren Blätter Phenole ins Wasser abgeben, wird dadurch vermindert, sondern auch andere Schnittblumen welken schneller, wenn Blätter in der Vase vorhanden sind. Das gilt besonders für Blumen mit weichen, leicht zersetzbaren Laubblättern. Es ist kein Wunder, daß bei sehr verschmutztem, fauligem Vaseninhalt ein Wasserwechsel mit neuem Abschnitt der Stielenden augenfällige Wirkung haben kann.

Wasserwechsel nur bei gleichzeitigem Nachschnitt von Vorteil.

Hausmittel

Um die Haltbarkeit in der Vase zu verlängern, wurde im Laufe der Zeit eine unübersehbare Fülle von Mitteln dem Vasenwasser zugesetzt, meist in der Hoffnung, daß für den Menschen hilfreiche Substanzen auch der Schnittblume zu längerem Leben verhelfen. So wurden verwendet: Kopfschmerztabletten, Kampfer, Holzkohle, Spülmittel, Aspirin, Atropin, Kochsalz, Soda, Salmiakgeist, Alkohol, Säuren, Farbstoffe, herzwirksame Substanzen wie Digitalisextrakt, Strophantin, Convallariapreßsaft, weiterhin Kaliumpermanganat, Kupfersulfat, Glycerin, Xylol, Toluol, der Kupferpfennig und viele andere mehr (AARTS 1957, ARNOLD 1930, HITCHCOCK und ZIMMERMANN 1929, WEINSTEIN und LAURENCOT 1963).

Es zeigte sich jedoch bei genauer Prüfung, daß die meisten dieser „Hausmittel" wenig bzw. nicht wirksam waren oder gar Schäden oder vorzeitiges Vergehen verursachten.

Bewährte Wasseradditive

Es ist schwierig, die Vielfalt der wirksamen Substanzen sinnvoll zu ordnen, da von einem Mittel meistens mehrere Wirkungen ausgehen können. Auch eine Klassifikation nach der Bedeutung für das Vasenleben einer Schnittblume ist nicht möglich, weil mehreren Mitteln, die an sehr verschiedenen Punkten im Stoffwechsel angreifen, unbedingt gleiche Rangordnung zukommt. Bei anderen wiederum weiß man gar nicht recht, was sie eigentlich bewirken. Die Gliederung erfolgt daher in Substanzen, die auch in der Pflanze vorkommen (Zucker, Phytohormone), in solche, deren Wirkungen an intakten Pflanzen schon länger bekannt sind (Wachstumsregulatoren) und schließlich anorganische und organische Stoffe, die mehr oder weniger speziell für die Frischhaltung von Schnittblumen eingesetzt werden.

Zucker. Wie schon eingehend dargelegt, verbraucht die Schnittblume um so mehr Zucker, je höher die Temperatur ist. Die Atmungsrate steigt rapide an, sobald kühle Blumen in ein warmes Zimmer gebracht werden. Dies zeigt Abb. 26 ganz deutlich. Es ist verständlich, daß (im linken Teil der Abbildung) bei 0 °C die geringste Atmung stattfindet, bei 15,6 °C die höchste. Wieso kommt es nun, daß die höchste

Atmungsrate nach Umstellen der Blumen nach 21 °C dann auftritt, wenn vorher im Lager 0 °C geherrscht haben und am niedrigsten ist, wenn die Lagerung bei 15,6 °C stattfand? Es wäre zu erwarten, daß die bei 0 °C gelagerten Narzissen die längste Lebensdauer haben. Dies ist auch in der Tat der Fall. Zur Entwicklung der Knospen und Erhaltung der Lebensvorgänge ist eine intensive Atmung notwendig. Diese kann nur erfolgen, wenn genügend Zucker vorhanden ist. Bei 10 °C- und 15 °C-Lagerung sind die meisten Reserven schon aufgebraucht, weswegen im rechten Teil der Abb. 26 die entsprechenden Kurven eine verminderte Atmungsrate anzeigen.

Um die Energiebedürfnisse der Schnittblume zu erfüllen, liegt es auf der Hand, die Blumen mit Zucker über das Vasenwasser zu versorgen. Schon früher hat man dies mit Honig versucht (Post 1952). In der Tat fand Nichols (1975), daß künstlich mit Zucker ernährte Nelkenblüten einen ähnlichen Zuckergehalt aufweisen wie an der intakten Pflanze verbliebene Blüten. Somit ist es möglich, die natürlichen Verhältnisse durch künstliche Ernährung zu simulieren und die Atmung zu unterstützen. Mit steigendem Zuckerangebot steigen die Zuckergehalte in Petalen (Bruszewski 1968, Kaltaler und Steponkus 1974, Nichols 1975, Sacalis und Durkin 1972).

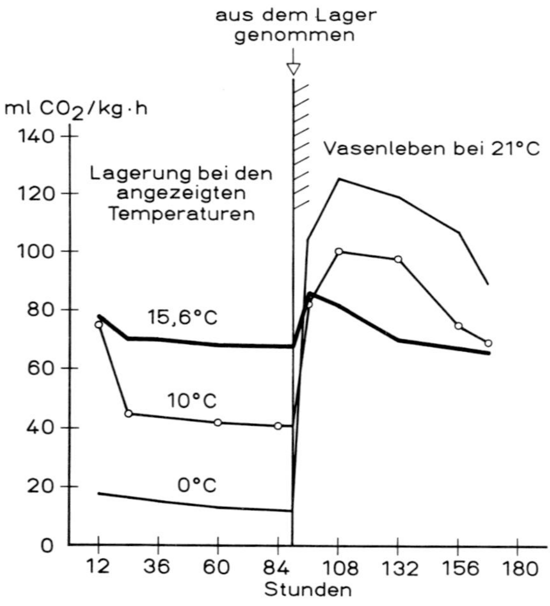

Abb. 26. Einfluß der Lagertemperatur auf die Atmungsrate von Narzissen nach der Lagerung (Parsons et al. 1967, verändert).

Zucker stabilisiert Membranen und macht die Zelle widerstandsfähig gegen Frost, Trockenheit und Hitze (Santarius 1973) und ebenfalls gegen Alterung, da er auch der ABS entgegenwirkt (Mayak und Dilley 1976, Borochov et al. 1976).

Abb. 27. Einfluß der Zuckerkonzentration im Vasenwasser auf den Beginn der autokatalytischen Äthylenproduktion bei Nelken (DILLEY und CARPENTER 1975).

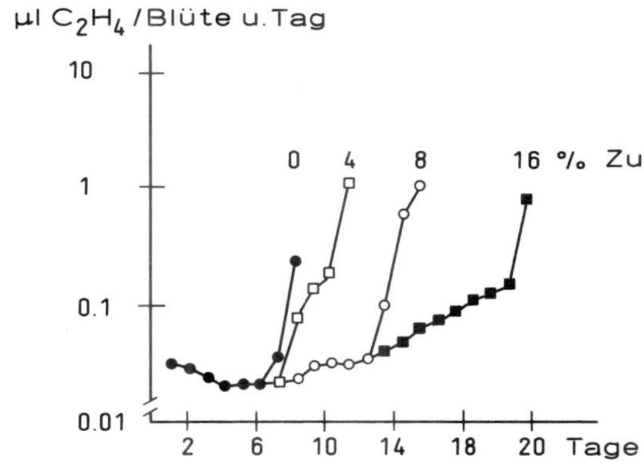

Wie Abb. 27 zeigt, verschiebt Zucker auch den Beginn der autokatalytischen Äthylenproduktion. Der über das Vasenwasser angebotene Zucker erreicht alle Organe von Rosen, auch das Phloem (CHIN und SACALIS 1977a, b). Dies zeigt Abb. 28.

Durch die Anwesenheit von Zucker werden auch die Eiweißreserven nicht strapaziert, so daß mit Zucker ernährte Schnittblumen geringere Gehalte an freien Aminosäuren aufweisen (BRUSZEWSKI 1968). Selbst wenn schädliche Stoffe gebildet werden, so kann Zucker durch die sog. Glykosidbindung entgiftend wirken.

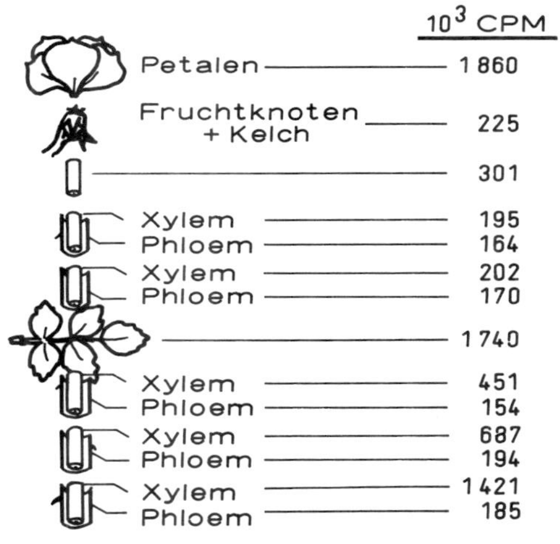

Abb. 28. Verteilung von ^{14}C in veschiedenen Rosengeweben nach 45minütiger Aufnahme von ^{14}C-Zucker aus dem Vasenwasser. CPM = Counts per minute, als Maß für die Radioaktivität von ^{14}C (CHIN und SACALIS 1977a).

Es sieht nach dieser kurzen Schilderung so aus, als sei der Zucker (Tafelzucker, Saccharose) ein unverzichtbarer Bestandteil bei allen Bemühungen um bessere Haltbarkeit. Betrachten wir die drei wichtigsten Forderungen bei der Schnittblumen-Frischhaltung, nämlich Erhaltung der Atmung, Abwehr von schädlichen Stoffwechselprodukten und Sicherung und Verbesserung der Wasserbilanz, so stellen wir fest, daß der Zucker in der Tat alle drei Forderungen erfüllt. Folgendes kann er bewirken:

a) Verstärkung der Atmung (BRUSZEWSKI 1968, COORTS et al. 1965, MAROUSKY 1969) ohne Erschöpfung der Reserven;
b) dadurch verminderte Bildung sog. schädlicher Stoffwechselprodukte, z. B. wird Verblauen roter Rosen vermieden (HALEVY und MAYAK 1974, MAROUSKY 1969, 1972, NEFF 1939);
c) Einschränkungen der Transpiration (AARTS 1957, ARNOLD 1931, MAROUSKY 1968, 1969, 1971) stärker als Reduktion der Wasseraufnahme (AARTS 1957, BRAVDO et al. 1974, MAROUSKY 1972) und daher Verbesserung der Wasserbilanz.

Es ist festzustellen, daß die einzelnen Gattungen, Arten und Sorten unterschiedliche Zuckerkonzentrationen benötigen. Die Sache wird noch dadurch kompliziert, daß Blüten und Laubblätter ein und derselben Blume eine unterschiedliche Zuckerempfindlichkeit aufweisen können. Manche Schnittblumen werden schon durch geringe Zuckerkonzentrationen geschädigt.

Es muß weiterhin beachtet werden, daß Zucker im Vasenwasser eine rapide Vermehrung von Mikroorganismen veranlaßt. ZIMMER (1968) hat gezeigt, daß die ausschließliche Zugabe von Zucker keine verbesserte Haltbarkeit bewirken kann, da starke Fäulnisbildung im Vasenwasser auftritt. Die Mikroorganismen scheiden Enzyme aus, die vermutlich zusätzlich eine Blockade der Leitbahnen veranlassen, so daß die Organe schnell verwelken.

Obwohl ein Teil des Zuckers die Blüte durch das Phloem (Siebteil) und nicht ausschließlich über das Xylem (Gefäßteil) erreicht (HO und NICHOLS 1975, KALTALER und STEPONKUS 1974, SACALIS 1975, SACALIS und DURKIN 1972), muß die Zuckerlösung offenbar zunächst im Gefäßteil hochsteigen. SACALIS und DURKIN (1972) zeigten, daß der Anteil des verabreichten Zuckers in den Blüten dann am größten ist, wenn die Zuckerlösung sofort nach der Ernte gegeben wird. Erfolgt das Einstellen in Zuckerlösung erst 2 bis 3 Tage später, so bleibt z. B. bei Nelken die Masse des Zuckers im Stiel hängen, ohne die Blüte zu erreichen (Leitbahnblockade). Somit kann der Zucker dort nicht oder nur verspätet wirksam werden und den Zerfall der Blütenorgane durch vorzeitige Äthylenproduktion nicht mehr verhindern.

Erfolgt also die Zuckeranwendung erst später, so muß für ein offenes Leitbahnsystem gesorgt werden (Hemmung der Leitbahnblockade und der Mikroorganismen).

Phytohormone vom Typ der Cytokinine erhalten nicht nur vegetative Organe (MOTHES 1960, 1961, RICHMOND und LANG 1957), sondern auch Blüten, wenn das Hormon über das Vasenwasser angeboten wird (MAYAK und HALEVY 1974, SYTSEMA 1970). Aber auch Eintauchen der Stiele bis zur Blüte ist möglich (HEIDE und OYDVIN 1969). Diese Behandlung verbessert z. B. die Haltbarkeit von Nelken. Diese Schnittblumen wurden im Juni und November auf Haltbarkeit geprüft, indem sie unterschiedlich lange bis zum Kelch in unterschiedlich konzentrierte 6-Benzylaminopurinlösung (BAP) eingetaucht wurden. Die Ergebnisse zeigt Tab. 29.

Aus Tab. 29 sind mehrere Erkenntnisse abzuleiten: Erstens verbessert sich im Sommer die Haltbarkeit mit zunehmender Eintauchdauer in Wasser, während dies im Winter nicht der Fall ist. Zweitens ist die Haltbarkeit im Sommer größer als im Winter und wird durch BAP-Behandlung im Juni stärker gefördert als im November. Das heißt, daß die bessere Qualität das Phytohormonangebot besser nutzen

Tab. 29. Einfluß von 6-Benzylaminopurin (BAP) auf die Haltbarkeit (Tage) von Nelken 'Cardinal Sim' (Heide und Oydvin 1969, verändert)

Jahreszeit	BAP.-Konz. (ppm)	Eintauchzeit 2 min	10 min	50 min	12 h
Juni	0	7,3	7,3	7,7	8,2
	2,25	7,4	8,1	9,9	12,5
	22,5	8.8	11,2	12,9	9,3
	225,0	12,1	11,5	7,1	6,4
November	0	5,1	5,4	5,6	5,2
	2,25	5,3	5,8	7,9	7,6
	22,5	6,8	6,7	7,3	7,0
	225,0	8,0	7,8	6,6	6,0

kann. Der Erfolg wird also vom Minimumfaktor (hier Qualität bzw. Zuckergehalt) bestimmt (Gesetz des Minimums nach Liebig).

Drittens nimmt die Haltbarkeit mit steigender Eintauchdauer zu, wenn die BAP-Konzentration etwa 2 ppm beträgt. Bei 22,5 ppm ergibt sich insbesondere im Sommer eine Optimumkurve, da 50 Min. Tauchdauer die längste Haltbarkeit ergeben und 12 Stunden einen deutlichen Abfall im Vasenleben bedeuten. Die 225 ppm BAP-Lösung ist dann am effektivsten, wenn sie nur 2 Min. einwirkt. Viertens ist daraus zu schließen, daß es sich hier um einen Dosis-Effekt – wie bei der Besprechung der Äthylenwirkung bereits kennengelernt – handelt. Multipliziert man nämlich die ppm-Werte mit der Eintauchdauer in Minuten, so ist aus den Werten zu ersehen, daß die Haltbarkeit am größten ist, wenn 500 bis 2500 ppm-Minuten erreicht werden. Kleinere und größere Werte vermindern die Haltbarkeit erheblich.

Ähnliche Resultate fanden auch Mayak und Dilley (1976). Wenn nämlich der Minimumfaktor „Zucker" dadurch vergrößert wird, daß das Vasenwasser zusätzlich Zucker enthält, dann kann auch der Faktor „Cytokinin" wirksam greifen. Das zeigt Tab. 30. Um die Mikroorganismen zu hemmen, wurden dem Vasenwasser hier 100 mg Aluminiumsulfat/l beigefügt [$Al_2(SO_4)_3 \cdot 18H_2O$].

Tab. 30. Haltbarkeit (Tage) von Nelken in Abhängigkeit vom Zucker- und Kinetinangebot im Vasenwasser (Mayak und Dilley 1976)

% Zucker	Kinetin ohne	Kinetin 50 mg/l	Mittel
0	4,3	6,7	5,5
0,1	5,1	7,0	6,0
1,0	6,5	8,5	7,5
5,0	8,2	13,5	10,8
10,0	9,6	16,8	13,2
Mittel	6,7	10,5	

Die Zunahme der Zuckerkonzentration von 0 auf 10% erhöht die Haltbarkeit um 5,3 Tage, während durch Zugabe von 50 mg Kinetin/l Wasser bei gleicher Zuckersteigerung die Haltbarkeit um 10,1 Tage verbessert wird. Kinetin allein (0% Zucker) verlängert das Vasenleben um 2,4 Tage, zusammen mit 10% Zucker um 7,2 Tage. Die günstige Wirkung von PBA (6-Benzylamino-9-(tetrahydropyranyl)-9H-Purin) auf Entwicklungsvorgänge läßt sich bei knospigen Nelken und Rosen nutzen (JEFFCOAT 1977, HALEVY et al. 1978).

Auch die Haltbarkeit von Tulpen kann mit Hilfe von Benzyladenin (BAP) geringfügig verbessert werden (SYTSEMA 1970).

Die kombinierte Anwendung von Cytokininen und Auxinen als Wasserzusätze ist möglich (NOWAK und RUDNICKI 1979).

Phytohormone vom Typ der Gibberelline können die Alterung verzögern (BEEVERS 1966). Deswegen übt Gibberellinsäure (0,5 bis 5 mg/l Wasser) auch als Bestandteil von Blumenfrischhaltemitteln auf die Haltbarkeit einen positiven Einfluß aus (DBP, Patentnummer 1 164 744, CYWINSKA-SMOTER et al. 1978).

Wuchshemmstoffe zeigen eine Reihe für die Haltbarkeit von Schnittblumen günstiger Eigenschaften. Festzustellen sind:
a) Antitranspirante Wirkung; Verbesserung der Trockenheitsresistenz (HALEVY 1966);
b) Verzögerung der Alterung (HALEVY et al. 1966);
c) Hemmung der Äthylenbildung (ABELES und RUBINSTEIN 1964);
d) Hemmung der Mikroorganismen (LARSEN und CROMARTY 1966);
e) Verhinderung des „Auswachsens“ und Umknickens von Stielen nach dem Schnitt (EINERT 1971, 1975).

HALEVY und WITTWER demonstrierten 1966, daß ein Einstellen von Nelken in eine CCC-Lösung (10 bis 25 mg/l) über Nacht eine günstige Wirkung auf die Haltbarkeit hat. Das gilt auch für B-Nine bzw. Alar. Jedoch reagieren nicht alle Sorten auf diese Behandlung. Was mit B-Nine bzw. Alar (Wirkstoff: N-dimethylaminobernsteinsäure) in Kombination mit anderen Wasserzusätzen erreicht werden kann, zeigen Tabelle 31 (Verbesserung des Wasserdurchsatzes) und Abb. 29.

Tab. 31. Haltbarkeit (Tage) und Zunahme der Blütengröße von Nelken ‘Peterson New Pink’ in Abhängigkeit von Wasserzusätzen (LARSEN und SCHOLES 1965, vereinfacht)

Hydroxychinolincitrat (mg/l)	B 9, Alar (mg Wirkstoff/l)	% Zucker	Haltbarkeit (Tage)	Zunahme des Blütendurchmessers (mm) nach dem Einstellen
0	0	3	7,2	11,8
200	100	3	8,8	12,2
200	300	3	11,8	16,2
200	500	3	14,8	18,2
300	500	3	15,5	19,0
400	500	3	14,8	20,2

Es zeigt sich, daß die Haltbarkeit und das Aufblühen von Nelken durch B-Nine bzw. Alar auch dann noch verbessert werden kann, wenn bereits 8-Hydroxychinolincitrat und Zucker im Vasenwasser vorhanden sind.

8-Hydroxychinolinsulfat und 8-Hydroxychinolincitrat. Aarts (1957) berichtete, daß 8-Hydroxychinolinsulfat (HQS) keinen günstigen Einfluß auf Schnittblumen hat. Hätte Aarts die von ihm angewandte Konzentration von 10 mg HQS/l Wasser um ein Vielfaches erhöht, so wäre dieser außerordentlich hilfreichen Substanz schon damals eine besondere Stellung eingeräumt worden.

Zehn Jahre später zeigten Larsen und Cromarty (1967), daß 8-Hydroxychinolincitrat (HQC) ein brauchbares Universal-Bakterizid ist. Viele der dem Gärtner bekannten Pilze und Bakterien können durch HQC im Wachstum gehemmt werden, so z. B. *Agrobacterium tumefaciens, Ascochyta, Botrytis, Corynebacterium, Fusarium oxysprorum, Pythium, Sclerotinia, Verticillium* u. a. Für jeden Mikroorganismus aber gibt es eine kritische Konzentration. So stellt z. B. *Sclerotinia* schon bei 25 ppm die Vermehrung ein, während *Fusarium* auch bei 100 ppm noch nicht vollständig gehemmt wird (Larsen und Cromarty 1967). Mit 300 ppm ist eine allgemein ausreichende Begrenzung der Vermehrung von Mikroorganismen möglich.

Ein weiterer Vorteil der HQ-Verbindungen besteht in der Fähigkeit, die Leitbahnen auch von einer physiologischen Blockade mehr oder weniger freizuhalten und auch auf diese Weise die Wasserbilanz zu verbessern.

Der Wasserdurchsatz von Rosen- (Marousky 1969) wie von Nelkenstielen (Larsen und Frolich 1969) wird durch HQC auch unter sterilen Bedingungen erheblich verbessert. Abb. 29 zeigt die Wirkung von HQC und anderer Wasserzusätze auf den Wasserdurchsatz.

Aus Abb. 29 geht hervor, daß in jeder Phase des Vasenlebens von Nelken 400 ppm HQC den höchsten Wasserdurchsatz erzielen. Der geringste Durchsatz ist in 4%iger Zuckerlösung zu verzeichnen. Besser schneiden Wasser und der Zusatz von

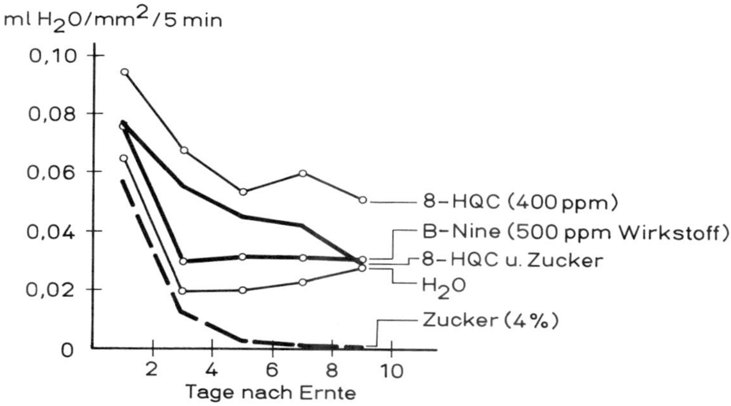

Abb. 29. Wasserdurchsatz durch das Stielende (4 cm) von Nelken 'Red Sim' in Abhängigkeit von einigen Wasserzusätzen (Larsen und Frolich 1969).

B-Nine (500 ppm aktiver Stoff) ab. Die Kombination HQC mit Zucker zeigt eine deutliche Steigerung des Wasserdurchsatzes gegenüber reinem Vasenwasser und der Zuckerlösung. Das bedeutet, daß mit HQC mehr Zucker in die Pflanze eingeschleust werden kann. Genau das ist erwünscht und gibt die Antwort auf die Frage: Wie bringen wir den Zucker problemlos in die Schnittblume hinein. HQC allein verhindert das Verblauen von roten Rosen nicht, d. h. es verbessert nicht die Stoffbilanz. Im Zusammenwirken mit Zucker wird dieser Mangel jedoch behoben. Hier wird deutlich, daß eine Maßnahme nur dann wirkungsvoll eingreift, wenn auch die andere durchgeführt wird und umgekehrt.

HQC kann auch die Öffnungsweite der Stomata vermindern (Marousky 1969) und somit durch einen weiteren Effekt die Turgeszenz erhalten. Es wirkt daher auch als Antitranspirant. Die Wirkung von HQC ist insofern pH-abhängig, als bei pH 3 und darunter die Verbindung unstabil wird und ihre Wirksamkeit verliert (Zentmeyr 1943). Bei pH 4 und darüber ist HQC viel effektiver als der pH-Wert selbst, der ja insbesondere bei Rosen die Haltbarkeit beeinflußt.

HQC und HQS sind Standardmittel für die Frischhaltung in der Vase.

HQC ist in seinen Leistungen als nahezu unerschöpflich zu bezeichnen. So ist festgestellt worden, daß HQC den Transport von Zuckerverbindungen aus den Blättern in die Blüten fördert (Marousky 1971). Wenn nun die Blätter als hauptsächlicher Umschlagplatz für den über das Vasenwasser verabreichten Zucker angesehen werden (Sacalis 1975, Sacalis und Durkin 1972) und die Blüten erst von dort aus entscheidende Zuckermengen erhalten, so wirkt HQC genau in der erwünschten Weise, wenn es – wie ein Hormon – den Transport in die wichtigsten Teile der Schnittblume fördert. HQS zeigt Wirkungen, die an Cytokinin erinnern (Chua 1970).

Offenbar kann HQS die Äthylenproduktion hemmen (Parups 1975, Parups und Peterson 1973), unter besonderen Bedingungen aber auch fördern (Kaltaler und Boodley 1970). Mit HQS und HQC stehen heute Standardverbindungen mit großem Nutzen zur Verfügung; sie können offenbar für viele Schnittblumen in Konzentrationen von 200 bis 600 ppm eingesetzt werden.

Silbernitrat. Die günstige Wirkung des Silbernitrats ($AgNO_3$) beruht zum einen darauf, daß es bakterizid und fungizid wirksam ist und zum anderen Äthylenwirkungen herabsetzt. In der Regel wird $AgNO_3$ nur als Zusatz zum Containerwasser eingesetzt, es kann aber auch bei Sprühapplikation die Vergilbung von Laubblättern hemmen (Carow und Bahnemann 1980). Auf Petalen verursacht es leicht Flecken oder andere Schäden durch die Oxidation am Licht (Halevy und Kofranek 1977). Die Konzentration des Silbernitrats soll bei 25 bis 50 mg/l liegen, wenn die Blumen ständig darin stehen (Aarts 1957, Nichols 1974, Penningsfeld und Forchthammer 1966). Für die kurzfristige Imprägnierung von Stielenden sind Konzentrationen bis 1000 mg/l nützlich. Silber dringt in das Xylem und Mark von Schnittblumen ein und macht das Gewebe gegen Mikroorganismen unempfindlich (Kofranek und Paul 1975). Allerdings wird das Silber-Ion im Stengel sehr langsam mit 3 cm/Tag und vor allem nicht weit nach oben transportiert (Veen und van de Geijn 1978). Silbernitrat hat den Nachteil, daß es mit Chlor einen schwarzen Niederschlag bildet, der sich in der Vase und auch an den Stielenden absetzt. Da das

Leitungswasser meistens gechlort ist, tritt diese Erscheinung mehr oder minder deutlich auf. In der Regel ist daher entsalztes Wasser zu verwenden bzw. $AgNO_3$ im Überschuß zu geben. Außerdem ist Silbernitrat als relativ giftig anzusehen, weswegen die Suche nach anderen Substanzen mit ähnlicher Wirkung fortgesetzt wird. Zur Entsorgung von Silberverbindungen hat SYTSEMA einen Container mit einem hochgesetzten Auslaßhahn vorgeschlagen, damit das am Containerboden abgesetzte Silber einem Recycling-Prozeß zugeführt werden kann.

Silberthiosulfat. Viele anwendungstechnische Nachteile des Silbers als positiv geladenes Ion sind aufgehoben, wenn es in einem negativ geladenen Silberthiosulfat-Komplex $[Ag(S_2O_3)_2{}^{3-}]$ gebunden ist. Diese Verbindung wird im Stengel etwa 70mal schneller transportiert als Silber Ag^+, also mit etwa 2 m/d. Die Wirkung des Silbers als Äthylenhemmer bleibt in dieser Bindung erhalten. Durch die große Mobilität des Komplexes kann über den Stiel verabreichtes Silber in den Blütenorganen offenbar dann als Ion voll zur Wirkung kommen und Äthylenstreß vermeiden (VEEN und VAN DE GEIJN 1978).

Der Silberthiosulfat-Komplex kann durch die Mischung von Lösungen mit $AgNO_3$ und $Na_2S_2O_3 \cdot 5H_2O$ im Molverhältnis 1:8 hergestellt werden. Dabei muß die $AgNO_3$-Lösung der Natriumthiosulfat-Lösung zugegeben werden, da sonst der Komplex nicht stabil ist.

Silberthiosulfat zeigt einen Dosiseffekt. Wird eine Dosis von 5 µmol Ag/Nelke, das sind etwa 0,55 mg Ag/Nelke, überschritten, so wirkt die Verbindung phytotoxisch (REID et al. 1980). Da der Komplex mit dem Transpirationsstrom transportiert wird, heißt dies, daß höher konzentrierte Lösungen eher zu Schäden führen als geringe Konzentrationen bzw. die Aufnahme im letzten Fall länger sein darf. SYTSEMA (1980) fand eine Konzentration von 0,2 µmol $AgNO_3$ (34 mg/l) und 1,6 µmol $Na_2S_2O_3 \cdot 5H_2O$ (397 mg/l) als praktikabel. Diese Lösung enthält je Liter 22 mg Ag. Nimmt eine Nelke bei 20 bis 25 °C etwa 10 ml Lösung in 10 Stunden auf, so sind dies 0,22 mg Ag, entsprechend 2 µmol. Unter diesen Bedingungen darf die Nelke nur 2,5 Tage in der Lösung stehen, um die Maximaldosis nicht zu überschreiten. In kühlen Räumen mit hoher relativer Luftfeuchte ist die Transpiration geringer. So ist zu erklären, daß eine 96-Stunden-Behandlung nicht zu Schäden führte (SYTSEMA 1980).

Durch die schnelle Aufnahme von Silberthiosulfat wurden auch Schäden an *Gerbera* beobachtet, während ein EDTA-Komplex (25 mg $AgNO_3$ + 500 mg Na-EDTA/l) langsamer aufgenommen wurde (NOWAK 1979).

Thiabendazol. In Öffnungslösungen für Nelken, Spray-Nelken, Chrysanthemen, *Antirrhinum* und Gladiolen in sehr knospigem Zustand hat Thiabendazol bessere Aufblüh- und Haltbarkeitsergebnisse als 8-Hydroxychinolin gebracht. Auch für das Öffnen von *Gypsophila* ist die Verbindung (300 ppm) gemeinsam mit Zucker gut geeignet. Eine Mischung aus 8-Hydroxychinolin und Thiabendazol in glycolsaurer Lösung (TOG) ergibt gegenüber alleiniger Anwendung von Thiabendazol bei Spray-Nelken und *Gypsophila* leichte Vorteile bezüglich der Öffnungsgeschwindigkeit und der anschließenden Haltbarkeit. Durch den Anteil von 8-HQ (300 ppm) wird die Öffnungslösung längere Zeit sauber gehalten und ist nochmals verwendbar. TOG erlaubt es dem Anbauer, noch knospiger zu schneiden (APELBAUM und KATCHANSKY 1977). Thiabendazol verschiebt die autokatalytische Äthylenproduktion und macht die Pflanze gegen exogenes Äthylen widerstandsfähig. Es ist aus dieser Sicht 8-HQ deutlich überlegen (APELBAUM und KATCHANSKY 1978).

Chemisch verwandte Substanzen zeigen ähnliche Wirkung (CARPENTER und DILLEY 1973).

Aluminiumsulfat. Die günstige Wirkung des Aluminiumsulfats wurde vor über 20 Jahren erkannt (AARTS 1957, KUHLEN 1958, WEINSTEIN und LAURENCOT 1963). Ausführliche Untersuchungen von SCHNABL und ZIEGLER (1974) haben aufgedeckt, daß Aluminiumsulfat die Wasserbilanz von Rosen verbessert und auch die Assimilation und Atmung fördert, sofern ein Licht-Dunkel-Wechsel stattfindet, wie er in den Wohnungen normalerweise gegeben ist. In völliger Dunkelheit hat Aluminiumsulfat offenbar keine so starke physiologische Wirkung mehr. Das weist darauf hin, daß Aluminium über das Schließen und Öffnen der Stomata wirksam wird. Da die Schließ- und Öffnungsbewegungen wahrscheinlich begrenzt sind, wird eine größere Wasserabgabe unter Licht – Öffnung der Stomata – vermieden. Erstaunlicherweise wirkt Aluminium offenbar nicht bei Tulpen, Gladiolen und *Iris*.

Aluminiumsulfat hält Rosen länger frisch.

Wie sich Aluminiumsulfat auf 'Baccara'-Rosen auswirkt, zeigt Abb. 30. Die mit 35 mg Aluminiumsulfat/l Wasser behandelten Rosen blieben in dem beschriebenen Versuch 7 bis 10 Tage länger frisch als die nur in Wasser stehenden Kontrollblumen.

Abb. 30. Rosen 'Baccara' nach zweitägiger Versorgung mit destilliertem Wasser (links) und einer Aluminiumsulfatlösung (rechts). Die Lösung enthält 5 ppm Al (5 mg Al/l Wasser) (SCHNABL und ZIEGLER 1974).

Aluminiumsulfat hat aber offenbar auch bakterizide Wirkung, weshalb es in zuckerhaltiger Lösung verwendet wird (Bravdo et al. 1974, Mayak und Dilley 1976). Hier liegen die Konzentrationen für reines Aluminium bei etwa 50 ppm (das sind 650 bis 700 mg $Al_2(SO_4)_3 \cdot 18H_2O$ je Liter).

Natriumisoascorbat. Parups und Chan (1973) fanden, daß das Natriumsalz der Ascorbinsäure (Ascorbinsäure = Vitamin C), nämlich Natriumisoascorbat (100 mg/l), die Wasseraufnahme von Rosen gegenüber HQS verbessert, wenn gleiche Konzentrationen zugrunde gelegt werden. Außerdem vermindert diese Verbindung den Anteil an Ammoniak in Rosenpetalen. Es fördert die Strukturerhaltung von Epidermiszellen. Aufgrund dieser Entdeckung wurde Natriumisoascorbat als Bestandteil einer Frischhaltelösung aufgenommen und an Rosen, Nelken und *Antirrhinum* geprüft. Die Ergebnisse sind in Tab. 32 dargestellt.

Aus Tab. 32 ist ersichtlich, daß die sog. Ottawa-Lösung (in Ottawa, Kanada, entwickelt) bei Rosen, aber ganz besonders bei Antirrhinum die Haltbarkeit gegenüber der Cornell-Lösung (an der Cornell Universität, New York, entwickelt) begünstigt, während sie bei Nelken etwas schlechter abschneidet. Wie am Beispiel Antirrhinum deutlich wird, ist die Ottawa-Lösung offenbar dort brauchbar, wo die Cornell-Lösung schlechte Resultate bringt. Es ist nicht verwunderlich, daß Wasserzusätze und deren Kombinationen nicht in jedem Falle und unter allen Bedingungen positive Ergebnisse zeigen. Die Zusammensetzung der Ottawa-Lösung ist offenbar die Grundlage für das Blumenfrischhaltemittel „Flower Care" (Parups 1975b, Parups und Chan 1973).

Tab. 32. Haltbarkeit (Tage) von Schnittblumen in Abhängigkeit von der Anwendung verschiedener Substanzen im Vasenwasser (Mittel von jeweils 40 Blumen) (Parups und Chan 1973, verändert und gekürzt)

Wasserzusätze	Material		
	Rosen Forever Yours Baccara Better Times	Nelken Cordial Sim Improved White Sim	Antirrhinum majus Pennsylvania
ohne	5,0	5,6	8,5
4 % Zucker	6,0	6,4	9,0
Cornell-Lg. (5 % Zucker, 200 ppm HQS, 50 ppm Silberacetat)	8,7	11,5	6,4
Ottawa-Lg. (4 % Zucker, 50 ppm HQS, 100 ppm Natriumisoascorbat)	10,0	9,7	13,0
Grenzdifferenz 5 %	1,2	1,3	1,5

Rhizobitoxin. Das von *Rhizobium japonicum* produzierte Rhizobitoxin blockiert die Umwandlung von Methionin in Äthylen (OWENS et al. 1971). Deswegen fanden BAKER et al. (1977) und WANG et al. (1977), daß Rhizobitoxin-Analoge die Haltbarkeit verbessern.

Andere Substanzen. Viele andere Stoffe sind haltbarkeitsfördernd, indem sie entweder die Äthylenproduktion erniedrigen wie z. B. Cycloheximid, SADH, Natriumphytat (DILLEY und CARPENTER 1975) und Benzylisothiocyanat (PARUPS 1975c) oder das Mikroorganismenwachstum unterdrücken wie z. B. Physan-20 (FARNHAM et al. 1978c, d) und Chlorhexidin (SYTSEMA 1968) sowie Allylalkohol und eine Reihe anderer Substanzen (STADEN et al. 1980a).

Chlor ist ein starkes Desinfektionsmittel und wird zur Hemmung der Mikroorganismen meist als Natriumhypochlorid (NaOCl) in geringen Konzentrationen (0,005 bis 0,01%) im Containerwasser angewandt. Die höhere Konzentration kann bereits zu Schädigungen führen.

KOFRANEK et al. (1974) testeten eine Verbindung, die Chlor langsam abgibt und auch für Schwimmbadwasser verwendet wird. Es handelt sich um SDT (Sodium-dichloro-s-triazine-trione). Die Verbindung wirkt z. B. bei Nelken 'Improved Pink Sim' und 'Improved White Sim' ausgezeichnet, sofern Zucker im Vasenwasser vorhanden ist. Dies zeigt Abb. 31. Offenbar ist in Flora Bric SDT als wirksame Substanz enthalten.

Wie SDT haben auch DICA (Natriumdichlorisocyanureat) und DDMH (1,3-dichlor-5,5-dimethylhydantion) den Vorteil, daß sie Chlor langsam abgeben, auch bei tiefem pH wirksam und stabil bleiben und für den Menschen relativ ungiftig sind, (MAROUSKY 1976). Auch Dichlorphen kann verwendet werden (NICHOLS 1974, CAROW 1978).

Für das gleichmäßige Aufblühen von Rosen zur Verhinderung des Verblauens und des vorzeitigen Hängenlassens der Blüten ist offensichtlich AECP (Ammonium-äthyl-Carbamoylphosphonat) vorteilhaft (BRANTLEY 1975).

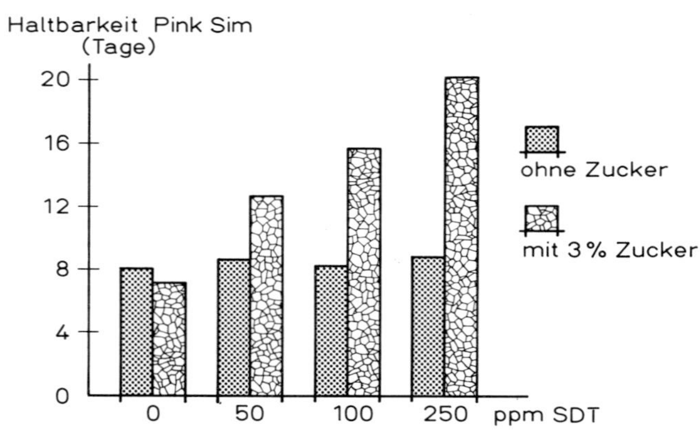

Abb. 31. Haltbarkeit von Nelken 'Improved Pink Sim' in Abhängigkeit von SDT und Zucker im Vasenwasser (nach Werten von KOFRANEK et al. 1974).

3.4.10 Das Öffnen der Knospen

Laut Definition (Kap. 1.2) gehört die Entwicklung noch nicht entwickelter Organe zu den Aufgaben der Frischhaltung von Schnittblumen. Dies gilt nicht nur für Knospen, die sich erst dann öffnen, wenn bereits einige Blüten am Stiel entwickelt sind (z. B. Lilien), sondern auch für Schnittblumen mit einer einzigen terminalen Blüte, wie z. B. Rosen und Nelken, oder einem terminalen Blütenstand, bei dem die Einzelblüte eine untergeordnete Rolle spielt (z. B. Chrysanthemen).

Noch 1967 schrieben Holley und Cheng, daß Nelken normalerweise erst dann geschnitten werden, wenn sie fast vollständig geöffnet sind, da sie sonst leicht „steckenbleiben", d. h. sich nicht voll entfalten. Es ist hinreichend bekannt, daß sich Blütenknospen einiger Gattungen in der Vase problemlos öffnen, während andere sich nicht entwickeln. Dieses „Steckenbleiben" der Knospen beeinträchtigt den ästhetischen Wert und vermindert die Haltbarkeit insofern, als die natürliche Entwicklungszeit einer Blüte oder die mögliche Aufblühfolge eines Blütenstandes vorzeitig beendet wird. Es gilt daher der Grundsatz: so früh wie möglich aber so reif wie nötig ernten. Insbesondere bei Compositen (Chrysanthemen, *Gerbera*) soll daher erst dann geschnitten werden, wenn der Blütenstand fast voll entwickelt ist.

Die Ernte von Schnittblumen mit voll entwickelten Blüten hat jedoch nicht nur Nachteile hinsichtlich Verpackung und Transport, sondern auch für die Haltbarkeit in der Vase, weil geöffnete Blüten naturgemäß ältere Blüten sind. Es wäre also von Vorteil, Schnittblumen in einem möglichst knospigen Zustand zu ernten und erst nach Lagerung und Transport zur Entfaltung zu bringen. Die Vorteile eines solchen Verfahrens liegen auf der Hand:

a) Knospige Blumen sind leichter zu ernten als geöffnete, gegen Druck und Stoß stärker empfindliche Blüten. Im Bestand verhaken sich die Petalen benachbarter Blüten (z. B. großblumige Chrysanthemen) manchmal ineinander, so daß bei der Ernte besondere Vorsicht geboten ist, um ein eventuelles Beschädigen (Rieseln!) zu vermeiden. Dies gilt auch beim Sortieren und Verpacken. Ein sorgfältiges, zeitaufwendiges Eintüten von geöffneten Blüten bzw. Blütenständen könnte durch spätere Öffnung der Knospen überflüssig werden.

b) Der Produzent schneidet in der Regel aus einem Bestand die reifen Blumen heraus, weil zum Beispiel in der Beetmitte infolge Lichtmangels oder an der Stehwand des Gewächshauses infolge Wärmemangel noch mehr oder minder knospige Blüten vorhanden sind. Der damit verbundene erhebliche Ernteaufwand, könnte durch einen einzigen Erntegang reduziert werden (Marousky und Nanney 1971).

c) In den Transportkisten nehmen geöffnete Blumen mehr Raum ein. Auch sind vollentwickelte Blütenorgane schwerer als die entsprechenden Knospen. Raumersparnis und Transporterleichterung sind immer begrüßenswert.

d) Knospen überstehen Streßsituationen besser als entwickelte Organe. Dies gilt für den Faktor Temperatur ebenso wie für Äthylen und Lagerdauer (Barden und Hanan 1972, Hardenburg et al. 1970, Holley und Cheng 1967).

e) Das Ausreifen der Blüten an der Pflanze benötigt Energie, sprich Kohlenhydrate (Zucker). Wenn vegetatives Wachstum zur Bildung neuer Blühorte gefordert wird, so kann dieses durch frühzeitigen Schnitt der Blüten gefördert werden. Ein höherer Ertrag je Flächen- und Zeiteinheit kann die Folge sein.

f) Bei Lichtmangel benötigt die Blütenentwicklung an der Pflanze oftmals sehr viel

Zeit, so daß sich die Frage stellt, ob der Aufblühprozeß nicht nach dem Schnitt der knospigen Stiele in einem „Aufblühraum" beschleunigt werden kann. Wäre dies möglich, so könnte hin und wieder ein Termingeschäft gerettet werden. Herrscht Lichtmangel, so ist es meistens auch relativ kalt. Somit schließt sich die Frage an: ist das Aufblühen im Gewächshaus oder in einem „Aufblühraum", der ja gut isoliert sein kann, teurer?

g) Schließlich stellt sich die Frage, ob in Öffnungslösungen aufblühende Blumen nicht qualitativ besser sind als solche, die sich unter geringen Lichtintensitäten an der intakten Pflanze entwickeln müssen.

Öffnungslösungen

Holley und Cheng (1967) haben an Nelken gezeigt, daß eine Reihe von Blumenfrischhaltemitteln solche Öffnungslösungen darstellen. Tab. 33 ist zu entnehmen, daß die maximal mögliche Blütengröße und die Haltbarkeit von knospig geschnittenen Nelken den vollentwickelten Blüten nicht nachstehen müssen.

Tab. 33. Blütendurchmesser (cm) und Haltbarkeit nach dem Aufblühen (Tage) von knospig und vollentwickelt geschnittenen Nelken in unterschiedlichen Öffnungslösungen (Holley und Cheng 1967)

Wasserzusatz	Blütendurchmesser (cm)		Haltbarkeit (Tage)	
	knospig	geöffnet	knospig	geöffnet
ohne	7,6	7,3	7,7	6,2
Floralife	7,8	7,7	10,3	9,2
Petalife	7,8	7,5	10,5	8,2
Everbloom	8,4	8,5	16,4	15,8
Cornell-Lösung	8,6	8,4	14,9	14,7

Je weniger weit die Knospen entwickelt sind, um so wirksamer müssen die Öffnungslösungen sein. In den seltensten Fällen reichen dann die im Handel erhältlichen Blumenfrischhaltemittel für eine zufriedenstellende Wirkung aus, es sei denn, sie sind speziell für diesen Zweck hergestellt, wie z. B. Nelkenknospen-Chrysal. Für viele Schnittblumen sind besondere „Kompositionen" notwendig. Entsprechend sind dann auch akzeptable Ergebnisse zu erwarten. Wirtschaftliche Notwendigkeiten wie hohe Flächenproduktivität und Energieeinsparung führen dazu, daß sich die Kulturzeiten verkürzen und die letzten Sätze vor der Heizperiode – insbesondere in Mitteleuropa – möglichst auf einmal abgeerntet werden. Welche Chancen nun hierbei Öffnungslösungen bieten, haben Cywinska-Smoter et al. (1978) sehr eindrucksvoll gezeigt. Nelkenknospen mit einem Durchmesser von 5 mm konnten in einer Lösung aus 200 mg $AgNO_3$, 100 g Zucker und 20 mg Benzyladenin je Liter Wasser geöffnet werden und zeigten zufriedenstellende Qualität und Haltbarkeit.

Der wichtigste Faktor für die Knospenentwicklung ist der Zucker.

Für Nelken liegt die optimale Konzentration zwischen 8 und 12%, während für Chrysanthemen nur etwa 2 bis 3% Zucker angesetzt werden dürfen, da sonst die Laubblätter Schäden zeigen. Sind die Zuckerkonzentrationen für eine Gattung zu niedrig, so ist die vollständige Entwicklung der Knospen gefährdet. In jedem Falle muß der Zuckerlösung ein Mittel zur Hemmung der Mikroorganismen beigegeben werden.

Umweltfaktoren

Für den Knospenöffnungsprozeß sind Licht (1000 bis 4000 Lux für 16 bis 24 Stunden) und Temperatur (22 bis 25 °C) von Bedeutung. Die relative Luftfeuchte spielt offenbar eine geringere Rolle; meist liegt sie in Versuchen zwischen 40 und 70%.

Qualitätserzeugung

Es ist heute keine Frage mehr, ob Qualitäten, welche die intakte Pflanze liefert, auch in Öffnungslösungen erreicht werden können. Knospen, die unter schwachen Lichtverhältnissen herangewachsen sind, können sich in der Öffnungslösung schneller entwickeln. Selbst Blütengröße und Haltbarkeit sind verbessert gegenüber Vergleichsorganen, die an der intakten Pflanze verblieben sind. Dies ist sogar bei Chrysanthemen möglich (Kofranek und Halevy 1972, Carow 1978).

Die Wirkung einer Aufblühlösung gegenüber Wasser zeigt Abb. 32. Die abgebildeten terminalen Blüten der Sorte 'Miguel' hatten zum Erntetermin einen Durchmesser von 1 cm.

Abb. 32. Zustand der terminalen Blüte (links) und der 3 folgenden Seitenknospen nach 9 Tagen in einer Öffnungslösung (obere Reihe); in Wasser unvollständiges Öffnen (untere Reihe). Öffnungslösung: 25 mg Silbernitrat, 75 mg Citronensäure und 50 g Zucker/l Wasser (Carow 1978).

3.4.11 Konditionieren

Damit Schnittblumen Streßbedingungen jeglicher Art besser überstehen, müssen sie gegen Streß gewappnet werden. Die dazu erforderlichen Maßnahmen nennt man Konditionierung. Im konditionierten Zustand sollte die Blume folgende Fähigkeiten besitzen:

a) Fähigkeit zur Erhaltung und Wiedergewinnung einer positiven Wasserbilanz;
b) Fähigkeit zur Aufrechterhaltung oder Wiedergewinnung einer günstigen Atmungsrate;
c) Fähigkeit zur Verhinderung des Entstehens oder Wirksamwerdens schädlicher Stoffwechselverbindungen;
d) Fähigkeit zur Blütenentwicklung und -erhaltung ohne Qualitätsminderung, sobald Temperatur und Wasserversorgung dies zulassen.

Um diesen Forderungen nachzukommen, kann folgendes getan werden:

a) die Pflanze vor dem Streß mit Wasser sättigen;
b) die Stiele so behandeln, daß die Wasseraufnahme später kein begrenzender Faktor ist;
c) den Hormonhaushalt so beeinflussen, daß Alterungsvorgänge gebremst werden;
d) die Pflanze derart mit Zucker aufladen, daß die Atmung nicht zum Minimumfaktor wird;
e) Maßnahmen a) bis d) kombinieren.

Die Wassersättigung (a) spielt eine wichtige Rolle, wenn die Schnittblumen Trokkenheit bei höheren Temperaturen (z. B. in der Transportkiste) überstehen sollen.

Härten kann eine Konditionierungsmaßnahme darstellen. Dies zeigten Halevy und Mayak (1971) an *Iris*. Der Prozentsatz sich öffnender *Iris* steigt nach dem Transport nämlich mit zunehmender Wassersättigung vor dem Versand an. Dies ist aus Tab. 34 zu ersehen.

Die in Tab. 34 dargelegten Behandlungen von Iris erfolgten nach 4tägiger trockener Lagerung bei 4 °C und Nachschnitt und vor einem 20stündigen Transport bei der immerhin sehr hohen Temperatur von 24 °C. Ein 3stündiges Härten in Wasser erhöhte den Prozentsatz sich öffnender Irisblüten ganz erheblich. Dabei zeigte sich, daß die Anwendung von zusätzlich ins Wasser gegebenen Stoffen den Erfolg nicht

Tab. 34. Einfluß der Konditionierung auf das Öffnen von Irisblüten.
Vorher: 4 Tage trockene Lagerung bei 4° C.
Nachher: 20 Stunden Transport bei 24° C, dann Einstellen in Wasser.
(Mayak und Halevy 1971, vereinfacht)

Konditionierungsmittel	Konditionierungsdauer (Stunden)	% sich öffnender Blüten	
		Wedgwood	Prof. Blaauw
ohne	–	44	22
Wasser 45 ° C	1	78	64
Wasser 45 ° C	3	89	70
4 % Zucker + 200 ppm HQC + 50 ppm Silbernitrat	3	92	72

mehr entscheidend verbesserte. Zur Vermeidung von Wasserverlusten während des Transportes kann möglicherweise auch Abscisinsäure als Antitranspirant eingesetzt werden (KOHL und RUNDLE 1972).

Der Imprägnierung des Stieles (b) zur Verhinderung einer Leitbahn-Blockade kann mit Silbernitrat vorgenommen werden. Diese Maßnahme ist jedoch nicht bei allen Schnittblumen effektiv, so z. B. für Rosen (HALEVY und MAYAK 1974). Bei Nelken dagegen reicht ein 10minütiges Eintauchen der Stielenden in eine Silbernitratlösung (1000 bis 1200 mg/l Wasser) aus, um die Haltbarkeit später zu verbessern (KOFRANEK und PAUL 1975). Nach dieser Behandlung sollte kein Nachschnitt erfolgen, weil dann der imprägnierte Stielteil verloren geht und nicht imprägniertes Gewebe von Mikroorganismen leichter befallen wird. Die Haltbarkeit kann durch den Nachschnitt imprägnierter Nelkenstiele um mehrere Tage vermindert werden (BESEMER 1975). Aus gleichem Grunde sollten die Stiele auch im Vasenwasser nicht tiefer eintauchen als dies in der Imprägnierungslösung der Fall war.

Werden Nelkenstiele vor der Lagerung 5 Minuten lang bis zum Kelch in eine Benzylaminopurin-Lösung (225 mg/l) gestellt, so läßt sich die Haltbarkeit durch diese Phytohormonbehandlung (Maßnahme c) verbessern (HEIDE und OYDVIN 1969). Wird danach eine 4wöchige Lagerung der Nelken bei 0 °C durchgeführt, so halten 'William Sim' ebenso lange wie gerade frisch geerntete Blumen. Bei 2 Wochen Lagerdauer wurde die Haltbarkeit gegenüber frisch geernteten Blumen sogar um 2,5 Tage verlängert (HEIDE und OYDVIN 1969).

Auch bei Tulpen 'Apeldoorn' wird durch das gleiche Phytohormon die Lagerfähigkeit verbessert, wenn die Tulpen das Hormon 2 Stunden lang vor der Lagerung aufsaugen können. Etwa 25 mg/l Wasser reichen aus, um die Qualität nach der Lagerung zu verbessern. Insbesondere die Farben von Blüten und Blatt bleiben intensiver (SYTSEMA 1970).

Da Zucker auf die Haltbarkeit abgeschnittener Blüten und Sprosse ganz außerordentlich günstig wirkt (Maßnahme d), lag es nahe, den Schnittblumen schon vor den kommenden Streßbedingungen Zucker in solchen Mengen einzuverleiben, daß die Atmung unter allen Umständen ungestört ablaufen kann. Es hat sich gezeigt, daß Gladiolen erhebliche Zuckermengen (bis 12 g je Stiel in 6 Tagen) ohne Schäden aufnehmen können (BRAVDO et al. 1974, MAYAK et al. 1973). Welchen Nutzen bringt das für die Haltbarkeit? Um die Wirkung des Zuckers auf die Haltbarkeit nach dem Transport zu prüfen, machten MAYAK et al. (1973) folgenden Versuch: Gladiolen der Sorten 'Charm', 'Rose Charm' und 'Oskar' wurden geerntet, als die erste Blüte gerade 5 mm Farbe zeigte. Die Stiele wurden dann 20 Stunden lang in unterschiedlich konzentrierte Zuckerlösungen gestellt (Raumtemperatur 20 °C, kontinuierliche Belichtung mit 2000 Lux) und anschließend 24 Stunden lang bei 20 °C in einem Karton trocken aufbewahrt. Danach stellte man sie in Leitungswasser bei Zimmertemperatur und 10 Stunden Licht/Tag auf.

Die Konditionierungslösungen wurden zur Hemmung der Mikroorganismen und zur Verhinderung der physiologischen Blockade mit folgenden Substanzen verbessert: 300 mg HQC/l, 30 mg Silbernitrat/l und 50 mg Aluminium/l als Aluminiumsulfat. Die Ergebnisse zeigt Tab. 35.

Aus Tab. 35 geht hervor, daß die Konditionierung einen außerordentlich günstigen Einfluß auf das Vasenleben von Gladiolen 'Charm' hat. Auch an anderen Sorten wurde dies gefunden. Einen optischen Eindruck von der Wirkung der Maßnahme gibt Abb. 33.

Tab. 35. Einfluß der Konditionierung (20 Stunden bei 20 °C) mit hohen Zuckerkonzentrationen auf die Entwicklung und Haltbarkeit von knospigen Mini-Gladiolen 'Charm' (MAYAK et al. 1973)

Zuckerkonzentration (%)	Anzahl sich öffnender Blüten	Haltbarkeit (Tage)
keine Konditionierung	2,9 c	7,7 b
20	8,6 b	8,5 b
30	9,1 b	8,9 ab
40	11,0 a	10,2 a

Abb. 33. Einfluß der Kurzzeit-Konditionierung (20 Stunden) in 20%iger Zuckerlösung auf die Blütenentfaltung bei der Mini-Gladiole 'Charm' (links) und der großblumigen Sorte 'Oscar' (rechts). Jeweils linke Blütenstände konditioniert (MAYAK et al. 1973).

Während der Konditionierung von Gladiolen erweisen sich Lufttemperaturen von 20 °C als günstig. Licht hat auf den Konditionierungserfolg offenbar einen geringen Einfluß (MAYAK et al. 1973). Die Temperatur der Konditionierungslösung soll nach heutigen Erkenntnissen etwa 20 bis 25 °C betragen.

Wie sich die Konditionierung auf die Haltbarkeit von Gladiolen nach längerer Lagerdauer (7 bis 10 Tage) auswirkt, zeigten KOFRANEK und HALEVY (1976).

Knospige Gladiolen wurden 1 Stunde lang 10 cm tief in eine Silbernitratlösung (1000 mg/l) und anschließend bei 21 °C 24 Stunden lang in eine 20%ige Zuckerlösung eingestellt (Einstelltiefe 7,5 cm). Die Blumen wurden dann in Papier eingewikkelt und 1 Woche bei 2 °C gelagert. Nach der Lagerung wurde nicht nachgeschnitten und in entsalztes Wasser eingestellt. Tab. 36 zeigt den Erfolg dieser Behandlung.

In weiteren Untersuchungen wurde bestätigt, daß die Qualität und Haltbarkeit von Gladiolen nach der Aufladung mit 20%iger Zuckerlösung (loading, pulsing) und anschließender 10tätiger Lagerung bei 2 °C ausgezeichnet sind und frisch geschnittene, in Wasser eingestellte Gladiolen übertreffen.

Tab. 36. Einfluß der Konditionierung auf die Entwicklung und Haltbarkeit von 7 Tage gelagerten Mini-Gladiolen 'M9–1258' (Kofranek und Halevy 1976, gekürzt)

Konditionierung	% geöffneter Blüten	Haltbarkeit (Tage)
ohne	33	6,2
1 Stunde 1000 mg Silbernitrat je Liter	36	6,9
1 Stunde 1000 mg Silbernitrat je Liter, dann 24 Stunden 200 g Zucker je Liter	72	8,2

Mit dieser Konditionierung kann der Produzent die Haltbarkeit von den Maßnahmen der Floristen und Verbraucher weitgehend unabhängig machen. Atmung und Wasserbilanz sind nämlich für lange Zeit gesichert (Bravdo et al. 1974, Kofranek und Halevy 1976, Marousky 1969a, Mayak et al. 1973).

Konditionieren erhöht Streßresistenz und Haltbarkeit.

Auch Rosen, Nelken und Chrysanthemen können konditioniert werden, wobei für die jeweilige Gattung günstige Zuckerkonzentrationen gewählt werden müssen. In der Regel sind handelsübliche Blumenfrischhaltemittel auch nützlich und anwendbar. Das Konditionieren soll immer erst dann vorgenommen werden, wenn die überflüssigen Blätter entfernt sind und der Stiel auf die handelsübliche Länge gebracht ist. Später abgestreifte Blätter bedeuten Verschwendung von Zucker und anderen Stoffen. Aber nicht nur dies ist zu bedenken, sondern gerade in den abgetrennten Organen können die größten Mengen der Konditionierungsstoffe sitzen. Da eine Verlagerung dieser Stoffe an Orte des Verbrauchs dann nicht mehr möglich ist, kann auch der Konditionierungseffekt nicht mehr maximal sein.

Es wäre sinnvoll, konditionierte Blumen als solche zu kennzeichnen und entsprechend weiterzubehandeln. Bei kompletter Vorbehandlung mit Zucker, Bakteriziden, Äthylenhemmstoffen u. a. ist eigentlich nur noch ein Einstellen in sauberes Wasser notwendig.

Abb. 34 verdeutlicht die Anwendung der Konditionierung. Es handelt sich stets um eine kurzfristige Maßnahme (etwa 24 h), während die Öffnungslösung dem Öffnungsprozeß entsprechend länger eingesetzt werden muß (A in Abb. 34). Ein Transport sollte dann kurz sein oder vermieden werden (Endverkaufsbetriebe).

Das Konditionieren mit haltbarkeitsfördernden Substanzen bietet 2 Möglichkeiten. Einmal kann es vor dem Transport ohne Zucker erfolgen. Die Knospen müssen jedoch dann in Zuckerlösung beim Floristen oder gar beim Verbraucher geöffnet werden (B in Abb. 34). Ein Beispiel dafür sind mit Silbernitrat imprägnierte Nelken, die dann nur noch in Zuckerlösung eingestellt werden.

Eleganter, aber in den meisten Fällen noch nicht ganz ideal gelöst, ist die komplette Konditionierung mit Zucker und das anschließende Einstellen in Wasser, wie für Gladiolen auf Seite 118 beschrieben. Diese Methode wird z. B. in Israel angewandt. Hierbei ist es praktisch so, daß die Blume die zum Öffnen notwendigen Substanzen in Stiel, Blatt und Blüte mitbringt und das Vasenwasser lediglich zur Aktivierung der gespeicherten Stoffe hinzugefügt wird (C in Abb. 34). Rosen, Nelken oder Chrysanthemen reagieren dann so wie Blumen, die die notwendigen Reservestoffe von der intakten Pflanze her mitbringen und sich daher in reinem Wasser öffnen können (z. B. Narzissen). Leider können jedoch nicht alle Schnittblumen so stark mit Zukker beladen werden, um diese elegante Methode durchweg praktikabel zu machen. Das schließt gleichzeitig ein, daß Gattungen und Arten mit unterschiedlichen Konzentrationen von Lösungen versorgt werden müssen. Die Anbaustruktur (wenige Arten) der heutigen Unternehmen steht dieser Differenzierung jedoch nicht im Wege.

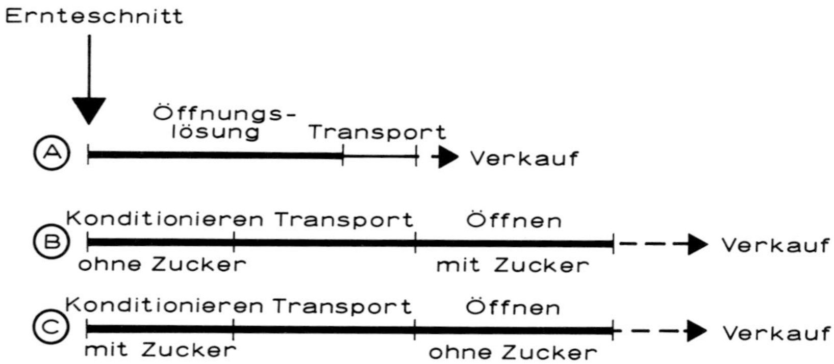

Abb. 34. Öffnen und Konditionieren von knospigen Schnittblumen.

Konditionieren hat Konsequenzen

Es ist keine Frage, daß die positiven Effekte der Konditionierung auch einer kritischen Betrachtung standhalten. Durch immer weitere Verfeinerung der Lösungen mit Phytohormonen und Äthylengegenspielern wird die kurzfristige, trockene Lagerung zu einem untergeordneten Problem. Es wurde ja darauf hingewiesen, daß konditionierte Blumen nach der Lagerung länger haltbar sein können als frisch geschnittene Ware. Das bedeutet, daß der Transport über längere Distanzen gar kein pflanzenphysiologisches Problem im bekannten Sinne mehr darstellt. Es ist nicht wunderlich, daß gerade die exportierenden Länder an der Konditionierung interessiert sind und z. T. auch sehr erfolgreiche Forschung betreiben.

Wie gezeigt wurde, kann die früher geschnittene Ware durch Konditionsmaßnahmen beim Verbraucher physiologisch gesehen jünger ankommen als die später geschnittene, unbehandelte Ware. Das physiologische Alter, d. h. Alterungsgrad einer Schnittblume hat in Anbetracht der geschilderten Maßnahmen mit dem nominalen Alter (z. B. 5 Tage nach der Ernte) nichts zu tun. Wir müssen in der Diskussion um die Frischhaltung demnach das physiologische, d. h. reale Alter beachten und weniger das nominale. Es ist keine Frage, daß sich diese Sicht früher oder später durchsetzen wird.

Nominal ältere Schnittblumen können real jünger sein als nominal jüngere Schnittblumen.

3.4.12 Blumenfrischhaltemittel (BFH)

Unter Blumenfrischhaltemitteln (cut flower preservatives) wollen wir alle jene im Handel befindlichen Fertigpräparate verstehen, die dem Wasser zugegeben werden und die Haltbarkeit der eingestellten Schnittblumen verlängern. Diese BFH können nur einen Wirkstoff enthalten, wie z. B. einen universellen Mikroorganismenhemmer. Meistens jedoch befinden sich darin einige der in Kap. 3.4.9 aufgeführten Substanzen. Je nach Zusammensetzung eignen sich die Präparate für viele Schnittblumen oder auch nur für spezielle Zwecke, wie z. B. Nelkenknospen-Chrysal oder AAdural MS, stark zuckerhaltige Produkte für Öffnungs- oder Konditionierungslösungen. BFH gibt es seit vielen Jahrzehnten. Die meisten sind wohl patentiert. Welche Überlegungen die Zusammensetzung eines BFH bedingen, zeigte Kuhlen 1958. Er meldete eine Rezeptur zum Patent an (Pat.-Nr. 947 121), die nicht weniger als 18 verschiedene Substanzen enthielt.

Anforderungen an ein BFH:

<table>
<tr><td>a) Hemmung von Mikroorganismen und deren Enzyme,</td><td rowspan="8">zucker-
freie BFH</td><td rowspan="11">zucker-
haltige BFH</td></tr>
<tr><td>b) Hemmung pflanzeneigener Enzyme, die abbauende Funktion haben,</td></tr>
<tr><td>c) pH-senkend,</td></tr>
<tr><td>d) Ausfällung von Schadstoffen,</td></tr>
<tr><td>e) von der Wasserqualität unabhängige Wirksamkeit,</td></tr>
<tr><td>f) transpirationshemmnd,</td></tr>
<tr><td>g) äthylenbremsend,</td></tr>
<tr><td>h) sauerstoffadsorbierend,</td></tr>
<tr><td>i) Förderung der Lebensprozesse,</td></tr>
<tr><td>j) Erhöhung der Lösungsoberflächenspannung,</td></tr>
<tr><td>k) energiespendend.</td></tr>
</table>

Wie dargelegt wurde, reichen jedoch wenige Wirkstoffe für die Haltbarkeitsverbesserung aus. Je nachdem ob ein BFH in flüssiger oder fester Form hergestellt wird, können Zusatzstoffe als Formulierungshilfen notwendig sein. Viele Formulierungen gehen auf grundlegende Arbeiten zurück, die zeigen, daß 2 bis 3 Bestandteile einer BFH-Lösung für die Wirksamkeit ausreichen. Einige dieser Basis-Modelle sind in Tab. 37 dargestellt.

In vielen Ländern werden BFH entwickelt, produziert und zum Teil erfolgreich eingesetzt. BFH sind nämlich auch von der arbeitswirtschaftlichen Seite her interessant. Sie machen eine tägliche Erneuerung des Vasenwassers aus hygienischen

Tab. 37. Wirksame BFH und ihre Bestandteile

Bezeichnung	Zusammensetzung			
	% Zucker	ppm	HQS/HQC	andere Mittel
Cornell-Lösung	5	200	HQS	50 ppm Silbernitrat
Marouskys Lösung	3	200	HQS	auf pH 4 gepuffert
Ottawa-Lösung	4	50	HQS	100 ppm Natriumisoascorbat
Washington-Lösung	3	400	HQC	300 ppm N-dimethylamino-bernsteinsäure (Alar)

Gründen unnötig. Sie verhindern, daß Pflanzenteile durch Mikroorganismen abgebaut und zum Teil vergoren werden. Die schleimigen und übelriechenden Abbauprodukte in den Vasen der Floristen treten daher nicht mehr auf und das mühsame Reinigen der Gefäße entfällt. Das gleiche gilt natürlich auch für die Wasserbecken bzw. Container der Produzenten. Produzenten, Floristen und Verbraucher können feststellen, daß nach BFH-Anwendung sich helle, zum Teil mehlig aussehende Stoffe auf dem Boden der Gefäße absetzen. Das ist insbesondere in Glasvasen gut zu sehen. Es handelt sich dabei um Ausfällungsprodukte. Das sind meist Salze und feine, schwebende Pflanzenteile und -säfte, die durch Fällungsreaktion gebunden und somit unschädlich gemacht werden (Staden und Molenaar 1975). Diese Fällungsprodukte setzen sich aber nicht fest und verkleben, sondern können leicht mit Wasser weggespült werden. Bei entsprechenden Voraussetzungen ist das Vasenleben von Schnittblumen in BFH gegenüber reinem Wasser viel länger.

Um voll wirksam zu werden, gelten für alle BFH die gleichen Voraussetzungen. Wichtigste Bedingung ist die qualitativ hochwertige Schnittblume. BFH heben weder Fehler der Sorte, Versäumnisse während der Kultur, noch Nachlässigkeiten während der Lagerung und des Transportes auf. Voraussetzungen für die volle Wirkung der BFH:

a) Als Behälter eignen sich am besten Kunststoffgefäße oder kunststoffbeschichtete Wasserbecken bzw. Folieneinlagen. Metallvasen können nämlich die Wirkung vieler BFH herabsetzen.
b) BFH sollten in sauberes Wasser gegeben werden.
c) Im Produktionsbetrieb ist es meist nicht möglich, Stielenden sauber anzuschneiden und die Blätter so weit zu entfernen, damit sie nicht in das Wasser eintauchen. Gerade um diesen Arbeitsaufwand zu vermeiden, sind BFH entwickelt worden. Floristen und Verbraucher jedoch sollten sich um diese Maßnahme auch bei BFH-Anwendung bemühen.
d) Die Dosierung von BFH soll exakt erfolgen. In den meisten Fällen ergeben Überdosierungen Schäden und Unterdosierungen mangelhafte Wirkung. Bei sehr empfindlichen Blumen kann jedoch eine geringere Aufwandmenge nützlich sein.
e) BFH sind am besten sofort nach der Ernte einzusetzen, weil dann die Leitgefäße noch nicht blockiert sind und die Blumen eine gute Kondition aufweisen.

Haltbarkeit kann verdoppelt und verdreifacht werden.

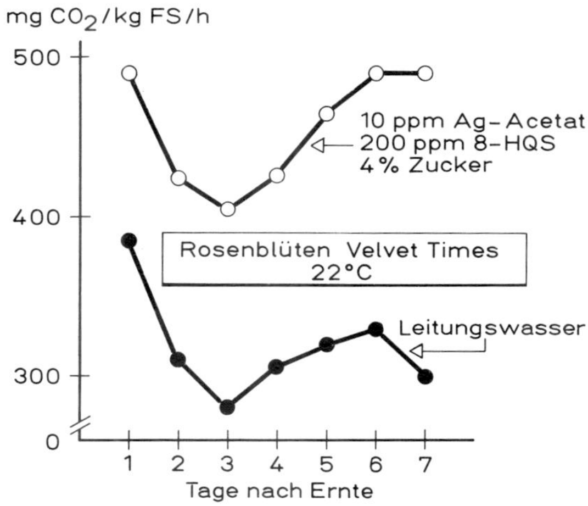

Abb. 35. Atmungsrate von Rosenblüten im Verlauf des Vasenlebens in Leitungswasser und Cornell-Lösung (Coorts et al. 1965).

Da BFH sowohl Atmung als auch Wasserversorgung länger aufrechterhalten, treten die Abbauprozesse erst später ein. Abb. 35 zeigt, wie die Atmungsrate von Rosenblüten verläuft, wenn die Blumen in Wasser oder in einem BFH (Cornell-Lösung) stehen (Coorts et al. 1965).

Die verschiedenen Produkte zeigen unterschiedliche Wirkungen bei einundderselben Gattung. Daher sind die BFH an den Gattungen, Arten und Sorten zu prüfen, wenn das Haltbarkeitspotential ausgeschöpft werden soll. In diesem Sinne läßt sich sagen:

Es gibt bisher keinen Universal-BFH für alle Schnittblumen.

Jedoch sind für viele Schnittblumen die wirklich fördernden BFH schon gefunden und vielfach geprüft.

Bei schonender Behandlung von Schnittblumen ist der BFH-Einsatz ein Hauptfaktor für die Haltbarkeit. Vorausgesetzt die Blumen stehen unter gleichen klimatischen Bedingungen, ist keine andere Maßnahme des Floristen und Verbrauchers so wirksam wie die Anwendung von BFH oder entsprechenden eigenen Mixturen gemäß Kap. 3.4.9.

So fand Crössmann (1974) in mehreren Versuchen eine mittlere Haltbarkeitsverbesserung durch BFH im Sommer um 67%, im Winter dagegen um 139%.

BFH-Gruppen

Eine vollständige Übersicht über gebräuchliche BFH zu erstellen und die einzelnen BFH verschiedenen Gattungen und Arten nach Wirksamkeit zuzuordnen, ist kaum möglich. Für deutsche Verhältnisse wurde dies unter praktischen Gesichtspunkten versucht (Carow und Lemper 1979a, b).

Zuckerfreie BFH werden meist beim Produzenten eingesetzt, der die Schnittblumen nur 12 bis 24 Stunden ins Wasser stellt. Für ihn ist es wichtig, daß das Wasser in der Kühlzelle längere Zeit brauchbar bleibt und keinen Schaden verursacht. Wie stark gebrauchtes Wasser die Haltbarkeit verringern kann, wurde in Kap. 3.4.5 ausführlich dargestellt. Gleichzeitig kann beim Produzenten die Äthylensensibilität der Blüten herabgesetzt werden, etwa durch Chrysal VB für Nelken, welches Silberthiosulfat enthält. Aber auch die Weichen für den späteren Wasserverbrauch sind durchaus schon beim Produzenten zu stellen, wie z. B. mit Rosal, dessen Hauptwirkstoff Aluminiumsulfat ist. Es handelt sich also dabei um eine Konditionierung. Beide Substanzen wirken aber auch als Mikroorganismenhemmer. Wird frisches Kühlzellenwasser 2 Tage mit Rosen beschickt, so beträgt die Zahl der Bakterien etwa 400 000 Stück je ml. Wird dem frischen Wasser Chrysal VB (2 ml/l) bzw. Rosal (0,8 bis 1,0 g/l) zugesetzt, so sind nach 1 Woche 35 000 bzw. 14 000, nach 14 Tagen 134 000 bzw. 112 000 Bakterien zu zählen (BARENDSE 1978). Beide Produkte senken den pH-Wert, z. B. von pH 7,5 auf pH 4,5. Sie wirken am besten, wenn sie möglichst schnell nach der Ernte angewandt werden.

Zuckerhaltige BFH. Die meisten BFH sind zuckerhaltig, wobei die Abstimmung der bakteriziden Bestandteile auf den Zuckeranteil nicht in jedem Fall gelungen ist. Einige BFH unterdrücken nämlich das Mikroorganismenwachstum nicht hinreichend. Harmonisch zusammengesetzte BFH dieser Gruppe sind vor allem für den Verbraucher von großem Vorteil. Aber auch der Florist, der seine Produkte in Gefäßen ausstellt, kann damit eine Reihe problematischer Blumen länger ansehnlich halten und so sein Risiko mindern. Einige Blumen, z. B. Flieder und Mimosen, avancieren erst durch die Anwendung von BFH zum brauchbaren Handelsprodukt, weswegen den Verpackungseinheiten in der Regel ein BFH-Päckchen beigelegt wird. Im allgemeinen sind diese BFH leicht zu dosieren, da sie entweder in entsprechend kleinen Einheiten (meist für 1 Liter Lösung) abgepackt sind oder der Inhalt von Schraubverschlüssen für eine bestimmte Wassermenge berechnet ist.
Konditionieren ist natürlich auch mit zuckerhaltigen BFH möglich. Obwohl die Zuckergehalte dann erheblich geringer sind als in speziellen Konditionierungsverfahren (vgl. Seite 118), sind positive Wirkungen festzustellen. Leider gibt es hierüber nur wenig konkrete Daten. In der Praxis jedoch werden in vielen Fällen Rosen 24 Stunden z. B. in Chrysal eingestellt, was bei vorgeschriebener Dosierung einer Zukkerkonzentration von etwa 1% entspricht.
Öffnungslösungen können ebenfalls BFH-Lösungen sein. Die meisten BFH enthalten jedoch für sehr geschlossene Knospen zu wenig Zucker, so daß ein vollständiges Aufblühen nicht gewährleistet ist. Typische Öffnungs-BFH für den Produzenten sind z. B. Nelkenknospen-Chrysal, AAdural AK oder Everbloom. Wichtige Öffnungs-BFH für den Floristen sind z. B. Mimosa-Chrysal oder AAdural MS; beide lassen sich für die Problemprodukte Flieder und Mimosen anwenden.
Über das **Härten** mit BFH-Zusatz ist wenig bekannt. Nach PARVIN und KRONE (1962) soll es möglich sein, welke Rosen mit einer BFH-Lösung von etwa 40 °C bei Lufttemperaturen von 2 bis 4 °C aufzufrischen. Die Wirkung dieser Maßnahme muß allerdings noch näher untersucht werden, da gerade „erschöpfte“ Blumen auf BFH empfindlich reagieren können.

Bei Winteranfang geerntete Rosen 'Mercedes' zeigten eine gute Verträglichkeit, wenn sie sofort in Chrysal gestellt wurden, während Chrysal an Rosen, die zuerst 36 Stunden in Wasser standen, rasch Blattaufhellungen bewirkte (CAROW und SOMMER 1979). Die Art des Blattschadens und die Gesamtwirkung der Maßnahme zeigt Abb. 36.

Abb. 36. Rosen 'Mercedes' nach 3 Tagen in der Verbrauchervase (Ernte Ende November). Links: 36 Stunden in Chrysal (Produzent), dann Wasser (Verbraucher). Rechts: 36 Stunden in Wasser, dann Chrysal (CAROW und SOMMER 1979).

Sonderformen. Der Anwender von BFH kann natürlich zuckerfreie BFH selbst mit Zucker mischen. Eine besondere Spielform für den Verbraucher stellt das Produkt Flora Bric dar. Es handelt sich dabei um 2 × 5 cm große, aber dünne Streifen, die wie Klebeetiketten auf einer Unterlage haften und vermutlich SDT enthalten.

Der Anwender zieht die Blättchen von der Unterlage ab und gibt jeweils 2 Stück in 1 Liter Wasser. Im Wasser wird der Wirkstoff freigesetzt. Der Zucker – 2 Würfel ≙ 16 g/l – wird durch den Anwender dem Vasenwasser gesondert zugegeben. So wird ein zuckerhaltiger BFH sozusagen erst beim Anwender hergestellt.

Wechsel von BFH

Über den Wert einer Frischhaltekette durch kontinuierliche BFH-Anwendung besteht kaum ein Zweifel. Allerdings ist diese sinnvolle Kette nur bedingt möglich. Zum ersten ist nämlich eine ununterbrochene Anwendung aus Gründen der Praktikabilität und der Kosten nur in den wenigsten Fällen durchführbar (deswegen Konditionierung!). Zweitens nimmt die Information über bereits durchgeführte Behandlungen auf dem Wege vom Produzenten zum Floristen normalerweise mit zunehmendem Transportweg ab. Zum letzten Punkt ist anzumerken, daß in jüngster Zeit insbesondere bei Rosen diese Information hin und wieder auf der Verpakkung angegeben wird.

Produzent, Händler, Florist und Verbraucher stellen Schnittblumen in Wasser ein. Was kann passieren, wenn hier unterschiedliche Konzentrationen von BFH oder gar unterschiedliche BFH angewandt werden?

Wie aus Tab. 38 hervorgeht, nimmt die Haltbarkeit bei allen hier durchgeführten Behandlungen 1 bis 6 gegenüber kontinuierlicher Anwendung mit einheitlicher BFH-Menge (Behandlung 7) ab. Die Haltbarkeitsminderung ist um so größer, je weiter die Behandlung mit geringeren Konzentrationen ans Ende der Kette rückt

(Behandlung 3 und 6). Daß aber auch schon 10 g/l vor oder nach der optimalen Aufwandmenge von 40 g/l positive Ergebnisse liefern, zeigt der Vergleich der Behandlungen 2 und 5 sowie 3 und 6 sehr deutlich. Dies läuft letztlich auf die Formel hinaus: wenig ist besser als nichts.

Die Konzentration des BFH sollte also in der Frischhaltekette nicht abnehmen. Gerade in der Vase des Verbrauchers benötigt der Organismus Energie, weil er hier meist am längsten steht und den höchsten Temperaturen ausgesetzt ist. 40-10-10 vermindert die Haltbarkeit gegenüber 10-10-40 um 2,2 Tage. Dabei ist der Aufwand an BFH genau gleich, jedoch sind die Zeiten und die Bedingungen für die BFH-Aufnahme unterschiedlich. Aus Tab. 38 kann geschlossen werden, daß die aufgenommene BFH-Menge von Bedeutung ist.

Tab. 38. Haltbarkeit (Tage) von Rosen 'Forever Yours' in Abhängigkeit von der Anwendung und Anwendungsmenge des BFH 'Flower Care' in der Vermarktungskette (Parups 1975)

Behandlung	Flower Care (g/l)			Haltbarkeit (Tage)
	Produzent 24 Std. bei 5,5 °C	Florist 48 Std. bei 5,5 °C	Verbraucher 22 °C	
1	0	0	40	7,6
2	0	40	0	5,4
3	40	0	0	4,5
4	10	10	40	8,2
5	10	40	10	7,5
6	40	10	10	6,0
7	40	40	40	9,2

Über die Wirkung eines 2- oder gar 3maligen BFH-Wechsels im Laufe eines Schnittblumenlebens wissen wir sehr wenig. Nach dem Öffnen von Nelkenknospen in Nelkenknospenchrysal ist später Chrysal verträglich. Offenbar kann es aber bei Präparaten unterschiedlicher Herkunft zu Unverträglichkeiten kommen. So gibt es Hinweise dafür, daß eine Anwendungsfolge BFH 1–BFH 2 ungünstiger sein kann als die Folge in umgekehrter Reihenfolge (Will und Hermann 1977). Da das Problem mit zunehmender Anwendung von BFH größer werden kann, müssen hier aufklärende Untersuchungen angestellt werden. Vor allem ist darauf zu achten, daß der Faktor BFH nicht unter Umständen mit dem Faktor Wasserqualität verwechselt wird, der einen erheblichen Einfluß nehmen kann (Staby und Erwin 1978).

BFH und Wasserqualität

Die Wirkung von BFH hängt nicht nur von der Pflanzen- sondern auch von der Wasserqualität ab (vgl. Kap. 2.2.2). Daher ist stets vor Ort zu prüfen, welche BFH am besten geeignet sind, bzw. ob sogar eine Verbesserung des Wassers notwendig ist. Empfehlungen für BFH können daher nur im Zusammenhang mit der Anwendung „unproblematischen“ Wassers gegeben werden. Extreme Wassereigenschaften sind aber meist in den entsprechenden Regionen bekannt.

Die Wechselwirkungen zwischen Qualität der Schnittblume, Wasserqualität und Blumenfrischhaltemitteln (BFH) sind praktisch unbekannt. Staby und Erwin (1978) zeigten, daß hierbei ein einfacher Zusammenhang nicht leicht herzustellen ist. Vielmehr sind Einzelkomponenten des Leitungswassers und der BFH zu untersuchen. So kann z. B. ein hoher Bicarbonatgehalt des Wassers dazu beitragen, daß die pH-senkenden Stoffe im BFH nicht ausreichend wirksam werden können.

4 Prüfung von Blumenfrischhaltemitteln

Die Prüfung von BFH ist schon deswegen notwendig, weil die Zahl der verschiedenen Schnittblumenarten ungeheuer groß ist und die Reaktion auf BFH ebenso vielfältig sein kann. Darüber hinaus wirken verschiedene BFH z. B. im Sommer gleichartig auf unterschiedliche Blumen, während die gleichen Mittel bei Blumen der Winterproduktion größere Haltbarkeitsunterschiede hervorrufen (Crössmann 1974). Um diese Unterschiede zu erkennen und für die praktische Arbeit zu nutzen, müssen Versuche mit Pflanzenmaterial unterschiedlicher Konstitution durchgeführt werden, d. h. Versuche in allen 4 Jahreszeiten. Die Prüfung von BFH ist außerdem lohnend, weil die BFH-Anwendung in aller Regel der Hauptfaktor für die Haltbarkeit ist.

Wie diese Tests durchgeführt und wie intensiv manche Faktoren dabei beachtet werden, hat große Auswirkungen auf die Aussagekraft der Versuchsergebnisse.

Vorgeschichte. Zunächst ist es von Bedeutung, daß die Geschichte der Schnittblumen bis zum Versuchsbeginn gut bekannt ist. Der Versuchsansteller muß wissen, ob die Blumen frisch geschnitten sind oder ob sie eine längere Lagerung hinter sich haben. Er muß auch Kenntnis über etwaige Vorbehandlungen haben und sicher sein, daß die verwendeten Testblumen gleiches Alter haben.

Je ungünstiger die Bedingungen für lebende Objekte sind, desto größer wird die Streuung bei der Reaktion auf eine weitere Veränderung sein. Bei ungleicher Vorgeschichte des Materials werden die Streuungen dann so groß, daß es zu eklatanten Fehlschlüssen über die Wirkung eines Vaseninhaltes kommen kann.

Aufbereitung. Grundsätzlich sollen Blumen für den Versuch so vorbereitet werden, daß sie hinsichtlich Länge, Stieldicke, Blattanzahl, Knospenzahl und Blütenstadium als gleich zu bezeichnen sind. Problematisch ist die Blattanzahl dann, wenn der Einfluß der Blätter auf die Blüten untersucht werden soll. Meist spielt hier die Blattfläche eine große Rolle. Sie läßt sich an Schnittblumen leicht bestimmen, wenn die Länge des Blattes als ein Maß für die Fläche gewählt werden darf. Dies gilt vermutlich für alle Schnittblumen und alle Blattformen (Carow 1975).

Versuchsanlage. Je nach Gleichmäßigkeit der Schnittblumen empfiehlt es sich, mindestens 15, in der Regel aber 25 Stiele je Behandlung zu verwenden und je 3 bis 4 Stiele in ein Gefäß zu stellen. Die Gefäße einer Behandlung sollten im Raum so verteilt sein, daß durch die einzelnen Wiederholungen störende Einflüsse – wie z. B. Licht- und Temperaturunterschiede – ausgeschaltet werden. Als Versuchsanlagen sollen daher Blockanlagen oder besser Lateinische Quadrate bzw. Rechtecke verwendet werden.

Umweltfaktoren. Obwohl BFH-Tests prinzipiell in jedem Raum durchgeführt werden können, ist es sinnvoll, auf eine gewisse Einheitlichkeit der klimatischen Faktoren zu achten, damit auch internationale Vergleiche möglich sind. Einem Vorschlag von SYTSEMA (1975a) folgend, ergeben sich Richtwerte:

Temperatur:	20 bis 22 °C
Licht:	1000 bis 2500 Lux (Leuchtstoffröhren) 12 bis 16 Stunden/Tag
Relative Luftfeuchte:	60 bis 80%

Außerdem ist darauf zu achten, daß ein Luftwechsel stattfindet, damit Äthylen abgeführt wird. Die Luftbewegung darf aber nur so groß sein, daß sich die Blumen nicht bewegen. Um die Präparate überregional vergleichen zu können, sollte entsalztes oder destilliertes Wasser verwendet werden.

Auswertung. Je nach Fragestellung und Schnittblumenart müssen die Auswertungskriterien gewählt werden. Der Augenmerk muß auf die spezifischen Probleme mit einer bestimmten Blume gerichtet werden. Bei knospigem Material empfiehlt sich die Bonitur der Aufblühdauer, was eine tägliche Messung z. B. des Blumendurchmessers bedingen kann. Gibt es Probleme durch Blattvergilbung (z. B. Alstroemerien, Lilien, *Gloriosa*), so ist der Vergilbungsbeginn und der Vergilbungsgrad von Interesse. Auch das Abwerfen von Knospen und Petalen (Tulpen), sowie das Abknicken von Stengeln (*Gerbera*, Zinnien, Rosen) muß für jede einzelne Blume festgehalten werden.

Beurteilung der Ergebnisse. Eine wirkliche Interpretation der Ergebnisse ist nur dann möglich, wenn nach einer brauchbaren Versuchsanlage auch die entsprechende statistische Auswertung vorgenommen wird. Auf diese Notwendigkeit haben CRÖSSMANN und ZIMMER schon 1970 hingewiesen.

Darstellung. Die Auswerung qualitativer Merkmale (wie z. B. Blütenform, Farbe und Blattschäden) ist schwierig, jedoch wünschenswert. Eine einfache Darstellung mehrerer quantitativer und qualitativer Merkmale in einem Koordinatenkreuz haben MCLEAN und RASMUSSEN (1980) vorgeschlagen.

5 Spezielle Hinweise

Agapanthus umbellatus

Genotyp: Das entscheidende Problem bei *Agapanthus* stellt das Abfallen der Knospen und Blüten dar (Rieseln). Es gibt dabei jedoch erhebliche Sortenunterschiede (Barendse 1979a). Als relativ rieselfest gelten die Sorten 'Blue Triumphator' und 'Blue Globe'.

Erntestadium: Wegen der Druckempfindlichkeit wird *Agapanthus* gerne in sehr frühem Stadium geerntet. Häufig bleiben dann jedoch die Einzelblüten stecken.

Konditionieren: Eine Konditionierung für 24 bis 48 Stunden (300 mg 8-HQS, 100–200 g Zucker/l Wasser) ist möglich. Der Blütenstand wird in bezug auf Größe und Farbausbildung gefördert.

Lagerung: Eine Lagerung sollte nicht erfolgen, eine Trockenperiode auf maximal 24 Stunden beschränkt bleiben.

BFH: Als Vasenmittel beim Floristen oder Verbraucher haben sich folgende BFH als brauchbar erwiesen: AAdural AK (30 g/l), Substral-Blumenfrisch (30 ml/l), AAdural flüssig (30 ml/l), AAdural P (15 g/l), Chrysal (12,5 g/l), Chrysal VB (2 ml/l) + 25 g Zucker.

Ageratum

Für das Frischhalten von Schnitt-*Ageratum* und das Aufblühen der Knospen hat sich Chrysal (12,5 g/l) bewährt. *Ageratum* ist relativ zuckerempfindlich, so daß zuckerreiche BFH Blattschäden hervorrufen.

Alstroemeria

Genotyp: Frisch geschnittene *Alstroemeria* sind sehr gut haltbar, sie verlieren jedoch meistens in der Vermarktungskette schnell einen großen Teil ihrer potentiellen Lebensdauer nach dem Schnitt, so daß der Verbraucher lediglich mit etwa 7 Tagen Vasenleben rechnen kann.

Erntestadium: Sobald sich die erste Blüte öffnet und die sortentypische Farbe zeigt, kann geerntet werden. Nach der Ernte dürfen Alstroemerien nicht längere Zeit trocken liegen. Sofortiges Sortieren, Bündeln und Einstellen in Wasser schaffen die beste Voraussetzung für maximale Haltbarkeit.

Lagerung: Während eine Trockenlagerung nicht ratsam ist, können die Stiele bei 5 °C maximal 2 bis 3 Tage in Wasser stehen. Die Anwendung von Chrysal VB (2 ml/l) läßt die Blüten später etwas besser aufblühen.

Auffrischen: Welke Blumen sollten sich nach dem Nachschnitt etwa 4 bis 6 Stunden bei Temperaturen zwischen 5 und 10 °C mit Wasser vollsaugen können.

BFH: Normalerweise blühen Alstroemerien in BFH gut auf und zeigen eine intensive Blütenfarbe. Leider färben sich die Blätter etwas früher gelb als in Wasser. Als Vasenmittel haben sich Chrysal (12,5 g/l), AAdural P (15 g/l), AAdural flüssig (30 ml/l) und Substral-Blumenfrisch (30 ml/l) bewährt. Auch Flora-Bric fördert Aufblühen, bewirkt aber wie bei allen Liliengewächsen stärkere Blattvergilbung als Wasser (Barendse 1980a).

Anemone coronaria

In gutem Zustand sind diese Anemonen etwa 1 Woche ansehnlich.

Erntestadium: Die Blumen werden gezogen, wenn sie noch knospig, aber schon voll gefärbt sind.

Lagerung: Senkrecht gestellt können Anemonen bei 2 bis 5 °C kurzfristig aufbewahrt werden. In Wasser eingestellt krümmen sich meist die Stiele.

BFH: Die Anwendung von Vasenmitteln führt zu größeren Blüten und längeren Blütenstielen. Die Lebensdauer wird verlängert. Günstig wirken Chrysal (12,5 g/l), AAdural P (15 g/l), AAdural flüssig (30 ml/l) und Substral-Blumenfrisch (30 ml/l), wobei der Blütenstiel noch relativ stark wachsen kann.

Anthurium-Andreanum-Hybriden

Genotyp: Die Haltbarkeit der verschiedenen Sorten ist sehr unterschiedlich. In der Regel zeigen diejenigen mit dunkelrotem Hochblatt das kürzeste Vasenleben und zeigen bei Stress ein schnelles Verblauen des Hochblatts. Spathaverfärbungen können jedoch auch die Folge von Calcium-Mangel sein (Higaki et al. 1980). Normalerweise halten sich frisch geschnittene Anthurien 2 bis 3 Wochen.

Erntestadium: Bei Anthurien ist das Entwicklungsstadium zum Erntetermin ein entscheidender Faktor. Der kolbenartige Blütenstand (Spadix) muß etwa zur Hälfte reif, d. h. mit deutlich sichtbaren Einzelblüten besetzt sein. Dann ist auch das Stielstück unter dem Hochblatt (Spatha) hart, was ein weiteres Kennzeichen für die Schnittreife darstellt.

Konditionieren: Auf Hawaii werden Anthurien einige Tage aufbewahrt, bevor die Luftfracht erfolgt. Die problematische Sorte 'Ozaki' kann in der Verbrauchervase 2 bis 3 mal solange ansehnlich sein, wenn sie beim Produzenten einige Tage in Floralife (10 g/l), Everbloom (20 g/l), Roselife (11 g/l) oder Natriumhypochlorid (7,5 mg/l) steht. Petalife und Oasis Floral zeigen keine haltbarkeitsverbessernde Wirkung (Akamine und Goo 1975).

Lagerung: Anthurien dürfen nicht unter 13 °C aufbewahrt werden, da sonst Kältschäden zu erwarten sind. Manche Sorten zeigen schon bei dieser Temperatur Verblauungserscheinungen, die jedoch bei Temperaturerhöhung wieder verschwinden können (Sytsema und Barendse 1975). Solche Sorten sollte man nicht unter 15 °C aufstellen. Für eine trockene Lagerung sind 13 bis 15 °C viel zu hoch, so daß eine ständige Wasseraufnahme gewährleistet sein muß.

Verpackung: Arthurien welken leicht. Deshalb befestigt man am Stielende ein kleines Kunststofffläschchen mit Wasser, wenn ein Transport durchgeführt wird und die Blumen in Kartons liegen. Da die Spatha sehr empfindlich gegen Druck ist und beim Knicken des Hochblattes an der Knickstelle eine Schwarzfärbung eintritt, werden die Blumen entweder in den Transportkartons befestigt (Schutz gegen Reibung) oder in luftgefüllte Kunststoffschläuche aus Polypropylen eingeschweißt. In diesem luftdichten Raum herrscht eine 100%ige Feuchte, so daß die Stiele ohne Wasserzufuhr bleiben können. Vor dem Verpacken sollen sich die Anthurien mehrere Stunden mit Wasser vollsaugen (Barendse und Sytsema 1976). In den Folien kann sich allerdings leicht *Botrytis* bilden.

Transport: In der kälteren Jahreszeit ist darauf zu achten, daß Anthurienkartons nicht längere Zeit im Freien liegen bleiben, da der Verblauungsprozeß schon bei Temperaturen von 7 bis 9 °C relativ rasch einsetzt. Kurzfristiges Abkühlen (1 bis 3 Stunden) bei 2 °C kann in seiner schädlichen Wirkung verhindert werden, indem die ganze Blume vor dem Temperaturstress kurz in eine Cytokininlösung (10 mg Benzylaminopurin/l) getaucht wird (Shirakawa et al. 1964), was allerdings nicht praktikabel sein dürfte. Immerhin ist jedoch zu erwarten, daß das Angebot von cytokininhaltigem Wasser über den Stiel ähnliche Wirkung zeigt.

Auffrischen: Vor dem Einstellen in Wasser sollte man das Stielende etwa 2 cm schräg nachschneiden. Sehr stark welkende Anthurien können auch 1 bis 2 Stunden in zimmerwarmes (20 bis 23 °C) Wasser gelegt werden. Die ganze Blume kann dabei untertauchen.

BFH: 'Ozaki' reagiert positiv auf Everbloom (20 g/l), Floralife (10 g/l) und Roselife (11 g/l). Andere Sorten werden offenbar nur gering durch handelsübliche BFH beeinflußt (Barendse und Sytsema 1976).

Anthurium-Scherzeranum-Hybriden

Zimmer (1968) konnte eine Haltbarkeitsverbesserung in einer 1,2%igen Zuckerlösung um 10 Tage erreichen. Bei Zusatz von BFH in vorgeschriebener Konzentration (Florafrisch) platzten die Stiele unterhalb der Spatha, die Spatha selbst verfärbte sich und die Blütenkolben wurden schwarz.

Antirrhinum

Erntestadium: Wegen der Druckempfindlichkeit sollten *Antirrhinum* knospig geerntet werden. Normalerweise halten sie dann aber nur kurz, die Knospen gehen nicht auf, die Farben werden blaß und der Blütenstand beginnt zu welken und abzuknicken. *Antirrhinum* können aber ohne weiteres geerntet werden, wenn sich die erste Blüte gerade öffnet, sofern dem Vasenwasser entwicklungsfördernde Substanzen hinzugefügt werden. Ein Vasenleben von 14 bis 18 Tagen ist dann keine Seltenheit. *Antirrhinum* gehören zu den Schnittblumen, die größere Äthylenmengen produzieren und daher ohne äthylenbremsende Maßnahmen (tiefe Temperaturen und BFH) sich selbst schnell schädigen (Fischer 1949).

Konditionieren: Bereits ein kurzfristiges Einstellen der Stiele über Nacht in CCC (0,05 ml/l) bringt eine merkliche Haltbarkeitsverbesserung, wenn die Stiele später nur Wasser aufnehmen können (Halevy und Wittwer 1966). Eine 48stündige Behandlung mit 200 mg 8–HQS plus 30 g Zucker/l Wasser ist ebenso effektiv wie das kontinuierliche Angebot einer derartigen Lösung (Reist 1977a).

Lagerung: Für 1 bis 2 Tage können *Antirrhinum* bei etwa 4 °C feucht aufbewahrt werden. Da die Stiele leicht faulen, sind dem Wasser entweder zuckerhaltige BFH (bei sehr knospiger Ware) oder Vorbehandlungsmittel, wie z. B. Nelken VB oder Rosal (0,8 g/l), hinzuzufügen. Selbst bei längerer Lagerung bei 4 °C ist mit Wasseradditiven viel zu erreichen. Die Nachwirkung einer solchen Maßnahme zeigt Tab. 39.

Tab. 39. Haltbarkeit (Tage) von *Antirrhinum* in BFH (0,5 % Zucker + 300 mg HQC/l) oder Wasser nach unterschiedlicher Lagerdauer (JOHNSON 1972, verändert)

Behandlung	BFH-Zusatz		Haltbarkeit (Tage)
	im Lager (4° C)	im Zimmer (21° C)	
im Zimmer	–	ohne	8
21 °C	–	mit	18
1 Woche 4° C,	ohne	ohne	6
dann 21° C	mit	ohne	11
	ohne	mit	12
	mit	mit	16
2 Wochen 4° C,	ohne	ohne	5
dann 21° C	mit	ohne	9
	ohne	mit	11
	mit	mit	14

Eine längere trockene Lagerung kann nicht bei Temperaturen über O °C erfolgen. Ist die relative Luftfeuchte hoch genug (etwa 90 bis 95%), so ist eine Aufbewahrung von 10 Tagen bei 0 °C ohne Haltbarkeitsverminderung möglich (MASTALERZ 1953, REIST 1977a).

Transport: *Antirrhinum* reagieren sehr sensibel gegenüber der Schwerkraft (Geotropismus). Werden sie nicht senkrecht stehend transportiert, so krümmt sich der obere Teil des Blütenstandes nach oben, wodurch der Marktwert praktisch hinfällig wird. Die 4stündige Aufnahme von Alanap (N-1-naphthylphtalamat), einem Antiauxin, durch den Stengel oder Röntgenstrahlung können die geotropische Reaktion recht gut verhindern (JOINER et al. 1974, TEAS et al. 1959).

BFH: *Antirrhinum* sind im Hinblick auf Wasseradditive sehr gut untersucht. Substanzen wie Cupferron (Ammoniumsalz von N-nitroso-N-phenylhydroxylamin) und Rhizobitoxine wirken sich günstig auf die Lebensdauer aus (KELLEY und HAMNER 1958, WANG 1977). Der pH-Wert der Lösung beeinflußt die Haltbarkeit offenbar nicht (AARTS 1957, LARSEN und SCHOLES 1966). Entscheidend ist die Energiezufuhr durch Zucker, weswegen in der Regel 1,5%ige Zuckerlösungen mit 8-HQC bzw. 8-HQS-Anteil (200–300 mg/l) sehr gute Vasenmittel darstellen (JOHNSON 1972, LARSEN und SCHOLES 1966, MAROUSKY und RAULSTON 1970). Die Haltbarkeit kann damit verdoppelt bis verdreifacht werden. Günstige Wirkungen zeigen auch Beimischungen von B-Nine bzw. Alar und CCC (HALEVY und WITTWER 1966, LARSEN und SCHOLES 1966, NOWAK und RUDNICKI 1975). Gute Ergebnisse bringen die Handelsprodukte Chrysal (12,5 g/l), Compo-Blumenfrisch (20 ml/l), AAdural P (15 g/l), Etisso-Taufrisch (15 ml/l), Blumenborn Florfrisch (20 ml/l), sowie das polnische, patentierte Produkt Proflovit-72 (PPB Nr. 158 375).

Asparagus

Asparagus setaceus (syn. *A. plumosus*) kann gut frisch gehalten werden, wenn die Stiele sofort nach der Ernte in Wasser – möglichst gleich im Gewächshaus oder auf dem Felde – eingestellt werden. Bereits ein einstündiges Liegen ohne Verdunstungsschutz erhöht den Anteil abfallender Blattfiedern sehr stark.

Lagerung: Eine trockene Aufbewahrung mit Transpirationsschutz durch Folien sollte höchstens 1 bis 2 Tage bei kühler Umgebung (4 bis 10 °C) betragen. Eine nasse Lagerung ist auf jeden Fall vorzuziehen. Die maximale Lagerdauer bei 4 bis 10 °C beträgt dann 5 Tage. Als Faustregel darf angenommen werden, daß 1 Tag Lagerung 1 Tag Haltbarkeitsverlust bedeutet (Barendse 1979b). BFH sind unwirksam und führen meistens zu Laubvergilbung. Offenbar sind Phytohormone aus der Cytokiningruppe haltbarkeitsverlängernd (Abb. 37).

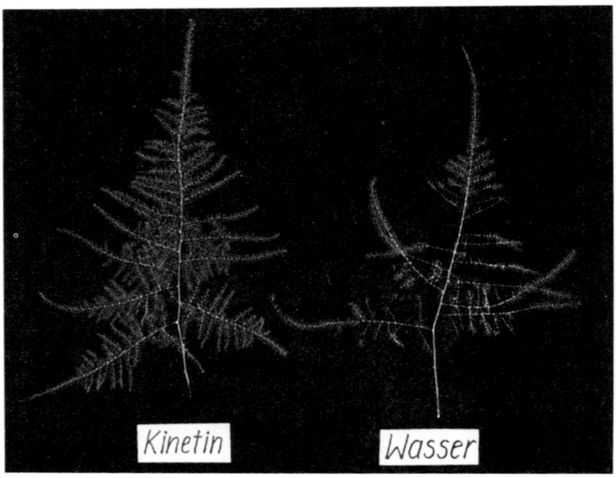

Abb. 37. *Asparagus setaceus* nach 10 Tagen in einer Kinetinlösung (25 ml/l) und in Wasser stehend (Carow, unveröffentlicht).

Andere Asparagusarten, die nach der Ernte 24 Stunden bei 17 °C trocken gelagert werden, zeigen anschließend in Wasser etwa folgende Haltbarkeiten (Barendse 1979c):

Asparagus densiflorus 'Meyerii'	2– 3 Wochen
Asparagus retrofractus	2– 3 Wochen
Asparagus falcatus	10–14 Tage
Asparagus virgatus	10–14 Tage

Bouvardia

Genotyp: Frische Bouvardien – unabhängig von der Farbe – können durch Frischhaltemaßnahmen in der Vase bis zu 4 Wochen haltbar sein.

Erntestadium: Der ideale Erntetermin liegt vor, wenn 1 bis 2 Blüten geöffnet sind. Sind 6 und mehr Blüten offen, so kann das Haltbarkeitspotential schon nicht mehr voll realisiert werden. Die Stiele sollten am besten sofort im Gewächshaus in Wasser bzw. in BFH-Lösung eingestellt werden. Keinesfalls dürfen sie länger als 10 Minuten trocken liegen. Welken Bouvardien erst einmal, erholen sie sich nicht mehr.

Konditionieren: Es empfiehlt sich, die geernteten Blumen über Nacht – oder auch nur einige Stunden – im Kühlraum (2 °C sind möglich) in BFH-Lösungen (AAdural P oder Chrysal) einzustellen und erst danach zu vermarkten.
Als Vorbehandlungsmittel sind Chrysal VB und Rosal in der halben Konzentration, d. h. 1 ml/l bzw. 400 mg/l, verträglich.

Lagerung: Eine Lagerung dieser Schnittblume ist nach heutigem Kenntnisstand auszuschließen. Eine Konditionierung ist sinnvoll.

Auffrischen: Das Kochen der Stielenden hat in vielen Versuchen keine Haltbarkeitsverbesserung gebracht. Vielmehr sind eine schnell durchlaufene Vermarktungskette und kontinuierlicher BFH-Einsatz entscheidend – auch beim Verbraucher.

BFH: Da die Frischhaltekette nicht abreißen soll, ist es sinnvoll, dem Verbraucher BFH in kleinen Einheiten anzubieten. BFH, die neben der Blütengröße und der Blütenfarbe bei rosa und roten Sorten auch das Vasenleben insgesamt stark fördern, sind AAdural P (15 g/l), AAdural flüssig (30 ml/l) und Chrysal (12,5 g/l). Das Produkt Flora-Bric plus 16 g Zucker/l Wasser bringt gegenüber Wasser Vorteile, wirkt jedoch aggressiv auf das Blatt (Barendse 1980a).

Calendula

Zimmer (1968) stellte fest, daß in einer Florafrisch-Lösung (30 ml/l), der zusätzlich 12 g Zucker/l Wasser verabreicht werden, die Haltbarkeit von *Calendula* um 5 Tage gesteigert werden kann. Das Aufblühen von Nebenknospen wird durch die Wasserzusätze gefördert (Abb. 38). Allerdings werden die Laubblätter in dieser Lösung gelb. Die BFH Chrysal (12,5 g/l) und AAdural P (15 g/l) verbessern die Haltbarkeit einigermaßen. Eine 3 bis 6tägige Aufbewahrung bei 4 °C ist möglich (Post 1952).

Welken *Calendula* einmal, so hat dies negative Auswirkungen auf die Laub- und Blütenqualität. Daher ist es sinnvoll, sie nur in Wasser aufzubewahren und zu transportieren oder zumindest für einen Verdunstungsschutz (feuchte Zeitung, Folie) zu sorgen.

Callistephus

In der Regel sind Sommerastern gut haltbar und stehen etwa 10 Tage in der Vase, wenn sie frisch geschnitten sind.

Erntestadium: Astern werden geerntet, wenn sie fast voll erblüht sind. Ist sichergestellt, daß eine Behandlung mit zuckerhaltigen BFH erfolgt, so können die Blüten noch relativ weit geschlossen sein.

Abb. 38. *Calendula* 10 Tage nach dem Einstellen in unterschiedliche Lösungen. Von links nach rechts: Wasser, Zucker, Florafrisch, Florafrisch + Zucker (Zimmer 1968).

Konditionieren: Eine 15 bis 20stündige Konditionierung bei etwa 20 °C mit 25 mg Silbernitrat, 75 mg Citronensäure und 2% Zucker verdreifacht die Haltbarkeit nach anschließendem Umstellen in Wasser (Kofranek et al. 1978). Entsprechende BFH dürften eine ähnliche Wirkung zeigen.

Transport: *Callistephus* sind nicht besonders widerstandsfähig gegenüber trockener Aufbewahrung und sollten daher in Wasser stehend vermarktet werden. Transportzeiten bzw. Lagerzeiten von 4 Tagen bei 2 bis 7 °C vermindern das anschließende Vasenleben um etwa 3 bis 4 Tage, so daß bei einem Haltbarkeitspotential von 14 Tagen (nach Konditionierung!) beim Floristen bzw. Verbraucher noch etwa 10 Tage Lebensdauer erwartet werden können.

BFH: Die Anwendung von BFH verlängert die Haltbarkeit und fördert die Blütenentwicklung. Natriumhypochlorid ist offenbar für Astern nicht verträglich (Waters 1964a).

Cattleya

Über die Frischhaltung von *Cattleya* wissen wir sehr wenig. Auf alle Fälle muß die Blüte sofort in Wasser eingestellt werden. Vasen mit Cattleyen können maximal etwa 5 Tage bei 7 bis 10 °C aufbewahrt werden. Tiefere Temperaturen als 7 °C verursachen Kälteschäden zunächst in Form von Pollinienverbräunungen und Nekrosen auf der Lippe (Fischer 1953).

Chamaedorea elegans

Die gute Haltbarkeit von relativ frischen *Chamaedorea* ist mit BFH nicht zu verbessern. Geprüft wurden Blatt und Blüte (Overflor), Gabi-Blumenfrisch und Substral-Blumenfrisch. Die unter Praxisbedingungen (Floristenebene) behandelten Wedel hielten bei sofortigem Einstellen beim Floristen 23 Tage. Dann zeigten die jüngsten Blattspitzen Eintrocknungssymptome.

Lagerung: Nach zusätzlicher trockener Lagerung für 4 Tage bei 5 °C betrug das Vasenleben 16,5 Tage, nach 18tägiger Lagerdauer bei gleicher Temperatur noch

7 Tage. Ein Einstellen der Wedel in Blatt und Blüte, Compo-Blumenfrisch und 8-HQS (200 mg/l) nach der Lagerung bringt keine Vorteile, eher nimmt die Dauer des Vasenlebens durch den vorausgegangenen Lagerstreß ab. Ein 2minütiges Tauchen der Wedel in eine Kinetinlösung (20 mg/l) vor der Lagerung zeigte keine Wirkung.

Chrysanthemum-Indicum-Hybriden

Erntestadium: In der Regel werden die Chrysanthemen geerntet, wenn der terminale Blütenstand vollständig entwickelt ist. Das gilt für dekorative Sorten ebenso wie für die Spray-Typen. Wird zu früh geschnitten, so entfalten sich die Blütenstände in Wasser nicht vollständig. Die Ernte knospiger Chrysanthemen hat aber ohne Zweifel viele Vorteile. Für den Produzenten nämlich insofern, als leichter zu ernten – insbesondere bei großblumigen Sorten – und zu verpacken ist. Für den Transport bedeutet es, daß weniger Raum je Blume in den Kisten benötigt wird und sich das Versandgewicht insgesamt erniedrigt. Es gelingt heute, die knospig geerntete Ware nach der Ernte zum vollen Aufblühen zu bringen, sei es beim Produzenten, Floristen oder erst in der Vase des Verbrauchers. So ist es möglich, daß die volle Entfaltung der Blüten in den privaten Haushalten miterlebt werden kann. Durch Addition der Aufblühdauer, die sonst Gewächshausfläche in Anspruch nimmt, zur regulären Blühdauer (Tage vom Einstellen der aufgeblühten Chrysanthemen bis zum Verwelken) wird das Vasenleben insgesamt verlängert. Unter der Voraussetzung, daß die knospige Ware in eine angemessene Öffnungslösung gestellt wird, können dekorative Chrysanthemen geerntet werden, wenn die Knospe einen Durchmesser von ca. 5 bis 6 cm aufweist (Kofranek und Halevy 1972). Bei Spray-Typen soll sich die Terminalknospe gerade entfaltet haben, d. h. die Zungenblüten sich von der festen Knospe lösen (Carow 1978, van Meeteren 1972, Nichols 1975).

Ernteschnitt: Stark verholzte Stiele von Chrysanthemen – insbesondere aus der Freilandproduktion – begrenzen die Wasseraufnahme. Je näher der Schnitt an der Substratoberfläche ansetzt, d. h. je holziger das Stielende ist, um so schlechter ist die Wasserbilanz. Je höher der Schnitt liegt, um so weniger vermindert sich das Frischgewicht und um so besser ist die Haltbarkeit (Marousky 1973). Interessant ist, daß bei einem Schnitt direkt über dem Substrat 8-HQC keinerlei Verbesserung der Wasseraufnahme bewirkt, während dies bei höherem Schnittansatz stets der Fall ist (vgl. Abb. 19). Knospige Chrysanthemen dürfen nach der Ernte nicht welken. Je nach Welkegrad wird das Aufblühen mehr oder minder stark erschwert. Die Blütenformen sind dann weniger sortentypisch, bei ballförmigen Typen bleiben die Blütenstände sehr flach (Kofranek und Halevy 1972). Je eher also die Stiele nach der Ernte in Öffnungslösungen gestellt werden, desto besser ist die Blumenqualität nach dem Aufblühen.

Konditionieren: Im Gegensatz zu Nelken oder Gladiolen sind Chrysanthemen je nach Sorte mehr oder weniger zuckerempfindlich. Während die Blüte allein Zuckerkonzentrationen von 16 bis 20% vertragen kann, wird das Laub in der Regel frühzeitig welk und gelb, wenn die Lösung mehr als 20 bis 30 g Zucker/l Wasser (2 bis 3%ig) enthält. Einige Sorten wie z. B. 'Fred Shoesmith' und 'Rivalry' zeigen bei 5%iger Zuckerlösung noch keine Blattschäden. Jedoch ist auch hier eine Konditionierung nicht in dem Sinne durchführbar, daß nach 24stündigem Aufladen mit Zucker die Stiele nur noch in Wasser eingestellt werden müßten. In jedem Fall benötigt man für knospige Chrysanthemen heute noch Öffnungslösungen, in denen die Schnittblumen bis zum vollständigen Aufblühen der Terminalknospe stehenbleiben.

Öffnungslösungen: Abb. 39 zeigt, daß Chrysanthemenblüten problemlos geöffnet werden können. Wie auf diesem Foto zu sehen ist, wirkt Aluminium allein oder mit Silbernitrat ungünstig. Auch HQC bewirkt nachteilige Veränderungen an der Blume, wie z. B. eine schlechte Blütenform und auch andere Schädigungen (Gladon und Staby 1976), wenn es zusammen mit Zucker angeboten wird. Am besten eignen sich Silbernitrat und die Kombinationen aller hier verwendeten Mittel. Die zur Zeit hilfreichste Öffnungslösung ist 3% Zucker, 25 mg Silbernitrat/l Wasser, 75 mg Zitronensäure/l Wasser.

Diese Lösung, mit entsalztem oder destilliertem Wasser angesetzt, hat einen pH-Wert von 3,5. Die Öffnungsdauer in dieser Lösung hängt von der Temperatur ab (Nichols 1975). Je nach Sorte und Jahreszeit dauert die Öffnung vom 5,5-cm-Stadium etwa 5 bis 10 Tage.

Wie lange halten sich die Chrysanthemen, nachdem sie in einer Öffnungslösung aufgeblüht sind? Sie halten länger als solche, die sich an der intakten Pflanze öffnen konnten. Dies ist insbesondere im Winter der Fall, wenn die Pflanze unter Lichtmangel wächst. Tab. 40 zeigt einen Vergleich.

Tab. 40. Haltbarkeit (Tage) von im April geernteten Chrysanthemen (Blütendurchmesser 5,5 cm) nach unterschiedlichen Aufblühverfahren (Kofranek und Halevy 1972, gekürzt)

Behandlung	Sorte	
	Albatross (in 2 % Zucker)	Fred Shoesmith (in 5 % Zucker)
an der Pflanze geöffnet	8,6 b	14,1 b
in 25 mg Silbernitrat/l und 75 mg Citronensäure/l geöffnet	11,2 a	17,2 a

Die Öffnung der Knospen erfolgt am besten bei ca. 1000 Lux (24 Stunden), einer relativen Luftfeuchte von 40 bis 70% und einer Temperatur von 19 bis 21 °C (Kofranek und Halevy 1972). Der Erfolg mit Öffnungslösungen ist im Winter am eindeutigsten. In der Tat lassen sich in der lichtarmen Jahreszeit „Sommerqualitäten“ erzielen, wenn die Stiele nach der Ernte nicht welken und sofort in eine Öffnungslösung eingestellt werden. Die Entwicklung der Knospe geht schneller vonstatten als an der Pflanze, die Qualität ist besser. Versuche mit 'Hurricane' und 'Snowdon' (Butters 1975), 'Albatross', Fred Shoesmith', 'Streamer' und 'Bright Golden Anne' (Kofranek und Halevy 1972, Kofranek et al. 1972), 'Delmarvel', 'Pollyanne', 'Snow Crystal', 'Tuneful' und 'Yellow Bonnie Jean' (Nichols 1975), 'Miguel' (Carow 1978) und 'Rivalry' (Ott 1980) haben dies gezeigt. Wird Silbernitrat verwendet, so stellt man die Stiele zweckmäßigerweise nur 5 cm tief in die Lösung ein, damit die Schwarzfärbung des Stieles

Abb. 39. Blütenform und Blattstellung von Chrysanthemum 'Fred Shoesmith' in unterschiedlichen Öffnungslösungen. Alle Lösungen enthielten 5% Zucker. Oben v. l. n. r.: 50 mg Aluminium (Al) als Sulfat + 200 mg HQC (QC)/l, 25 mg Silbernitrat (Ag) + 200 mg HQC/l, 25 mg Silbernitrat + 50 mg Aluminium/l, 200 mg HQC/l. Unten v. l. n. r.: 25 mg Silbernitrat/l, 50 mg Aluminium/l, außer Zucker keine Zusätze, 25 mg Silbernitrat + 50 mg Aluminium + 200 mg HQC/l. (Kofranek und Halevy 1972).

durch Silbernitrat begrenzt bleibt (Kofranek et al. 1972). Um den Nachteil des Silbers zu umgehen, bietet sich Dichlorphen (25 mg/l) an (Tab. 41). Dieses Desinfektionsmittel ist auch aus Gesichtspunkten der Umwelthygiene vorzuziehen, wenngleich es sich als geringfügig wirkungsschwächer als Silbernitrat erwiesen hat (Carow 1978).

Tab. 41. Einfluß von 25 mg Dichlorphen und 20 g Zucker/l Wasser (Öffnungslösung) auf das Aufblühen knospig geschnittener Spray-Chrysanthemen (gekürzt nach Nichols, 1975).

Sorte	Behandlung	Knospendurchmesser zum Erntetermin (cm)	Öffnungsphase (Tage)	Blütendurchmesser zum Welketermin (cm)
'Yellow Crystal'	Öffnungslösung	1,2	9	9,1
	an der Pflanze	1,2	10	9,0
'Deep Tuneful'	Öffnungslösung	1,3	7	8,1
	an der Pflanze	1,3	7	7,4
'Fandango'	Öffnungslösung	1,6	7	6,7
	an der Pflanze	1,6	7	5,7

Handelsübliche BFH können ebenfalls zur Öffnung von Knospen herangezogen werden: Dabei ist für Chrysanthemen Aadural AK (30 g/l) offenbar besser wirksam als z. B. Nelkenknospenchrysal (45 g/l). Knospig geschnittene Chrysanthemen lassen sich auch nach trockener Lagerung bei Temperaturen um 0 °C mittels Öffnungslösungen zur vollen Blüte bringen.

Trockenlagerung: Bei 4 °C bedeutet 1 Tag trockener Lagerung einen Haltbarkeitsverlust von etwa 0,5 Tagen. Deswegen ist bei längerer Lagerung für eine Temperatur um 0 °C zu sorgen. Chrysanthemen lassen sich im geöffneten Zustand bei 0 °C bis –0,5 °C 2 Wochen lagern (Fischer 1953, Kofranek et al. 1975).
Knospig geschnittene Chrysanthemen entwickeln sich nach längerer Lagerung nicht mehr vollständig. Je weniger weit sie bei Lagerbeginn entwickelt sind, desto kürzer muß die Lagerdauer sein (Kofranek et al. 1975). Knospige Ware von dekorativen Sorten sollte daher wie folgt behandelt werden:

nicht lagern	bei Blütendurchmesser 5–6 cm
maximal 2 Wochen lagern (0,5 ± 1 °C)	bei Blütendurchmesser 7–10cm
maximal 3 Wochen lagern (0,5 ± 1 °C)	bei Blütendurchmesser 10–12cm

Wie sich Haltbarkeit und Qualitätsmerkmale mit zunehmender Lagerdauer verändern, zeigt Tab. 42.

Naßlagerung: Zwischen 0 und 6 °C sollten Chrysanthemen nicht länger als 5 bis 6 Tage in Wasser aufbewahrt werden. Eine Möglichkeit, das Aufblühen im Naßlager langsam ablaufen zu lassen, bietet das Einstellen von Chrysanthemen, z. B. 'Spider', in Aadural AK (30 g/l). Bei Temperaturen von etwa 2 °C können die Blumen nach 14 Tagen marktreif sein. Die anschließende Haltbarkeit in der Verbrauchervase ist dann noch ausgesprochen gut.

Tab. 42. Einfluß der Lagerdauer auf die Haltbarkeit und Qualität von Chrysanthemen 'Albatross' (9 cm Blütendurchmesser zum Erntetermin)
Öffnungslösung nach Lagerung: 2,5 % Zucker, 25 mg Silbernitrat/l, 75 mg Citronensäure/l (KOFRANEK, HALEVY und KUBOTA 1975, verändert)

Lagerdauer bei 0,5 °C (Wochen)	Haltbarkeit (Tage)	Blütendurchmesser (cm)	Frischgewicht der Blüte (g)	Blütenform 0 = sehr gut 3 = schlecht
0	18,3	15,1	48,2	0
2	14,8	13,9	44,1	1,0
3	14,0	13,9	51,8	0,5
4	10,0	13,5	47,7	2,3
5	6,0	13,4	47,3	2,3
LSD* 5 %	2,4	1,1	n.s.**	1,2

* kleinste signifikante Differenz, ** nicht signifikant

Auffrischen: Nach trockener Lagerung – auch nach kürzerer Zeit – empfiehlt sich ein Härten insofern, als sonst vielfach eine in der Vase beginnende Welkephase schlecht überwunden wird.

BFH: Obwohl Chrysanthemen im frisch geernteten Zustand eine relativ gute Haltbarkeit erwarten lassen, ist die Anwendung von BFH – insbesondere nach Lagerung und längerem Transport – von Vorteil. Das größte Problem dabei ist die Empfindlichkeit gegenüber stärker konzentrierten Zuckerlösungen und einigen Chemikalien (z. B. HQC). Deshalb empfiehlt es sich, Chrysanthemen in stark zuckerhaltige BFH nur kurzfristig einzustellen und dann wieder in Wasser zu überführen (z. B. bei Everbloom). Es gibt jedoch auch blattverträgliche BFH mit guter Wirkung, wie z. B. Aadural flüssig (30 ml/l), Aadural P (15 g/l), Nelkenchrysal (25 g/l) und Oasis Foral (21 g/l). Flora Bric zeigte sich für die Sorten 'Accent', 'Dramatic', 'Horim' und 'Clingo' als wirksam (BARENDSE 1980a).

Wasserqualität: Die Wechselwirkungen zwischen Qualität der Schnittblume, Wasserqualität und BFH können gerade bei Chrysanthemen relativ beeindruckende Ergebnisse hervorbringen. So fanden STABY und ERWIN (1978), daß verschiedene Herkünfte der gleichen Sorte in den USA allein schon enorme Haltbarkeitsdifferenzen zeigen können ('May Shoesmith' von A – 8 Tage, von B – 23 Tage haltbar). Andererseits kann die gleiche Herkunft in unterschiedlichem Wasser mit gleichem BFH ebenso große Haltbarkeitsdifferenzen aufweisen (3,2 Tage haltbar in Wasser A gegenüber 15,2 Tagen in Wasser B). In Mitteleuropa sind solche krassen Unterschiede bislang nicht bekannt geworden.

Convallaria

Durch BFH-Zusatz ist eine Haltbarkeitsverlängerung möglich (AARTS 1957, ZIMMER 1968). Lagerung – auch bei 0 °C – reduziert die ohnehin nicht sehr große Haltbarkeit (FISCHER 1953).

Cosmos

Die Haltbarkeit wird durch BFH-Anwendung gefördert (Aarts 1957, Zimmer 1968).

Crocosmia × crocosmiflora

Montbretien können 8 bis 10 Tage haltbar sein. Meist werden sie zu knospig geerntet. Da die Knospen ohnehin in Wasser schlecht aufblühen, ist der Einsatz von BFH sinnvoll. Leider zeigen die Blätter oftmals eine schnelle Verfärbung, wenn BFH eingesetzt werden. Während des Vermarktungsprozesses sollten Montbretien in Wasser stehen und nicht trocken liegen.

Cyclamen

Die Haltbarkeit frisch geernteter *Cyclamen* ist in der Regel sehr gut und beträgt je nach Jahreszeit und Sorte zwischen 2 und 5 Wochen.

Erntestadium: *Cyclamen* müssen voll aufgeblüt sein. Die Pollen sollen zum Erntetermin stäubefähig sein. Nicht voll entwickelte Blumen welken schnell. Da *Cyclamen* meist gezupft werden, muß vor dem Einstellen in Wasser ein Nachschnitt erfolgen, damit die verhärtete Stielbasis die Wasseraufnahme nicht behindert.

Lagerung: Gute Ausgangsqualitäten können etwa 10 Tage bei 1 bis 4 °C gelagert werden. Nach längerer Lagerdauer verfärben sich die Petalen vom Blattrand her (Otto 1968).

BFH: Wasserzusätze waren – außer 5% Zucker plus 25 mg Silbernitrat/l (Kohl 1972) – bisher nicht haltbarkeitsverlängernd, sondern vielmehr schädigend und stark haltbarkeitsmindernd (Zimmer 1968).

Cymbidium

Genotyp: Blütenstände von Cymbidien blühen von unten nach oben auf. An einer teilweise aufgeblühten Rispe ist daher die älteste Blüte am wenigsten haltbar. Aber nicht nur das unterschiedliche Alter der Einzelblüten macht die Heterogenität in der Haltbarkeit aus, sondern auch die Einzelblüten von unterschiedlichen Rispen einer Pflanze können eine stark variierende Lebensdauer zeigen (Sytsema und Barendse 1976, Barendse 1977). Das bedeutet gleichzeitig, daß ganze Rispen sehr unterschiedlich lange haltbar sein können. Cymbidien gehören generell zu jenen Schnittblumen, die relativ lange haltbar sind. Frühblühende, großblumige Cymbidien (Oktober bis Januar) zeigen jedoch eine recht große Streuung in ihrer Lebensdauer. Dies ist zum Teil genetisch bestimmt, aber auch durch Umweltfaktoren beeinflußt. Im Hinblick auf die Haltbarkeit kann zwischen 3 Gruppen von Genotypen unterschieden werden. Zur Spitzengruppe gehören z. B. die Hybriden Bakuby 'Long Beach' (bis 5 Wochen haltbar), Sirius 'Leo Giles', Kurun 'Troubador', San Miquel 'Limelight', Earlyana 'Primrose' (alle etwa 3 Wochen haltbar) und andere wie 'Bethlehem Majo', Vangard 'Mas Beauty', Velecab 'Pyrate'. Zur letzten Gruppe gehören z. B. Fuguae 'November Charme' (6 Tage) und Kurun 'Mongo' (7 Tage) (Sytsema und Barendse 1976, Barendse 1977, Barendse 1979a).

Mittelfrühe Cymbidien sind im allgemeinen besser haltbar. Das Sortiment der

Abb. 40. Frühblühende Cymbidien, links in Wasser, rechts in Chrysal-Lösung (Proefstation voor de Boemisterij, Aalsmeer).

mittelfrühen Cymbidien zeigt aber auch eine große Variationsbreite zwischen den Sorten. Während die frischen Einzelblüten der Spitzengruppe (z. B. Red Star 'Den Berg', Tapestry 'Long Beach', Gymer 'Nedehorst') über 30 Tage ansehnlich sind, zeigen andere Sorten nach 15 Tagen bereits Welkeerscheinungen (Barendse 1980b).

Ähnliche Verhältnisse findet man auch bei Mini-Cymbidien (Barendse 1978).

BFH: Generell hat auf alle Cymbidien Chrysal (11 bis 12,5 g/l) einen günstigen Einfluß. Stark gefördert werden die weniger haltbaren Typen. Daher besteht für Cymbidien, die an holländischen Veilingen angeliefert werden, eine Chrysal-Anwendungspflicht.

In Cymbidien-Kulturen werden hin und wieder Blüten beobachtet, die typische Anzeichen des Verblühens zeigen. So tritt z. B. bei rot-weißen Genotypen eine verwaschene Rotfärbung der Lippe auf. Offenbar handelt es sich dabei aber nicht um befruchtete Blüten, sondern um die Wirkung suboptimaler Temperaturen, wenngleich Cymbidien bei 10 bis 13 °C normalerweise keinen Schaden nehmen.

Dahlia

Genotyp: Die mittlere Lebensdauer beträgt durchschnittlich 4 bis 5 Tage. Dahlienblüten sind auch an der intakten Pflanze relativ schnell vergänglich, was mit ihrem intensiven Stoffwechsel zusammenhängt. Mit 50 mg Maleinsäurehydrazid/l Wasser ist es gelungen, die Atmung von Schnittdahlien herabzusetzen (Bar-Sella 1959). Außerdem wird Dahliengewebe sehr schnell von Mikroorganismen besiedelt, die vornehmlich das Stielende verstopfen.

Erntestadium: Dahlien werden am besten geerntet, wenn sie gerade voll aufgeblüht sind bzw. kurz davor. Überflüssige Blätter erschweren die Wasserversorgung der Blüte. Man sollte sie daher möglichst rasch entfernen.

Lagerung: Ein kurzfristiges Aufbewahren (1 bis 2 Tage) bei 4 °C ist möglich. Dahlien dürfen nicht trocken liegen, wenn das Haltbarkeitsmaximum angestrebt wird.

Auffrischen: Ein Einstellen in warmes Wasser (bis 50 °C) ergibt eine leichte Haltbarkeitsverbesserung. Ein Kochen der Stielenden dagegen wirkt sich negativ aus.

BFH: Wichtig ist, daß die Schnittstelle offen bleibt. Durch den Einsatz von AAdural flüssig (30 ml/l) bleiben Blüte und Blatt länger ansehnlich. Die Entwicklung von noch nicht ganz geöffneten Blüten wird durch Nelkenchrysal (25 g/l), etwas schwächer durch Chrysal (15 g/l), gefördert. Der Chrysalhersteller selbst empfiehlt Tulpen-Chrysal (25 g/l).

Dendrobium

Auffrischen: Das Eintauchen der Stielenden in kochendes Wasser (30 Sekunden) sofort nach der Ernte ist eine weit verbreitete Maßnahme. Der Nachweis einer Wirkung, die den Aufwand lohnen würde, steht noch aus.

BFH: Die Haltbarkeit von Dendrobien kann mit 100 mg 8-Hydroxychinolincitrat plus 20 g Zucker/l verbessert werden. Brauchbar sind nach Tests auf Hawaii auch Floralife und Oasis. Jedoch ist die Haltbarkeitsverbesserung nicht spektakulär (Kunisaki 1976).

Dianthus caryophyllus

Genotyp: Generell spielen für die Haltbarkeit von Nelken genetische Einflüsse eine viel geringere Rolle als Umweltfaktoren. Durch Lagerung und längeren Transport im Welthandel werden die Sorteneigentümlichkeiten meistens überdeckt. Bei genauer Sicht, z. B. in Versuchen, treten natürlich unterschiedliche Reaktionen auf. So öffnen sich beispielsweise die Sorten unterschiedlich schnell. Dies zeigt Tab. 43.

Tab. 43. Tage bis zum Aufblühen von festen, knospigen Nelken in Abhängigkeit von der Sorte (Nichols 1974, vereinfacht).

Sim-Sorte	Vasenwasser	
	ohne Zucker	mit Zucker
White	6,4*	5,2
Red	5,8	4,7
Pink	5,4	4,1

* in Wasser gehen einige Knospen nicht auf.

Erntestadium: Großblumige Nelken sind dann erntereif, wenn die Blütenblätter etwa 3 cm lang aus dem Kelch gewachsen sind. Spray-Nelken werden geschnitten, wenn der Haupttrieb eine geöffnete Blüte aufweist und an 2 Nebentrieben jeweils 1 Knospe ca. 1 cm lange Petalen zeigt. Je höher die Trockensubstanz zur Zeit der Ernte ist, desto besser ist die Haltbarkeit. Sich biegende Stiele, die insbesondere im Winter auftreten, sind genau besehen eine Folge des Zuckermangels, da dadurch die Saugkraft des Gewebes erniedrigt ist und es somit zu Wassermangel kommt (HANAN 1964).

Werden Öffnungslösungen verwendet, so können die Blüten zum Erntetermin sehr viel knospiger, d. h. geschlossener, geschnitten werden.

Konditionieren: Nelken reagieren schnell und nachhaltig auf Wasseradditive. Auch ein kurzfristiges Einstellen in eine 12%ige Zuckerlösung (24 Stunden) erhöht die Haltbarkeit, wenn die Stiele anschließend in Leitungswasser stehen (NICHOLS 1974). Der Bedeutung von Nelken entsprechend sind in den größeren Anbaugebieten verschiedene Konditionierungslösungen bzw. -methoden entwickelt worden, welche allesamt zu guten Ergebnissen führen. Sowohl das kurzfristige Imprägnieren der Stielenden in einer 0,1%igen Silbernitrat-Lösung mit einem hohen Zuckerangebot nach dem Transport, wie auch das vollständige Aufladen mit Zucker- und Antialterungssubstanzen vor dem Transport sind effektiv. So werden z. B. in Israel knospige Spray-Nelken mit TOG (300 mg einer 8-HQ-Verbindung plus 300 mg Thiabendazol plus 100 g Zucker/l Wasser) konditioniert. Die Entwicklung von Nelken-VB durch den Chrysal-Hersteller Bendien in Holland basiert auf dem hervorragenden Anti-Äthyleneffekt von Silberthiosulfat. In einer Lösung von Silberthiosulfat (0,2 mmol $AgNO_3$ + 1,6 mmol $Na_2S_2O_3 \cdot 5\ H_2O$) können Nelken ohne Schäden 4 Tage bei 4 bis 9 °C stehen. Bei 20 °C reicht eine Aufnahmezeit von 24 Stunden aus. Spray-Nelken reagieren auf Silberthiosulfat weniger spektakulär als die großblumigen, sogenannte Standard-Nelken. In idealen Fällen kann die Verlängerung des Vasenlebens – nach eingeschlossenem, 24stündigem Transport bei 10 °C – eine Woche betragen. Bei 4 °C ergaben kürzere Konditionierungszeiten mit Silberthiosulfat geringere Haltbarkeit in der Vase. Erfolgt die Konditionierung bei etwa 20 °C, so reicht eine 2stündige Behandlung aus (SYTSEMA 1979). Lösungen mit Nelken-VB sind in der Praxis etwa 1 Woche brauchbar.

SYTSEMA (1980) fand bei Standard-Nelken eine mittlere Haltbarkeitsverlängerung in den Wintermonaten von 6,2 auf 14,1 Tage, bei Spray-Nelken von 10,7 auf 12,2 Tage. Bei Spray-Nelken treten offenbar noch deutliche Sortenunterschiede hinzu. Möglicherweise liegen bei diesen Nelken andere Transpirationsverhältnisse vor, so daß während der Einstelldauer unterschiedliche Ag-Mengen aufgenommen werden (vgl. Seite 109).

Nelken können nach dem Konditionieren und nach 24stündigem, trockenem Transport bei 22 °C ebenso langes Vasenleben zeigen wie frisch geschnittene Blumen, während sie ohne diese Maßnahmen 2 bis 2,5 Tage weniger lang haltbar sind. Werden konditionierte Nelken nach dem Verpacken in Kartons schnell gekühlt und bei 4 °C 4 Tage lang in isolierten Kartons transportiert, so sind sie bis zu 4 Tage länger haltbar als frisch geschnittene, nicht konditionierte (HALEVY et al. 1978).

Öffnungslösungen: Das Öffnen von Nelkenknospen ist eingehend untersucht. Die erste Arbeit von KOHL und SMITH (1960) löste eine weltweite Untersuchungsflut aus (BOSSE 1973, BUYS 1970, FARNHAM et al. 1973, FARNHAM und UCHIDA 1974, HOLLEY 1964, HOLLEY und CHENG 1967, KOFRANEK et al. 1972, KOFRANEK und KUBOTA 1972, NICHOLS 1974, SYTSEMA 1970).

Wichtigste Komponente in der Öffnungslösung ist der Zucker (40 bis 100 g/l).

Öffnungsbedingungen und Öffnungsdauer: Nelken können in einem sehr frühen Stadium geerntet und in Öffnungslösungen voll entwickelt werden. Je fester und kleiner die Knospe ist, um so größer sind die Anforderungen an Öffnungslösungen und Klimafaktoren. Cywinska-Smoter et al. (1978) zeigten, daß die Knospe noch nicht einmal 1 cm lang sein muß, um sich voll entwickeln zu können.

Für praktische Belange sollte die Knospe aber etwas Farbe zeigen. Sicherer ist es, wenn die Petalen etwa 0,5 cm aus dem Kelch herausschauen. Je weiter das Entwicklungsstadium der Blüte fortgeschritten ist, desto kürzer ist naturgemäß die Öffnungsdauer. Bezieht man diese Aufblühperiode mit in das Vasenleben der Nelke ein, so ist es nur von Vorteil, wenn knospig geschnitten wird. Dies zeigt Tab. 44.

Da sich sowohl Haltbarkeit als auch Blütendurchmesser nach der Öffnung (Tab. 44) nicht signifikant unterscheiden, kann praktisch in jedem der gezeigten Knospenstadien geerntet werden, wenn die entsprechende Öffnungslösung angewandt wird.

Tab. 44 Aufblühdauer (Tage) und Haltbarkeit (Tage) von Nelken in Abhängigkeit vom Entwicklungszustand (Kofranek und Kubota 1972, verändert)
Öffnungslösung: 200 ppm HQC, 25 ppm Siilbernitrat, 50 ppm Aluminium als Sulfat, 10% Zucker

Knospenstadium

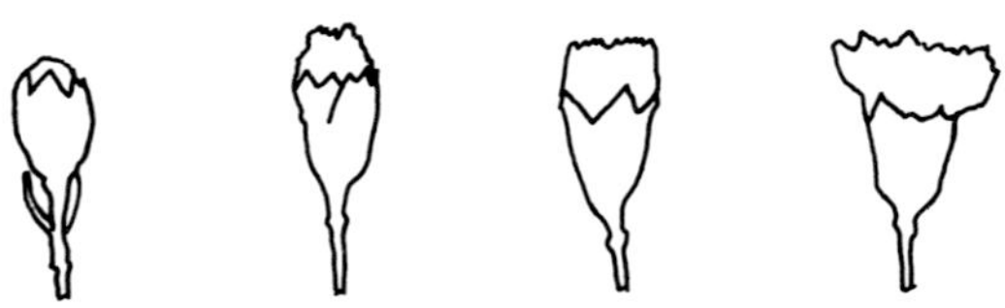

	1	2	3	4
Tage bis zur Öffnung (21° C)	5,5	4,1	3,2	1,9
Haltbarkeit (Tage) nach Öffnung	7,7	8,4	8,2	8,9
Öffnungsphase + Haltbarkeit danach (Tage)	13,2	12,5	11,4	10,8
Blütendurchmesser (cm)	9,7	9,4	9,5	9,4

Mit zunehmender Temperatur nimmt die Öffnungsdauer, wie auch die anschließende Haltbarkeit der geöffneten Blüte, ab. Da jedoch der spätere Haltbarkeitsverlust bei höheren Temperaturen im Vergleich zur erreichbaren Dauer des Vasenlebens gering ist, wird es in der Regel ökonomischer sein, Nelken bei höheren Temperaturen zu öffnen. Bei einer Lufttemperatur von 13 bis 15 °C beträgt die Öffnungsdauer etwa 12 Tage, bei 23 °C nur noch 5 Tage. Die Öffnungsdauer schwankt um 1 bis 2 Tage je nach Sorte (vgl. Tab. 43) und Jahreszeit, d. h. nach physiologischer Konstitution der Schnittblume. Unter mitteleuropäischen Verhältnissen dauert die Knospenentwicklung in den Monaten März und April etwas länger. Knospige Nelken können auch nach einer trockenen Lagerung geöffnet werden.

Öffnungspräparate: Als Öffnungsmittel für Nelken sind speziell Nelkenknospenchrysal (45 g/l) und AAdural AK (40 g/l) entwickelt worden. Die Wirkung von Nelkenknospenchrysal (NKC) zeigen Untersuchungen von CRÖSSMANN und ZIMMER (1970).

Nach dem Einstellen frischer und gelagerter Nelken in die Vase wurden 4 Tage lang 27 °C gehalten, um das Aufblühen zu beschleunigen. Anschließend wurde die Haltbarkeit bei 12 bis 20 °C gemessen. NKC wirkte am besten, wenn die knospigen Nelken sofort nach Ernte bzw. Lagerung eingestellt wurden und wenn sie auch während der Haltbarkeitsprüfung in diesem Mittel standen. Dies zeigt Tab. 45.

Tab. 45. Welkebeginn (Tage nach Einstellen in die Vase) von knospigen Nelken 'William Sim' in Abhängigkeit von der Lagerdauer und der Anwendung von Nelkenknospenchrysal (Crößmann und Zimmer 1970, verändert)

Behandlung während 4 Tage bei 27° C	Haltbarkeitsprüfung	Lagerdauer (Stunden) bei 0,5 °C		
		0	24	48
Wasser	Wasser	4,6	4,8	3,5
Wasser	NKC	5,4	3,6	4,4
NKC	Wasser	8,2	8,2	8,3
NKC	NKC	13,4	11,7	13,2

NKC-Anwendung in den ersten 4 Tagen führte zur Vergrößerung des Blütendurchmessers um fast 3 cm und erhöhte den Wasserverbrauch erheblich. 48 Stunden lang gelagerte Nelken nahmen innerhalb von 6 Tagen nach dem Einstellen in die Vase bei NKC-Zusatz 6mal so viel Flüssigkeit auf als in Wasser eingestellte Nelken (CRÖSSMANN und ZIMMER 1970). Dieser hohe Wasserbedarf der Nelken in NKC-Lösung kann dazu führen, daß die Stielenden nicht mehr in der Lösung stehen und antrocknen. Bei den hohen »Aufblühtemperaturen« (über 20 °C!) führt dies zum raschen Zerfall der Blumen. Es ist daher stets darauf zu achten, daß die Nelken während der Öffnungsphase immer „Öffnungslösung" aufnehmen können.

Je Nelke werden durchschnittlich 10 ml Lösung verbraucht.

Als Öffnungspräparate sind auch Floralife (40 g/l) und die 2fache Konzentration von Proflovit-72 (NOWAK und RUDNICKI 1978) brauchbar, sowie z. B. in Tab. 44 angegebene Mixturen.

Lagerung: Im Naßlager können Nelken 4 bis 5 Tage bei 2 bis 5 °C ohne merklichen Qualitätsverlust in sauberem Wasser aufbewahrt werden. Längere Aufbewahrung und höhere Temperaturen vermindern die Qualität und die Dauer des

Vasenlebens deutlich. Bei 3 bis 4tägiger Aufbewahrung in einer Silberthiosulfat-Lösung (Nelken-VB) wird die Haltbarkeit von Standard-Nelken stark verlängert (vgl. bei Konditionierung). Verwendet man für knospige Nelken z.B. AAdural AK im Lager, so können diese bei 2 bis 5 °C etwa 10 Tage darin aufbewahrt werden, wobei die Knospenentwicklung voranschreitet. Rote Sorten können allerdings bei diesen Temperaturen blaue Petalenränder bekommen. Bei diesen Sorten muß die Temperatur auf 5 bis 10 °C erhöht und die Lagerdauer auf 1 bis 2 Tage herabgesetzt werden.

Die Trockenlagerung wird am besten bei 0 °C durchgeführt, wobei ein gleichmäßiger Temperaturverlauf gegeben sein muß (Maxie et al. 1974). Mit dieser Methode können Nelken je nach Zustand und Maßnahmen zur Äthylenbeseitigung zwischen 3 und maximal 10 Wochen gelagert werden (Besemer 1975, Hanan 1967, Holley und Cheng 1967, Kofranek et al. 1972, Mastalerz 1953, Neff 1939, Otto 1967, 1968). Da jedoch jede Woche Lagerzeit die Haltbarkeit um 1 Tag erniedrigt (Lancaster 1975), sollte im normalen Kühllager das Lagergut nach 4 Wochen geräumt werden. Knospige Nelken, die nicht sofort in Öffnungslösungen eingestellt werden sollen, können z.B. übers Wochenende bei 0 bis 1 °C in Folie (maximal 0,07 mm) gelagert und in der folgenden Woche nach und nach in geeigneten Lösungen zur Blüte gebracht werden. Die Lagerung knospiger Nelken ist von Vorteil, (Barden und Hanan 1972, Hardenburg et al. 1970, Hopkins und Holley 1963) und kann bei 0 bis 0,5 °C durchaus 4 Wochen dauern.

Noch zu öffnende Nelken bei 0 °C lagern.

Das Öffnen der Knospen nach der Lagerung bringt keine nennbaren Nachteile hinsichtlich Aufblühen und Haltbarkeit (Farnham et al. 1973, Hardenburg et al. 1970, Sytsema 1970). Da die Knospenentwicklung im Lager langsam voranschreitet, ist die Öffnungsdauer kürzer als bei frisch geschnittenen Nelken. Die Temperatur um 0 °C ist bei diesem Verfahren streng einzuhalten. Bei höheren Temperaturen, wie z.B 4,5 °C, kann nach 3 Wochen keine verkäufliche Ware mehr aus dem Lager genommen werden. Auch die besten Öffnungslösungen bringen dann keinen Erfolg.

BFH: Die Haltbarkeit von Nelken ist mit BFH ohne Schwierigkeiten zu verbessern. Eine Vielzahl von Substanzen ist wirksam.

Die Behandlungen zeigen bei Nelken offenbar zu jeder Jahreszeit eine haltbarkeitsverlängernde Wirkung (Paul et al. 1977), wobei aber je nach Breitengrad qualitative Unterschiede auftreten.

Nelken in guter Konstitution können beim Floristen und in den privaten Haushalten sehr lange halten. Als Vasenmittel sind geeignet: Nelken-Chrysal (25 g/l), AAdural AK (30 g/l), Blatt und Blüte (25 ml/l), Substral-Blumenfrisch (30 ml/l), Compo-Blumenfrisch (20 ml/l). Auch Flora-Bric plus 16 g Zucker ist für Spray-Nelken anwendbar. In Kombination mit Zucker hat auch Koniferenextrakt haltbarkeitsfördernde Wirkung (Pritula 1978).

Auch bei Nelken kann Zucker allein keine Verbesserung der Haltbarkeit bewirken. Wichtig ist in jedem Fall der Zusatz eines Mikroorganismenhemmers. Wie stark z.B. 8-HQC (400 mg/l) + Zucker (40 g/l) das Vasenleben verlängert, zeigt Abb. 41.

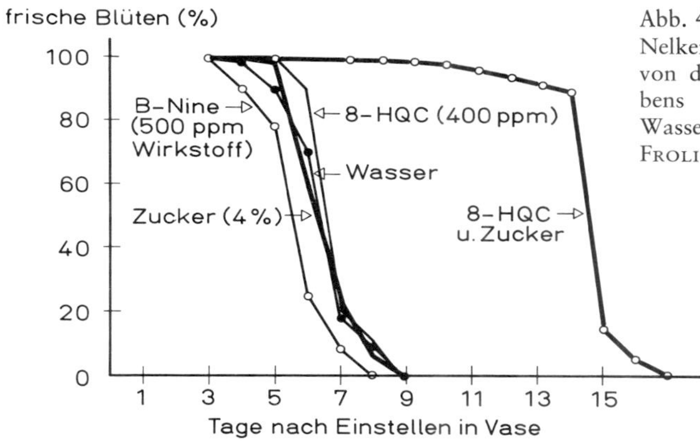

Abb. 41. Prozentsatz frischer Nelkenblüten in Abhängigkeit von der Dauer des Vasenlebens bei unterschiedlichen Wasserzusätzen (LARSEN und FROLICH 1969, vereinfacht).

Eintagsblüher

Die relativ kurze Lebensdauer der Blüten von sogenannten Eintagsblühern *(Portulaca, Oenothera, Helianthemum)* kann verfünffacht werden, wenn die Blütenstiele dicht unterhalb des Kelches entfernt und die geöffneten Blüten auf einen mit Wasser gefüllten Teller gelegt werden.

Eremurus

Erntestadium: Für *Eremurus* läßt sich streng genommen kein ideales Erntestadium angeben. Erntet man, wenn der Blütenstand etwa halb aufgeblüht ist, so beginnen die ersten, ältesten Blüten bereits Welkeerscheinungen zu zeigen. Erntet man sehr früh, dann krümmen sich die Blütenstände oftmals in unangenehmer Weise und knicken in Wasser meist im Laufe weniger Tage ab. Mittels Konditionierung jedoch kann eine Blühdauer und Blühintensität wie an intakten Pflanzen erreicht werden. Wird konditioniert, so kann der Schnitt kurz vor dem Öffnen der ersten Knospe erfolgen.

Konditionieren: Durch 24- bzw. 48stündiges Konditionieren in 20%iger Zuckerlösung incl. Bakterizid (400 mg 8-HQS oder 2 ml Chrysal VB/l Wasser) erfolgt ein ausgezeichnetes Aufblühen (800 Einzelblüten entfalten sich), wenn die Stiele nach der Konditionierung in Leitungswasser eingestellt werden. Das Umknicken durch Welkeerscheinungen wird nachhaltig verhindert. Die Aufblühphase wird gegenüber Wasser verlängert, die Zahl der sich entfaltenden Blüten um ca. 30% erhöht. Damit wird eine Aufblühreaktion und eine Haltbarkeit (maximale Blühdauer 19 Tage bei 20 bis 22 °C) wie an der intakten, im Felde stehenden Pflanze erreicht. Die Wirkung der Konditionierung zeigt Abb. 42.

Auch eine Konditionierung in 5%iger Zuckerlösung ist möglich und zeigt, wenngleich gegenüber 20%iger Lösung abgeschwächt, eine gute Wirkung. *Eremurus* sind offenbar sehr zuckerverträgliche Schnittblumen, so daß sie auch länger als 48 Stunden in hochkonzentrierten Zuckerlösungen stehen können (KREBS und ZIMMER 1977). Nach dem Konditionieren können die Stiele in normales Leitungswasser gestellt werden.

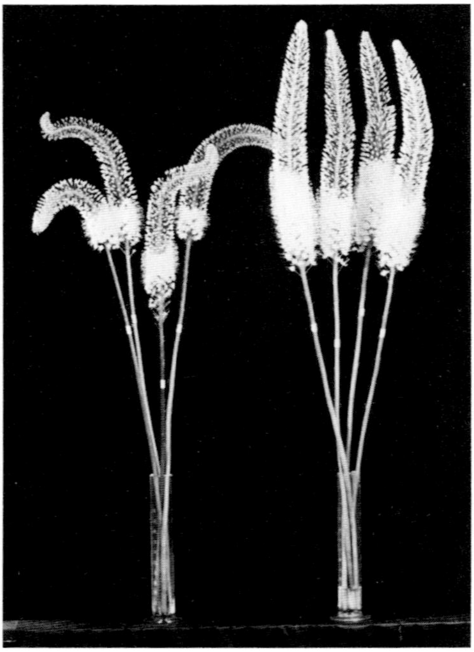

Abb. 42. *Eremurus stenophyllus* var. *bungei* in Wasser ohne Konditionierung (links) und mit 48stündiger Konditionierung in 20 %iger Zuckerlösung (rechts) (KREBS und ZIMMER 1977).

BFH: Für eine Dauerbehandlung in der Vase des Floristen oder am Standort des Arrangements eignen sich AAdural AK (30 g/l), Substral-Blumenfrisch (30 ml/l), AAdural flüssig (30 ml/l), AAdural P (15 g/l), Chrysal (12,5 g/l), Compo-Blumenfrisch (20 ml/l) und 2 ml Chrysal VB + 25 g Zucker/l.

Euphorbia fulgens

Genotyp: Die Haltbarkeitsprobleme mit der Korallranke sind praktisch unabhängig von der Sorte. Blattvergilbung, Blattfall, Knospenabwurf und Verblassen der Blütenfarbe sind die typischen Alterungs- bzw. Seneszenserscheinungen.

Erntestadium: Diese *Euphorbia* soll erst geerntet werden, wenn mindestens etwa 60% der Knospen voll geöffnet sind und auch die jüngeren Blütenstände an der Triebspitze Farbe zeigen. Bei späterer Ernte fallen die älteren Organe eher ab, bei vorzeitigerem Schnitt kommt es oftmals schnell zu welkenden Triebspitzen und trockenen Blütenständen.

Ernteschnitt: Aus arbeitstechnischen und physiologischen Gründen ist es sinnvoll, den Milchsaftfluß aus dem Stielende zu unterbinden. Zu diesem Zweck können die Stielenden 1 bis 2 Sekunden in kochendes oder, aus praktischen Gründen, besser in handwarmes Wasser getaucht werden (vgl. S. 152). In manchen Fällen führt diese Maßnahme zu längerer Haltbarkeit, obwohl die Anwesenheit des Milchsaftes im Wasser offenbar keinen negativen Einfluß auf die Haltbarkeit hat (SYTSEMA 1975b, 1976c). Vor dem Transport sollten sich die Blumen bei 9 °C oder darüber mit Wasser vollsaugen können. Das kurzfristige Einstellen in Wasser mit pH 2,8 bis 3,0 hat sich als günstig erwiesen (STADEN et al. 1980b).

Lagerung: *E. fulgens* trägt während der Aufbewahrung bei 1 bis 4 °C nach 3 Tagen deutliche Kälteschäden davon (ANDERSEN et al. 1974). Schon nach 4 Stunden bei 2 °C können sich die Ränder der Hochblätter verfärben.

Temperaturen über 9 °C rufen solche Erscheinungen nicht mehr hervor. Bei dieser Temperatur können die Blumen maximal 5 Tage aufbewahrt werden.

Auffrischen: Nach dem Transport ist es sinnvoll, die Stielenden nachzuschneiden und eventuell kurz in heißes Wasser zu tauchen. Bei 9 °C Lufttemperatur oder darüber können welke Blumen für einige Stunden gehärtet werden.

BFH: Eine kontinuierliche Anwendung von BFH hat sich als günstig erwiesen, wenngleich eine volle Verträglichkeit gegenüber Handelsprodukten nicht gegeben ist. Jedoch ist der Blattfall geringer und die Knospen blühen in der Regel besser auf. Dies zeigt Abb. 43. Die Wahl des BFH und die Konzentration sind für diese Schnittblume wichtig. Um Blattschäden zu vermeiden, empfiehlt es sich im allgemeinen, halbe Aufwandmengen zu verwenden: 2 ml Chrysal VB + 12,5 g Zucker, Nelken-Chrysal (12,5 g/l), AAdural P (7,5 bis 15 g/l), Compo-Blumenfrisch (20 bis 30 ml/l). Versuche, die Haltbarkeit mittels Benzylinopurin (BAP) zu verbessern, blieben ohne Erfolg (SYTSEMA 1975b), während offenbar Gibberellinsäure (5 bis 10 mg/l) eine stark positive Wirkung auf Blüten- und Blatthaltbarkeit ausübt (STADEN et al. 1980c).

Euphorbia pulcherrima

Kultur: Die Haltbarkeit von Poinsettien ist über die Düngung zu beeinflussen. Hohe Gaben quellender Ionen, z. B. Kalium, verzögern das Welken nach der Ernte erheblich.

Abb. 43. *Euphorbia fulgens* mit BFH (Compo-Blumenfrisch 30 ml/l) rechts und ohne BFH (links) nach 12 Tagen Vasenleben (HERMANN 1974).

Kommen Poinsettien schnell in die Verbrauchervase und wird dort eine BFH-Lösung in richtiger Konzentration angeboten, so können diese Blumen ohne weiteres 10 Tage ansehnlich sein.

Erntestadium: Der Schnitt erfolgt, wenn die Cyathien aufgeblüht und die Staubgefäße sichtbar sind. Hinsichtlich der Milchsaftgerinnung werden Poinsettien wie *Euphorbia fulgens* behandelt. Die Dauer des Eintauchens in Wasser hängt von der Wassertemperatur ab. Dies zeigt Tab. 46.

Tab. 46. Dauer des Milchsaftflusses bei *Euphorbia pulcherrima* in Abhängigkeit von der Wassertemperatur (SYSTEMA 1967).

Wasser 0 °C	Dauer in s
60–70	60
75	25
80	15
90	10
95	3
100	1

Im statistischen Mittel – bei erheblichen Streuungen – halten Poinsettien länger, wenn die Wurzeln am Stengel verbleiben und vor dem Einstellen ausgewaschen werden. Dieser Vorteil ist nur dann gegeben, wenn die Wurzeln nicht trocken werden. Es spielt offenbar keine Rolle, ob die Stiele aus dem Pflanzbeet gezogen oder ob bei Topfkultur die Wurzeln beim Austopfen geschont werden (JUNGBAUER 1974).

Wasserqualtität: Die Brakteen sind gegenüber Fluor empfindlich und werden bereits durch 1 mg Fluor/l Wasser geschädigt. Die Blattrandschäden sind stärker, wenn durch Zusatz von Bakteriziden oder BFH die Wasseraufnahme verbessert wird und damit größere Fluormengen in die Blätter gelangen (WOLTZ und MAROUSKY 1972).

Konditionieren: Es ist hilfreich, Poinsettien vor dem Transport – sofern er trocken durchgeführt wird – einige Stunden zu härten, wobei die Wassertemperatur 40 °C betragen kann.

Lagerung: Poinsettien sind nicht unter 15 °C aufzustellen, da sonst schneller Blattfall auftritt. Da die Haltbarkeit selten mehr als eine Woche beträgt – in vielen Fällen beginnt schon am 2. Tag der Blattfall – sollten diese Blumen den Verbraucher so schnell wie möglich erreichen.

Transport: Die Zeit, in der die Stiele nicht im Wasser stehen, soll so kurz wie möglich sein.

Auffrischen: Das Einstellen (Stielhöhe 15 bis 20 cm) in 40 bis 50 °C warmes Wasser bei einer Lufttemperatur von etwa 12 bis 15 °C nach dem Nachschnitt verzögert das Welken in der Floristen- bzw. Verbrauchervase. Ist die Poinsettie beim Produzenten richtig behandelt worden und der Milchsaft in den unteren 10 cm des Stieles geronnen, so kann man sich eine nochmalige Warmwasserbehandlung sparen, wenn nur etwa 3 bis 5 cm vom Stielende abgeschnitten werden.

BFH: 50 bis 100 mg Chlorhexidindiacetat/l (Hibitan) verzögern das Welken, indem die Wasseraufnahme verbessert wird (Münch und Fritzsche 1979). Vermutlich haben andere Bakterizide in der geeigneten Konzentration eine ähnliche Wirkung, wie z. B. 0,3 ml einer 15%igen Natriumhypochloridlösung. Aber auch das Absenken des pH-Wertes auf etwa 4,0 bringt eine verbesserte Haltbarkeit. Auf diesem Effekt und auf der geringen Zuckerkonzentration basiert die recht gute Wirkung von halben Aufwandmengen der Produkte Etisso-Rosenfrisch (10 ml/l), Substral-Blumenfrisch (15 ml/l), Compo-Blumenfrisch (10 ml/l) und Chrysal (7,5 g/l). Diese BFH wirken relativ blattschonend und können auch schon in den Gefäßen beim Produzenten die Grundlage für eine maximale Haltbarkeit legen.

Farne

Ein wirklich wertvolles Schnittgrün wäre der Farn *Adiantum*, wenn die Lebensdauer nach dem Schnitt von etwa 3 Tagen auf 7 bis 10 Tage verlängert werden könnte. Offenbar gelingt dies mit einem schwedischen Spezialpräparat „Florissant", wenn die *Adiantum*-Stiele beim Produzenten sofort nach dem Schnitt 40 bis 60 Sekunden in eine heiße, 0,5%ige Lösung getaucht werden. Eine Haltbarkeit von 14 bis maximal 20 Tagen in Wasser wird durch diese Maßnahme vom Florissant-Hersteller garantiert.

Der Lederfarn, *Arachnoides adiantiformis*, mit seiner an sich guten Haltbarkeit (etwa 4 Wochen), reagiert auf die bisher geprüften BFH praktisch nicht und ist daher auch für den sogenannten Bunten Strauß – auch wenn dieser in eine BFH-Lösung eingestellt wird – ein geeignetes Bindegrün.

Der Schwertfarn, *Polystichum munitum*, ist normalerweise in Wasser, je nach Luftfeuchte des Standortes, gut bis sehr gut haltbar. Er reagiert aber nach langem Transport, d. h. auch nach langer, trockener Lagerung, nicht nur auf trockene Luft, sondern auch auf zuckerhaltiges Wasser empfindlich. Dabei nimmt das Einrollen der Fiederblättchen mit zunehmender Lagerdauer und steigender Zuckerkonzentration rasch zu (Abb. 44). 1%ige Lösungen werden von den Wedeln noch leidlich

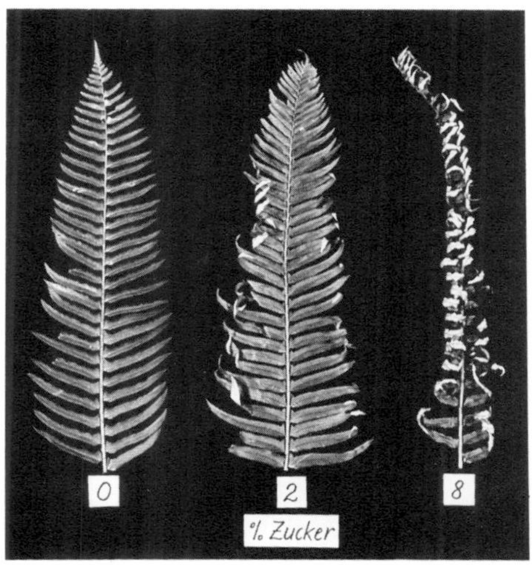

Abb. 44. Einrollen der Fiederblätter des Schwertfarns in Abhängigkeit von der Zuckerkonzentration im Vasenwasser (Carow 1978).

toleriert (Carow 1978). Da sich ein täglicher Nachschnitt der Mittelrippe sowie der Einsatz von 25 mg $AgNO_3$/l bzw. 75 mg Zitronensäure/l bewährt haben, muß angenommen werden, daß das Stielende sehr schnell durch physiologische oder bakterielle Blockade wasserundurchlässig wird.

Können sich *Pteris* nach erfolgtem Schnitt bei 4 °C für 10 bis 20 Stunden in Wasser eingestellt vollsaugen und dauert die anschließende Trockenperiode (Transport → Markt → Transport → Florist) nicht länger als etwa 2 Tage, so können die meisten *Pteris*-Arten bzw. -Sorten in Wasser ein gut haltbares Beiwerk sein (Barendse 1979a):

Pteris 'Roweri'	22 Tage
Pteris 'Ovardit'	19 Tage
Pteris 'Longiflora'	13 Tage
Pteris 'Altbolineata'	13 Tage
Pteris 'Wimsettii'	10 Tage
Pteris umbrosa	12 Tage
Pteris ensiformis 'Evergemiensis'	11 Tage
Pteris 'Parkeri'	10 Tage
Pteris argyrea	7 Tage
Pteris cretica 'Mayi'	6 Tage
Pteris 'Rivertonia'	5 Tage
Pteris 'Faurei'	4 Tage

Nephrolepis cordifolia und *N. exaltata* sind in frisch geschnittenem Zustand etwa 14 Tage haltbar. Trockene Aufbewahrung fördert den vorzeitigen Abwurf der Fiederblättchen.

Freesia

Erntestadium: Das Standard-Stadium für den Ernteschnitt ist dann erreicht, wenn die älteste Blüte gut gefärbt, aber noch geschlossen ist und die beiden folgenden Knospen die sortentypische Farbe erkennen lassen. Wird eine Öffnungslösung angewandt, insbesondere beim Schnitt am Wochenende, so kann die erste Knospe noch grün sein und etwa 1 Woche vor dem regulären Erntetermin geschnitten werden.

Konditionieren: Ein kurzfristiges Einstellen in AAdural AK (30 g/l) zeigt bereits positive Nachwirkungen.

Öffnungslösungen: Mit AAdural AK (30 bis 40 g/l) lassen sich Freesienknospen öffnen bzw. zur Verkaufsreife bringen. Je nach Temperatur geht das Öffnen langsam oder schnell. Dies zeigt Tab. 47.

Lagerung: Im Naßlager bei 0 bis 1 °C können Freesien maximal 10 Tage stehen, bei 3 bis 4 °C nur noch 5 Tage. Eine Trockenlagerung sollte höchstens für 2 Tage bei 0 bis 1 °C erfolgen, maximal 1 Tag bei 3 bis 7 °C.

Verpackung: Bereits abends verpackte Freesien verlieren bis zur Vermarktung am folgenden Morgen etwa 6% ihres Gewichts gegenüber morgens verpackten Blüten. Während des Vermarktungsprozesses (Verteilung) gehen nochmals 3% des Gewichts verloren.

BFH: AAdural AK (30 g/l) für relativ knospige Freesien, AAdural flüssig (30 ml/l), AAdural P (15 g/l), Compo-Blumenfrisch (20 ml/l).

Tab. 47. Aufblühen von „grünen“ Freesien in AAdural AK (40 g/l) in Abhängigkeit von der Temperatur (gekürzt nach BARENSE 1975 c)

Temperatur	Verkaufsreif nach Tagen	% aufblühende Knospen am Kamm	Haltbarkeit in Wasser (Tage)
2 °C	8	96	8,0
5 °C	7	97	9,5
9 °C	4	99	9,0
13 °C	3	100	9,7
17 °C	1	96	8,7
Kontrolle (reif geerntet	0	97	9,0

Gerbera

Genotyp: Die Haltbarkeit von *Gerbera* in der Verbrauchervase kann 7 bis 14 Tage betragen. Kommen *Gerbera* direkt nach der Ernte in eine geeignete BFH-Lösung, so stehen sie nicht selten 3 Wochen ansehnlich. Obwohl das Sortiment ständig verbessert wird, gibt es doch noch eine ganze Reihe von Fällen, in denen die Gerberaschäfte in der Vase abknicken.

Das Knicken hängt mit folgenden Faktoren zusammen:

1. Generell nimmt der Anteil des Sclerenchymgewebes im Schaft von unten nach oben ab (SIEWERT 1971).
2. Die Blüten von Knickerklonen bewirken ein stärkeres Wachstum (bis zu 10 cm) der Schäfte nach dem Schnitt.
3. Bei der Streckung nimmt im Knickstellenbereich das Trockengewicht je Längeneinheit bis zu 14% ab, während es im restlichen Schaftgewebe konstant bleibt (WILBERG 1974).
4. Vermutlich sind es weniger morphologisch-anatomische Verhältnisse, die das Knicken bewirken, sondern eher der Wasserentzug durch die Blüte bei mangelnder Wasseraufnahme, wenngleich es Sorten mit stabilen Stützelementen gibt, die sich bei Wassermangel weniger leicht biegen bzw. knicken (DE JONG 1978).
5. Die *Gerbera* muß daher stets Wasser aufnehmen können, damit das Gewebe in der Knickzone nicht welkt. Insofern beruhen *Gerbera*-Knicker und bent-neck-Phänomene der Rose auf gleichen Voraussetzungen.
6. Der mittlere Abstand zwischen Schaftbasis und Anfang der Markhöhle ist bei Knickern offenbar größer als bei Nicht-Knickern. Dem Knicken geht stets zunächst ein Welken, d. h. eine Abnahme des Wasserpotentials voraus. Wird die Markhöhle angeschnitten, so ist die Wasserversorgung über 2 Wege möglich, nämlich über den direkten Weg „Leitgefäße“ und über den indirekten Weg „Markparenchym“, der letztlich auch in den Leitgefäßen endet. Wenn Bakterien die Leitgefäße an der Schnittstelle zusetzen, so kann die Wasserversorgung des Schaftes und der Blüte über den indirekten Weg sichergestellt werden (WILBERG 1974, VAN MEETEREN 1978a).

7. Das Volumen der Markhöhle ist abhängig von den Wachstumsbedingungen und der Sorte. In lichtarmen Zeiten sind die Markhöhlen größer (VAN MEETEREN 1978a). Dieser Vorteil wird vermutlich durch den Mangel an Stützelementen und Reservestoffen überdeckt.

Als gut haltbare Sorten gelten 'Apelbloesem' (hellrosa), 'Marleen' (goldgelb), 'Veronica' (zinnoberrot), 'Pimpernell' (dunkelrot), 'Clementine' (orange), 'Uranus' (dunkelgelb), 'Symphonie' (weiß) und 'Lila Wonder'.

Erntestadium: Das Entwicklungsstadium der *Gerbera* bestimmt in großem Maße die Haltbarkeit. Das ideale Erntestadium liegt vor, wenn 2 Staubblattkreise geöffnet sind.

Bei Sorten ohne Knickdisposition beträgt der Abstand zwischen Schaftbasis und Beginn der Markhöhle etwa 2 bis 3 cm, während er bei Knickerklonen bis zu 7 cm betragen kann. Es ist von Vorteil, die Schäfte bis zur Markhöhle anzuschneiden, damit die Wasserversorgung sichergestellt ist (WILBERG 1974, VAN MEETEREN 1978a). Bleibt dieser markreiche Abschnitt am Schaft, so nimmt die Blume nach trockenem Transport kein Wasser auf. Eine Gewichtsabnahme von bis zu 20% (BARENDSE 1980c) bleibt dann bestehen und führt zu vorzeitigem Welken, während richtig behandelte *Gerbera* sich wieder erholen. Im Sommer ist es sinnvoll, *Gerbera* gleich nach der Ernte, also noch im Gewächshaus in Eimer oder fahrbare Wannen einzustellen (Abb. 45, 46).

Lagerung: Das Risiko bei der Lagerung von *Gerbera* ist sehr hoch. Die Lagerzeiten sind sehr kurz bemessen (2 Tage 2 °C bei trockener Lagerung, etwa 4 bis 7 Tage bei nasser Lagerung und 1 bis 4 °C). Aber auch nach dieser kurzen Aufbewahrungszeit nimmt die Haltbarkeit in der Vase bereits ab. *Gerbera* sollten nicht unter Wassermangel leiden, weil die knickanfällige Zone des Stiels auf volle Wassersättigung angewiesen ist.

Abb. 45. Gerbera-Frischhaltung in fahrbaren Wannen beim Produzenten.

Im Kühlzellenwasser sollten Vorbehandlungspräparate eingesetzt werden, da die Entwicklung von Bakterien die Haltbakeit dieser Schnittblume drastisch vermindert. Sowohl Chrysal VB (2 ml/l) wie auch Rosal (800 mg/l) und schwache Lösungen von Natriumhypochlorid sind brauchbar. Von 10%igem Natriumhypochlorid sollten 0,5 bis 0,75 ml/l verwendet werden; das entspricht einer Gebrauchskonzentration von 0,0075%. Bei Konzentrationen von 1 ml/l können unter ungünstigen Bedingungen Schaftschäden auftreten. Am längsten nutzbar ist wohl die Chrysal VB-Lösung, die je nach Einstelldauer etwa 8 bis 14 Tage ununterbrochen verwendet werden kann. Aber auch AAdural AK ist im Naßlager längere Zeit brauchbar und wirkt sich auf die Kondition von *Gerbera* außerordentlich positiv aus.

Verpackung: In der heutigen, europäischen Standardverpackung für *Gerbera* – einem 90 × 39,5 × 10 cm-Karton – treten immer wieder Beschädigungen auf, weil der festigende und stabilisierende Schaumgummiblock in der Mitte des Kartons nicht sorgfältig befestigt ist. Der Abstand zwischen Blüte und Kartondeckel wird dadurch auf dem Transport immer kleiner, so daß die Petalen am Karton scheuern. Hinzu kommt, daß die Kartons auf dem Kopf transportiert werden, damit die Schäfte sich nicht zu stark krümmen (Ageotropismus). In einem neu entwickelten 70 × 40 × 30 cm-Karton (Holland) sollen *Gerbera* künftig stehend transportiert werden, um das Krümmen der Schäfte zu vermeiden. Ob sich diese Verpackungsart bewähren wird, bleibt abzuwarten.

Abb. 46. In einem holländischen Betrieb bei Venlo stellt man Gerbera schon im Gewächshaus in mit Wasser gefüllte Eimer ein. Die Aufhängevorrichtung rollt auf einer Schiene, die direkt in den Sortierraum führt (Institut für Bodenkunde und Pflanzenernährung der Fachhochschule Weihenstephan).

Transport: *Gerbera* sollten – wenn immer wirtschaftlich möglich – in Wasser bzw. BFH-Lösungen transportiert werden. Um auch ein kurzfristiges Welken zu vermeiden, werden in fortschrittlichen Betrieben die Schäfte sofort nach dem Ernteschnitt in Wasser eingestellt. Spezialbetriebe haben individuelle Transportsysteme entwickelt, mit denen die in Eimer stehenden *Gerbera* vom Gewächshaus direkt in den Sortier- und Packraum gebracht werden können (Abb. 46). Die Leitgefäße von *Gerbera* müssen offengehalten werden. Der Schaft sollte nicht welken. Aus diesem Grunde werden diese Schnittblumen vielfach auch in Wasser stehend vom Produzenten zum Markt bzw. zum Floristen gebracht. Diese Maßnahme hat sich besonders im Sommer bewährt.

Der Transport trocken liegender *Gerbera* ist so schnell wie möglich durchzuführen. Mit den Kartons muß vorsichtig umgegangen werden, da zur Zeit immer noch etwa 5 bis 10% der *Gerbera* beschädigt beim Floristen ankommen.

Auffrischen: Der Florist sollte darauf achten, daß die Markhöhle des Schaftes angeschnitten ist (Tab. 48) und vor dem Härten welker *Gerbera* einen entsprechenden Nachschnitt durchführen.

Um krumme Schäfte zu vermeiden, hängt man die Blumen in ein Drahtnetz so ein, daß der durch das Netz gesteckte Schaft etwa 10 bis 15 cm ins Wasser eintaucht. Die Blumen sollten in kühler Umgebung mindestens 4 bis 8 Stunden Wasser aufnehmen können.

Tab. 48. Prozentualer Anteil geknickter Blütenschäfte in Abhängigkeit vom Anschneiden der Markhöhle (nach WILBERG 1974).

Klon	%Knicker nach 1 Woche Markhöhle angeschnitten	Markhöhle nicht angeschnitten
A	1.8	28.8
B (Knickerklon)	12.8	56.3
C	1.4	33.8

BFH: Frischhaltemittel können die Haltbarkeit verbessern (BARENDSE und SYTSEMA 1976, von BRANDIS 1975, CRÖSSMANN 1968, 1971, 1974, WATERS 1964a, ZIMMER 1968), jedoch sind auch Verfärbungen und Stielschädigungen vorgekommen. Bewährt hat sich auch die Anwendung von 30 mg Silbernitrat/l Wasser (PENNINGSFELD und FORCHTHAMMER 1966). Offenbar ist die Bekämpfung der Fäulnis das entscheidende Kriterium in der *Gerbera*-Frischhaltung. Eigene Versuche haben gezeigt, daß sogar unreif geschnittene *Gerbera* weniger knickanfällig sind, wenn die Stiele in Silbernitratlösung (25 mg/l) stehen. Versuche von VAN MEETEREN (1978a, b) bestätigen die haltbarkeitsverlängernde Wirkung von Silbernitrat. Um den Stiel in jedem Fall vor Schaden zu bewahren, soll die Eintauchtiefe nicht größer als 10 cm sein. Auch für *Gerbera* ist ein tiefer pH-Wert des Vasenwassers äußerst nützlich, da die physiologische Leitbahnblockade verzögert wird.

Abb. 47 zeigt die Wirkung von Wasserzusätzen auf die Haltbarkeit von *Gerbera*.

Abb. 47. *Gerbera* 7 Tage nach dem Einstellen in unterschiedliche Lösungen. Von links nach rechts: Wasser, Zucker, Florafrisch, Florafrisch + Zucker (ZIMMER 1968).

Die unterschiedlichen Genotypen reagieren auf BFH nicht in jedem Fall gleichartig, weswegen zur Optimierung der Wirkung stets betriebsinterne Prüfungen angeraten sind.

Als Wasseradditive kommen folgende BFH in Frage:
AAdural AK (30 g/l), AAdural P (15 g/l), AAdural flüssig (30 ml/l), Chrysal (12,5 g/l), Compo-Blumenfrisch (30 ml/l), Florafrisch bzw. Blumenborn-Schnittblumenfrisch (30 ml/l), Blatt und Blüte (25 ml/l) u. a. sowie Proflovit-72 (300 mg 8-HQS plus 0,05 ml CCC + 50 g Zucker/l). Der von NOWAK und RUDNICKI (1978) verwendete CCC-Anteil wurde auch von WILBERG (1974) für *Gerbera* als günstig erkannt.

Gladiolus

Erntestadium: Wenn die erste Knospe noch fest ist, aber schon Farbe zeigt, können Gladiolen geschnitten werden.

Konditionieren: Früh geerntete Gladiolen öffnen sich in Wasser nicht vollständig. Insbesondere nach längerem Transport ist die Blütenentwicklung unbefriedigend. Eine kurzfristige Aufladung (etwa 20 Stunden) bei 20 °C und diffusem Licht mindert den Versandstreß und verbessert die Haltbarkeit in Wasser erheblich. Eine Vielzahl idealer Konditionierungslösungen wurde veröffentlicht (MAROUSKY 1969, 1971, MAYAK et al. 1973). Bewährt hat sich auch die Lösung 2 ml Chrysal VB + 200 g Zucker/l Wasser (vgl. Kap. 3.4.9). Nach dem Konditionieren werden die Stielenden kurz in Wasser geschwenkt, um das Kleben zu verhindern. Bei Anwendung von geringeren Zuckerkonzentrationen, z. B. bei AAdural AK (30 g/l), ist dies nicht notwendig.

Bei Gladiolen ist auf die Wasserqualität besonders zu achten.

Fluor ist für Gladiolen außerordentlich schädlich (Marousky und Woltz 1971, 1975, Spierings 1969). Schon 0,25 ppm Fluor (das ist eine Größenordnung wie sie im Leitungswasser vorkommt) können bei einigen Sorten sichtbare Schäden hervorrufen. Ausbleichen der Petalenränder, Blattspitzennekrosen, in schlimmeren Fällen Stengelverbräunung und „Einschlafen" der Knospen können Folgen von Fluorvergiftungen sein.

Auch ein kurzzeitiges Aufbewahren von Gladiolen in fluorhaltigem Wasser (z. B. 2 Stunden in 3 ppm) führt zu Schädigungen (Marousky und Woltz 1971). Dabei sind weiße und gelbe Gladiolen weniger empfindlich als rote.

Lagerung: Wenn Gladiolen länger gelagert werden sollen, so ist nur bei 0 bis 2 °C und einer Lagerdauer von maximal 10 Tagen noch gute Qualität zu erwarten (Otto 1968). Nach 14 Tagen Lagerdauer nimmt die Haltbarkeit schon merklich ab. Werden Gladiolen allerdings 20 Stunden konditioniert (20% Zucker), so können sie nach 10tägiger Lagerung eine bessere Qualität und ein längeres Vasenleben zeigen als unbehandelte, frisch geschnittene Blumen (Kofranek und Halevy 1976).

Transport: Liegen Gladiolen während des Transports oder im Lager horizontal, so zeigen sie einen deutlichen Ageotropismus der Triebspitze, die sich nach oben biegt. Weder Licht noch Luftfeuchte und Temperatur haben darauf einen wesentlichen Einfluß (Whiteman und McClellan 1946). Alanap (vgl. *Antirrhinum*) wirkt auf Gladiolen unzureichend (Teas et al. 1959). Gladiolen müssen daher aufrecht stehen und dürfen lediglich vorübergehend für wenige Stunden horizontal liegen.

BFH: Als einfacher BFH hat sich eine Kombination aus 8-HQC bzw. 8-HQS und Zucker bewährt (Marousky 1968, Marousky et al. 1972). Aufwandmengen von etwa 200 bis 300 mg einer HQ-Verbindung und 30 g Zucker je Liter Wasser sind ausreichend für pH-Stabilität (Reist 1977b) und Energieversorgung.

Als Mittel für die Floristen- und Verbrauchervase sind geeignet: AAdural AK (30 mg/l) bei sehr knospiger Ware, Nelkenchrysal (25 g/l), AAdural flüssig (30 ml/l), Chrysal VB + Zucker (2 ml + 25 g/l), Chrysal (12,5 g/l), Substral-Blumenfrisch (30 ml/l) u. a.

Gloriosa

Genotyp: Die Qualitäten von auf dem Markt befindlichen *Gloriosa* sind sehr unterschiedlich und zum Teil auch sortenabhängig. Die Einzelblüte hält nach 1tägiger Lagerung beim Produzenten durchschnittlich noch 5 bis 6 Tage. Die Triebspitze mit mehreren Blüten und Knospen, die von unten nach oben aufblühen, ist dagegen etwa 12 bis 14 Tage ansehnlich, wenn die älteren, verblühten Organe kontinuierlich entfernt werden.

Erntestadium: Da die Einzelblüten keine Reserven zum vollständigen Aufblühen mitbringen, sollten sie kurz vor dem Aufbrechen der Antheren geschnitten werden. Bei den langen Stielen (Triebspitzen) sollte die älteste Blüte dieses Kriterium erfüllen. Alle Knospen, die 1 cm und länger sind, blühen in der Regel problemlos auf.

Lagerung: Eine Lagerung von Einzelblüten sollte nicht durchgeführt werden. Die Lebensdauer in der Vase des Floristen oder Verbrauchers wird dadurch zu kurz.

Lange Stiele kann man etwa 3 bis 4 Tage bei 5 °C ohne Qualitätseinbuße naß aufbewahren.

Verpackung: Obwohl *Gloriosa* einfach in Polyäthylentüten zu verpacken sind, werden sie oftmals in luftgefüllten, verschweißten Folienschläuchen (Länge – 75 cm, Dicke – 0,06 mm) angeliefert. In diese Folie kann noch CO_2 (5%) eingeblasen werden.

BFH: Die Haltbarkeit von Einzelblüten wird durch Substral-Blumenfrisch (30 ml/l), Blatt und Blüte (25 ml/l) und Nelkenchrysal (25 g/l) geringfügig verbessert. Wie bei vielen Liliaceen vergilbt das Laub auch bei *Gloriosa*. Diese Erscheinung tritt nach 8 bis 10 Tagen Vasenleben auf und ist mit den geprüften BFH nicht zu vermeiden.

Gypsophila paniculata

Genotyp: Sorgsam behandeltes Schleierkraut (syn. Gipskraut) hält unabhängig vom Genotyp in der Vase durchschnittlich 8 bis 10 Tage. *Gypsophila repens* und *G. elegans* eignen sich auch für den Schnitt.

Erntestadium: Am Blütenstand sollen 50% der Blüten oder mehr geöffnet sein. Werden sie früher geerntet, so öffnen sich höchstens 20% der restlichen Blüten, wenn kein BFH angewandt wird.

Öffnungslösung: *Gypsophila* können mit 1 bis 2 offenen Blüten geerntet werden, wenn sie für 3 bis 4 Tage in einer Öffnungslösung stehen. Sie benötigen anschließend keine BFH mehr, sind also quasi gleichzeitig konditioniert. Folgende Lösungen haben sich als wirksam erwiesen:

a) 25 mg Silbernitrat plus 100 g Zucker/l,
b) 300 mg 8-Hydroxychinolin plus 100 g Zucker/l,
c) 300 mg Thiabendazol plus 100 g Zucker/l,
d) 300 mg 8-Hydroxychinolin plus 300 mg Thiabendazol (TOG) + 100 g Zucker/l (Apelbaum und Katchansky 1977),
e) 200 ppm Physan-20 + 50 bis 100 g Zucker/l (Farnham et al. 1978c).

Lagerung: *Gypsophila* verlieren bei trockener Lagerung selbst bei einer Lagertemperatur von 0 °C nach einer Woche soviel an Gewicht, daß sie anschließend unbrauchbar sind. Dies läßt sich auch nicht durch Einrollen in Folie wesentlich verbessern. Eine Lagerung in Wasser oder einer Frischhaltelösung (z. B. 200 mg HQC + 20 g Zucker/l) kann bei 4 °C bis zu einer Woche dauern (Marousky und Nanney 1972). Längere Lagerdauer verkürzt die Haltbarkeit merklich. In jedem Fall sollte anschließend ein BFH zum Einsatz kommen.

BFH: Als Wasseradditive bewährten sich 200 ppm 8-HQC + 20 g Zucker/l (Marousky und Nanney 1972), sowie Nelkenchrysal (25 g/l) vor AAdural P (15 g/l) und Chrysal (12,5 g/l).

Hippeastrum

Kultur: Die Kultur von *Hippeastrum* (Amaryllis) bei zu hohen Temperaturen und unausgewogener Ernährung – insbesondere in lichtarmen Zeiten – kann zu latenten Ca-Mangel- und Schwächeerscheinungen führen, die nach dem Ernteschnitt innerhalb weniger Stunden sichtbar werden können. Calcium-Mangel führt zum Abknicken und teilweisen Gewebezerfall bei den Schäften (Abb. 18). Bei hohem

Eisengehalt und hoher Carbonathärte des Vasenwassers tritt diese Erscheinung besonders zutage (Carow und Röber 1979).

Genotyp: Die Sorten haben sehr unterschiedliche Haltbarkeit. 'Baruta' und 'Red Riding Hood' zählen zu der Spitzengruppe. Vermutlich besteht wie bei Rosen eine positive Beziehung zwischen Haltbarkeit an der intakten Pflanze und Haltbarkeit in der Vase. Durchschnittlich können *Hippeastrum* beim Verbraucher etwa 7 Tage ansehnlich sein.

Erntestadium: Die Blütenstände werden schon aus Verpackungs- und Transportgründen knospig geerntet. Allerdings sollte die älteste Knospe Farbe zeigen.

Bei *Hippeastrum* nimmt der Florist eine Stabilisierung der Stielenden vor, weil die Schäfte hohl sind und beim Binden eines Straußes gequetscht werden können. Damit dies verhindert wird, kann ein Stab in den Schaft eingeführt werden, der am Schaftende mit Watte oder ähnlichem wasseraufsaugendem Material umwickelt wird. Dieses Verfahren mindert die Druckempfindlichkeit. Außerdem rollen sich die Schaftwände von *Hippeastrum* im Vasenwasser von unten nach oben auf (Abb. 48). Daher wird das Schaftende straff mit Bast oder Klebeband umwickelt.

Iris

Erntestadium: *Iris* müssen bei der Ernte deutlich Farbe zeigen. Dies gilt insbesondere für die Sorte 'Prof. Blaauw'.

Konditionieren: Werden *Iris* unter ungünstigen, klimatischen Verhältnissen trans-

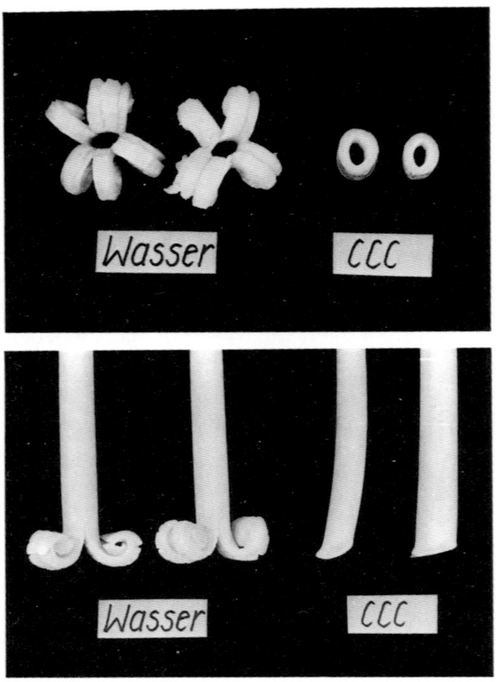

Abb. 48. Einrollen der Schaftbasis von *Hippeastrum* durch unterschiedliche Gewebespannung. 1%ige CCC-Lösung kann dies verhindern (Carow und Röber 1979).

portiert, so ist eine Konditionierung mit warmem Wasser von 40 bis 50 °C von großem Nutzen (vgl. Seite 116).

Lagerung: Bei kurzfristiger Aufbewahrung ist das Naßlager vorzuziehen (BARENDSE und SYTSEMA 1976, BOER und WITMONDT 1975). Die Temperatur beträgt am besten 1 °C.

Eine trockene Lagerung sollte nicht länger als 14 Tage dauern. Schon nach 1 Woche Lagerung vermindert sich die ohnehin relativ geringe Haltbarkeit von *Iris* um 1 Tag (BARENDSE und SYTSEMA 1976, POST und FISCHER 1952). Die Sorte 'Prof. Blaauw' sollte ohne Lagerung sofort den Verbraucher erreichen. Den Grund dafür zeigt Tab. 49, aus der hervorgeht, daß sich die Knospen dieser Sorte schon nach 3 Tagen Aufbewahrung nicht mehr zufriedenstellend öffnen.

Tab. 49 Prozentsatz sich öffnender Iris 'Prof. Blaauw' nach unterschiedlich langer trockener Lagerung bei 0,5 °C (SYTSEMA 1975)

Lagerdauer (Tage)	% sich öffnender Knospen
0	86
3	55
6	21
10	35
13	17
17	18
20	6

BFH: Viele BFH haben auf die Lebensdauer der Blüte keine Wirkung. Hin und wieder läßt sich das Vasenleben um 1 Tag verlängern. Die Blüten entwickeln sich jedoch besser und zeigen eine kräftigere Farbe.

Lathyrus odoratus

Das durchschnittliche Vasenleben von Duftwicken beträgt etwa 5 Tage. Die Ernte erfolgt, wenn die 1. Blüte gut entwickelt ist.

Eine 3- bis 4tägige Aufbewahrung bei 4 °C ist möglich (POST und FISCHER 1952). Nach Untersuchungen von NOWAK und RUDNICKI (1975) verdoppelt die Anwendung des BFH Proflovit-72 (300 mg 8-HQS, 0,05 ml CCC und 50 g Zucker/l Wasser) das Vasenleben. Zucker bzw. zuckerhaltige BFH fördern auch die Knospenentwicklung (AARTS 1957, ZIMMER 1968).

Leucospermum cordifolium

Die Haltbarkeit von Proteaceengewächsen ist gut und kann unter günstigen Bedingungen über 3 Wochen betragen.

Erntestadium: Ein Blütendurchmesser von etwa 10 bis 12 cm ist für die Ernte optimal. Werden die Stiele konditioniert, so ist es auch möglich, kleinere Blüten (6 bis 7 cm) zu ernten.

Konditionieren: Bei 20 bis 22 °C kann *Leucospermum* ausreichend konditioniert werden (200 mg 8-HQC, 25 mg $AgNO_3$ und 30 bis 50 g Zucker/l Wasser). 20 Stunden reichen für die Dauer der Konditionierung aus.

Transport: Einen Wasserverlust bis zu 25% vom Frischgewicht für wenige Stunden kann diese Schnittblume offenbar gut vertragen. Trockenzeiten, die bei 20 °C länger als 3 Tage anhalten, vermindern das Vasenleben drastisch.

BFH: In 2 bis 3tägiger Zuckerlösung mit Bakteriziden wurde die beste Entwicklung der Blüten und das längste Vasenleben gefunden. Nach einer Konditionierung wirkt sich Everbloom (15 g/l) als Wasseradditiv haltbarkeitsverlängernd aus (Criley et al. 1979).

Lilium

Genotyp: Die einzelnen Arten und Sorten reagieren gegenüber Wasseradditiven unterschiedlich bezüglich Konzentration und Zusammensetzung. Daher ist ein Frischhalteverfahren eigentlich nur betriebsspezifisch zu entwickeln, abgestimmt auf Sorte, Wasserqualität und Jahreszeit. Versuche, das vorzeitige Vergilben der Blätter mit dem Phytohormon Benzyladenin (50 mg/l) oder Ancymidol (100 mg/l) durch Blattspritzungen zu beseitigen, schlugen fehl (Barendse 1974). Wie bereits Kelley und Schlamp 1964 zeigten, muß der Gibberellinsäure im Stoffwechsel der Lilie eine besondere Bedeutung zukommen. *Lilium longiflorum* hält nämlich besser, wenn die Pflanzen 1 bis 2 Wochen vor dem Aufblühen mit einer Gibberellinlösung (500 bis 1000 mg/l) tropfnaß gespritzt werden.

Erntestadium: Zur Erntezeit muß mindestens eine Knospe deutlich Farbe zeigen. Ein späterer Schnitt erhöht die Druckempfindlichkeit und fallender Pollen macht den Umgang mit dieser Schnittblume problematisch. Ist die erste Knospe nicht reif, so ist die Entwicklung der jüngeren Knospen nach dem Schnitt in Frage gestellt.

Konditionieren: Ein Einstellen von Lilien 'Enchantment' für etwa 12 Stunden bei 2 °C in unterschiedliche BFH brachte keinen Konditionierungseffekt (Barendse 1974). Vermutlich wurde unter diesen Bedingungen viel zu wenig Substanz aufgenommen. Eine Konditionierung mit AAdural AK (30 g/l) ist bei höheren Temperaturen möglich. Die Blüten öffnen sich und halten hervorragend, jedoch kommt es leichter zu Blattvergilbung. Neuere Untersuchungen mit Silberthiosulfat zeigen, daß die Äthylenproduktion gedämpft und die Widerstandskraft von Lilien erhöht werden kann, wenn 24 Stunden bei 2 °C konditioniert wird (Swart 1979).

Lagerung: Lilien sollte man nicht trocken lagern. Auch aus dem Naßlager bei 2 °C sollten Lilien schnell heraus, da die Gefahr der Blattvergilbung außerordentlich groß ist. Ein Bakterizid im Kühlzellenwasser, wie z. B. Chrysal VB, ist von Vorteil. Hibitanglukonat (100 mg/l) macht Blattschäden.

BFH: In der Regel verbessern halbe Konzentrationen von Standard-BFH die Haltbarkeit. So wirken Chrysal (6 bis 7 g/l), Substral-Blumenfrisch (15 ml/l), AAdural flüssig (15 ml/l) und AAdural P (7,5 g/l) entwicklungsfördernd und blattschonend. Bei 'Enchantment' fördert auch Flora-Bric + 16 g Zucker/l die Blüten, allerdings ist eine starke Blattvergilbung zu verzeichnen (Barendse 1980a). Tulpenchrysal wirkt nachteilig.

Lupinus

Die von Form und Farbe her brauchbaren Lupinen gehören zu den problematischen Schnittblumen. Meist sind sie nur 2 Tage frisch und welken dann rasch bei gleichzeitigem Knospen- und Blütenfall. Ein Auffrischen bei 4 °C ist möglich, jedoch ohne starke Wirkung. Nach Untersuchungen von Aarts (1957), sowie Ram und Rao (1977)sind Wasseradditive wie α-Naphthylessigsäure, Zucker, Borsäure und Zitronensäure (250 bis 500 mg/l), aber auch Aluminiumsulfat (etwa 800 mg/l) brauchbar. Offenbar kommt es auf die Energiezufuhr mittels Zucker (Äthylenbremse) an, wodurch Knospen- und Blütenabwurf vermindert werden. Auch das Besprühen von Lupinen mit 0,05%iger KNA-Lösung (Kaliumsalz der α-Naphthylessigsäure) einen Tag vor der Ernte verlängert das Vasenleben.

Matthiola

Erntestadium: Levkojen entwickeln sich am besten weiter, wenn sie zum Erntetermin 6 bis 10 offene Blüten zeigen. Die Blütenstandachse ist dann relativ fest und welkt nicht so schnell. Der Wurzelhals muß abgeschnitten werden, damit die Wasseraufnahme ungestört erfolgen kann. Zieht man Levkojen mit Wurzeln, so kann die Haltbarkeit manchmal besser sein als nach einem sauberen Schnitt (vgl. *Euphorbia pulcherrima*).

Lagerung: *Matthiola* vergehen schnell, wenn sie trocken aufbewahrt werden. Liegen sie nur kurze Zeit trocken, nehmen die Stiele kaum noch Wasser auf. Bei 4 °C ist eine Aufbewahrung in Wasser für 2 bis 3 Tage möglich.

Vorbehandlungsmittel wie Nelken VB (Silberthiosulfat), Rosal (800 mg/l) und Chlor (1 ml von 10%igem Natriumhypochlorid/l) zeigen starke Wirkung auf die anschließende Haltbarkeit in der Vase, weil bereits beim Produzenten die weichen Gewebeteile von *Matthiola* einer bakteriellen Zersetzung unterliegen können. Daher sind möglichst die unteren Blätter vor dem Einstellen abzustreifen.

Transport: Da die Blütenstandsachse nach der Ernte noch wächst, wird sie bei horizontalem Transport leicht krumm. Daher ist es sinnvoll, Levkojen stehend zu transportieren und womöglich in einer Bakterizid- oder BFH-Lösung.

Auffrischen: Selbst Levkojen, die mit Wurzeln angeliefert werdern, wird der Florist am Stengelende sauber nachschneiden, weil in der Floristenvase Wurzeln unpraktisch sind. Wichtig ist, daß die Blumen sofort nach dem Anschnitt des Stengels in Wasser oder in eine BFH-Lösung gestellt werden.

BFH: Gerade bei Levkojen sind BFH außerordentlich gut wirksam, wobei die Zukkerkonzentrationen nicht über 2% liegen sollten, da sonst einige Sorten Blattschäden zeigen (Larsen und Scholes 1967, Zimmer 1968). Wie Abb. 50 zeigt, streckt sich der Blütenstand nach Einstellen in die Vase ganz erheblich, wenn Flora-Frisch mit oder ohne Zucker dem Vasenwasser beigefügt wird.

Die zusätzliche Zuckeranwendung (12 g/l) verstärkt den Aufblüheffekt und die Haltbarkeit um über 100%. Ähnliche Ergebnisse werden auch mit 2%iger Zukkerlösung incl. 30 mg Silbernitrat/l gefunden (Aarts 1957).

Wie sich das Streckungswachstum und das Aufblühen optisch äußert zeigt Abb. 49.

In Florafrisch begann das Laub schon vorzeitig zu vergilben, ehe die Hälfte aller Blüten verblüht war. Die Sorten reagieren sehr unterschiedlich auf Zucker.

Abb. 49. Levkojen 'Cremeweiß' 11 Tage nach Einstellen in die Vase. Von links nach rechts: Wasser, Zucker, Florafrisch, Florafrisch + Zucker (ZIMMER).

Einige vertragen höchstens 1%, andere 2 bis 4% Zucker (AARTS 1957, LARSEN und SCHOLES 1967).
Als Wasseradditive zur Förderung der Blütenentwicklung und der Lauberhaltung haben sich bewährt:
1 bis 2% Zucker, 300 bis 400 mg 8-Hydroxychinolincitrat/l, 10 bis 50 mg N-dimethylaminobernsteinsäure/l (Alar), Chrysal (12,5 bis 15 g/l), AAdural P (15 g/l), AAdural flüssig (30 ml/l), Substral (30 ml/l), Blumenborn Schnittblumenfrisch (20 ml/l) und Proflovit-72 (NOWAK und RUDNICKI 1975).

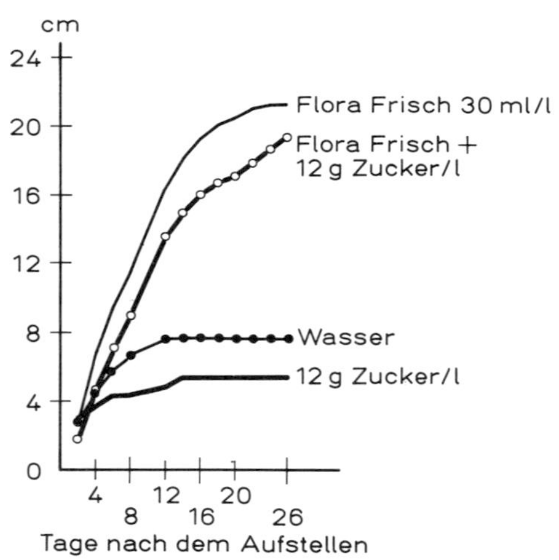

Abb. 50. Streckungswachstum des Blütenstandes von Levkojen 'Cremeweiß' nach dem Einstellen in unterschiedliche Lösungen. (nach Werten von ZIMMER).

Narcissus

Erntestadium: Narzissen halten im allgemeinen 6 Tage. Sie können bereits in einem verhältnismäßig frühen Entwicklungsstadium geerntet werden, dann nämlich, wenn das Blütenhüllblatt geplatzt ist, die geschlossene Blüte mit der sortentypischen Farbe sich 3 bis 4 cm aus der Umhüllung befreit hat und sich die Blütenknospe von der ursprünglich vertikalen Stellung nach unten gesenkt hat.

Ein besonderes Problem ist der Narzissenschleim, der auf eine ganze Reihe von Schnittblumen giftig wirkt. Stellt man frisch geschnittene Narzissen mit 'Baccara'-Rosen in eine Vase, so verbrennen die Rosenblätter (Nekrosen), die Petalen verblauen oder entfalten sich erst gar nicht. Ähnliches wurde auch an 'Garnette' festgestellt. Blätter von Nelken beginnen zu welken und verbraunen in Anwesenheit von Narzissenschleim. Freesien und Anemonen blühen nicht auf. Tulpen, die besonders empfindlich reagieren, zeigen Stengelverkrümmungen, Blatt- und Blütenschäden (Barendse 1974, Barendse und Sytsema 1976). Auch verdünnte Lösungen wirken noch schädigend. Allerdings unterscheiden sich die Sorten in bezug auf die Aggressivität des Schleimes. Interessanterweise können BFH die schädliche Wirkung nicht ausschalten, so daß die Stiele etwa 24 Stunden in Wasser „ausschleimen" sollen, bevor man sie ohne Nachschnitt gefahrlos mit anderen Blumen zusammen in eine Vase stellen kann.

Durch einen wiederholten Nachschnitt können erneut Substanzen aus dem Stengel austreten, die schädigen, wenn je Narzisse relativ wenig Wasser in der Vase vorhanden ist. Einen durch nochmaligen Nachschnitt entstandenen Schaden an Tulpen zeigt Abb. 51.

Lagerung: Das Aufblühen ist naturgemäß temperaturabhängig. Bei 5 °C wird es fast vollständig unterbunden. Um die Atmung möglichst gering zu halten, werden die Blumen in der Regel bei 2 °C gelagert. Tiefere Temperaturen bringen keine Vorteile mehr (Nichols und Wallis 1972, Sytsema 1968). Wie bei allen Schnittblumen, nimmt die Haltbarkeit nach der Lagerung mit zunehmender Lagerung ab. Bei 0 bis 1 °C sollte maximal 10 Tage, bei 3 bis 4 °C höchstens 8 Tage, bei 6 bis

Abb. 51. Schäden an Tulpen durch nachgeschnittene Narzissen vor dem Einstellen in die Verbrauchervase (links). Ohne Nachschnitt (rechts).

7 °C nur 4 Tage und bei 10 °C nur 1 bis 2 Tage gelagert werden. Da sich Naß- und Trockenlagerung auf die spätere Haltbarkeit praktisch nicht unterschiedlich auswirken, ist es einfacher, trocken zu lagern (NICHOLS und WALLIS 1972). Die Trockenlagerung aber fordert einen Verdunstungsschutz.
Aus Abb. 52 ist zu ersehen, daß selbst bei 0,6 °C die Haltbarkeit nach 14 Tagen gegenüber 4 Tagen um 2 bis 3 Tage vermindert ist. Dann öffnen sich auch die Knospen nicht mehr zufriedenstellend.

Da insbesondere bei höheren Temperaturen die Haltbarkeit rasch abnimmt (10 °C-Kurve in Abb. 52), dürfen die für längere Lagerung bestimmten Narzissen nicht in Kisten verpackt werden, die im Inneren über längere Zeit die Eigenwärme der Narzissen konservieren. Es wurde festgestellt, daß warm verpackte Narzissen in einer Transportkiste noch 6 bis 7 °C aufweisen, obwohl die Kiste schon 30 Stunden bei 1,7 °C gekühlt wurde (NICHOLS und TOMPSETT 1972).

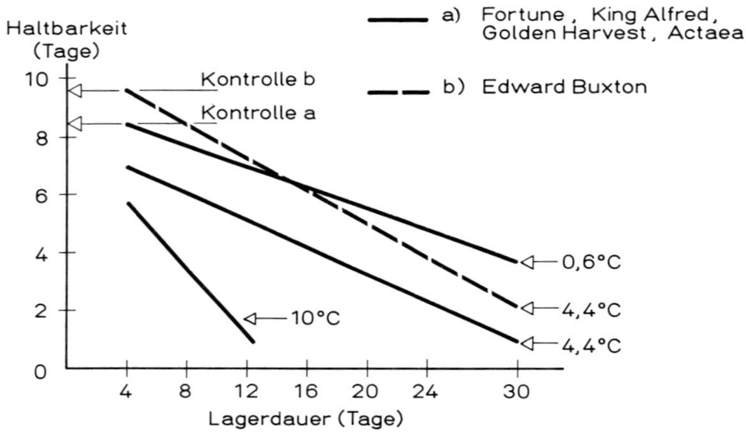

Abb. 52. Haltbarkeit von Narzissen in Abhängigkeit von der Lagerdauer bei unterschiedlichen Temperaturen (trockene Lagerung in Folien, Vasenleben bei 16 °C) (NICHOLS und WALLIS 1972, verändert).

BFH: Zuckerhaltige BFH ergeben bei Narzissen keinen besonderen Vorteil und können die schädliche Wirkung des Narzissenschleims nicht aufheben.

Nerine

Erntestadium: Es soll kurz vor dem Öffnen sein. Knospiges Schneiden ist wegen der Beschädigungsgefahr beim Verpacken und Transport von Vorteil. Die erste, d. h. älteste, Knospe soll sich daher zum Ernteschnitt kurz vor dem Öffnen befinden.

Lagerung: Die Aufbewahrung von Nerinen erfolgt stets in Wasser. Die Aufbewahrungsdauer muß so kurz wie möglich sein und die Temperatur darf 10 °C nicht unterschreiten. Es kommt sonst leicht zu Kälteschäden, d. h. zum punktweisen Verblauen der Blüten und zu sogenannten Wasserrändern (SYTSEMA 1975b).

Verpackung: Mehrere Stiele können in eine Folie eingetütet werden. Beim Auspakken können jedoch durch das Ineinanderhaken mehrere Blütenstände und Knospen beschädigt oder abgebrochen werden. Sinnvoll ist es daher, nur den Blütenstand jeder Einzelblume in einen Folientrichter zu schieben.
BFH: Sie zeigen bei *Nerine* nur eine geringfügige Wirkung.

Nymphaeaceae

Nymphäen schließen sich nach der Ernte nach kurzer Zeit. Erntetermin und Wassertemperatur haben praktisch keinen Einfluß auf die Schließbewegung.

Durch Einspritzen von Metallsalzlösungen (z. B. Alaun, Borax, Sulfat) aber auch von Alkohol in den Blütenboden kann verhindert werden, daß sich die geöffneten Blüten schließen (DRP Nr. 79992, 1893). Eine Praxisempfehlung lautet, die geöffneten Blüten 20 Minuten in grelle Sonne zu legen, bevor sie dann in Wasser gestellt werden. Die Haltbarkeit ist dann am längsten, wenn die Blüten am Öffnungstage geschnitten werden.

Paeonia

Genotyp: Gute Schnittsorten sind z. B. die *Lactiflora*-Hybriden 'Distinction' (rosa), 'Felix Crousse' (weinrot), 'Hellachs', 'Ingenieur Doriat' (blutrot), 'Marie Lemoine' (elfenbeinrosa), 'Sarah Bernhardt' (lachsrosa) und 'Festiva Maxima' (weiß mit karminroten Flecken).
Erntestadium: Paeonien werden dann geerntet, wenn die Knospe die sortentypische Farbe gut anzeigt.
Lagerung: Für eine Lagerdauer von 1 Woche (maximal 2 Wochen) sollten die Lagertemperaturen um 0 °C liegen (Post und Fischer 1952). Bei gut haltbaren Sorten (normalerweise etwa 10 Tage) verkürzt sich das Vasenleben nach einwöchiger Lagerung um etwa 3 bis 4 Tage.
BFH: Sie bewirken, wie z. B. Chrysal (12,5 g/l) oder AAdural P (15 g/l), eine bessere Haltbarkeit.

Phalaenopsis

Erntestadium: *Phalaenopsis* werden geerntet, wenn die Mehrzahl der Blüten voll entfaltet ist und noch 3 bis 4 Knospen am Rispenende vorhanden sind. Die Haltbarkeit der Blüten in der Vase nimmt naturgemäß von unten nach oben zu.
Transport: Auf dem Vermarktungsweg sollte diese Orchidee nicht trocken liegen. In der Regel wird Wasser über ein am Stielende befestigtes Kunststoffröhrchen angeboten.
BFH: Die Entwicklung der Knospen und die Blütenhaltbarkeit werden durch Zukkerlösungen gefördert . Je jünger die Blüten sind, desto eindeutiger ist die Haltbarkeitsverlängerung. Während Chrysal nur eine schwache Wirkung zeigt, hat sich die Kombination von Chrysal VB (2 ml/l) + Zucker (30 g/l) als sehr effektiv erwiesen (Carow 1981).

Rosa-Hybriden

Genotyp: Die Haltbarkeit von Rosen wird vor allem durch den Stammbaum bestimmt (z. B. Teehybriden, Floribunda-Hybriden u. a.). So ist z. B. 'Garnette' immerhin 14 Tage haltbar, während 'Dr. Verhage' in der Regel nach 6 Tagen verblüht ist. Auch BFH werden von den Sorten unterschiedlich ausgenutzt. Die Lebensdauer von Marimba' wird durch Chrysal-Zusatz kaum verlängert, während viele andere Sorten außerordentlich stark auf BFH reagieren. 'Sonia', im allgemeinen gut haltbar, gibt besonders in den Sommermonaten Probleme auf und bedarf in dieser Zeit besonderer Pflege. Dagegen ist 'Golden Times' auch im Sommer zu den gut haltbaren Sorten zu zählen. Diese Übersicht zeigt, daß der Genotyp, d. h. jede einzelne Sorte, individuell betrachtet werden muß und daher gute Frischhaltekenntnisse von Produzenten, Handel und Floristen gefordert werden müssen. Dies gilt auch für die Beurteilung des Entwicklungsstadiums bei der Ernte.

Erntestadium: Vielfach wird beklagt, daß zu knospig geschnittene Rosen nicht aufblühen und frühzeitig die Köpfe hängen lassen. Dies ist dann der Fall, wenn die Kelchblätter die Knospe bei der Ernte noch umschließen. Obwohl bei Anwendung von BFH und Konditionierungslösungen auch dieses Problem zu lösen ist (Halevy und Mayak 1974, Halevy et al. 1978, Carow und Sommer 1979), sollten in der Regel die Kelchblätter im Winkel von 90° von den Blütenblättern abstehen. Wenn sich die Kelchblätter deutlich von der Knospe abspreizen, so lösen sich meist auch die oberen Blütenblattränder von der bis dahin festen Knospe. Sind beide Merkmale vorhanden, so kann geerntet werden. Abb. 53 verdeutlicht das optimale Erntestadium.

Je nach Sorte kann etwas früher oder muß etwas später geschnitten werden. Besser ist es, reif zu schneiden und dafür die Lagertemperatur auf 1 bis 2 °C statt auf 4 bis 5 °C einzustellen (Barendse 1975). Jede Rosensorte hat ihr charakteristisches Stadium, in dem die Entwicklung der Leitgefäße und die Verholzung der Stützelemente abgeschlossen ist. Erfolgt der Ernteschnitt danach, so gibt es praktisch keine hängenden Köpfe mehr (Kohl 1961).

Die Ernte erfolgt am besten morgens, da dann in aller Regel der Wassergehalt am höchsten und die Pflanzentemperatur am niedrigsten ist.

Konditionieren: In den ersten Stunden nach der Ernte sollten Rosen in der Kühlzelle viel Wasser aufnehmen können. Die entstehende Wassersättigung des Gewebes ist als eine Art Konditionierung anzusehen, weil diese relativ kurzfristig einwirkende Maßnahme später deutliche Vorteile bringt. Entscheidend wirkt sich die Wasserqualität aus. Welche Nachteile die Aufnahme von altem, „verseuchtem" Wasser hat, wurde bereits in Kap. 3.4.5 am Rosenbeispiel ausgeführt. Insbesondere im Winter sind die Rosen ohne Wurzeln gezwungen, große Mengen an Polyphenolen aufzunehmen, welche über das Blatt in das Containerwasser gelangen.

Der Einsatz von Chrysal-VB (2 ml/l) ist in vielen Betrieben zu einer Standardmaßnahme geworden, die die Leitbahnblockade verhindert. Bei begrenztem Aufenthalt im Kühlraum – z. B. 12 bis 24 Stunden – ist die Anwendung von Chrysal günstig zu beurteilen. da hierdurch die Rose auch Zucker aufnehmen kann. Insbesondere bei recht knospig geernteten Rosen zum Wochenende ist eine Konditionierung von großem Vorteil (Carow und Sommer 1979). Rosen ertragen

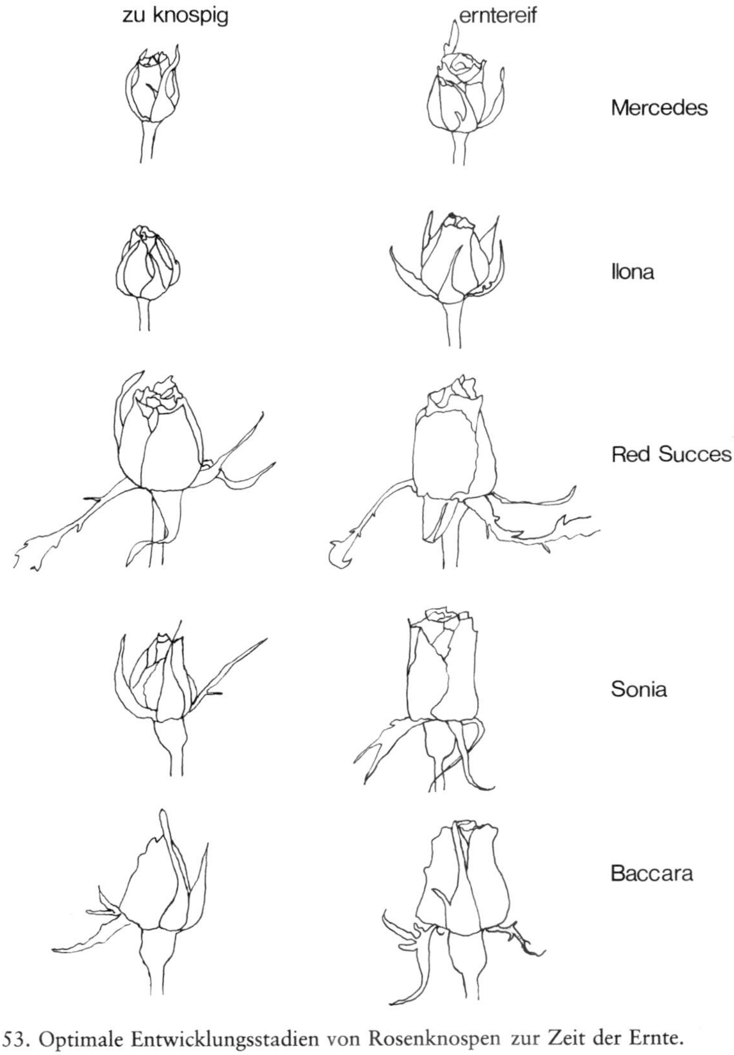

Abb. 53. Optimale Entwicklungsstadien von Rosenknospen zur Zeit der Ernte.

dann den Transportstress generell erheblich besser und blühen in der Verbrauchervase voll auf. HALEVY et al. (1978) haben gezeigt, daß konditionierte Rosen in recht knospigem Stadium auch einen trockenen Transport bei höheren Temperaturen und einen 5tägigen Transport bei niedrigen Temperaturen besser überstehen als die nicht konditionierten Kontroll-Blumen. Dies zeigt Tab. 50. Der Konditionierungserfolg hängt vermutlich stark vom pH-Wert ab. pH-Werte um 3,0 sind anzustreben (ZIESLIN und KOFRANEK 1980).

Tab. 50. Haltbarkeit von Rosen 'Cara Mia' nach Konditionieren und Transport (Halevy et al. 1978).

Transportmethode	Haltbarkeit in Wasser (Tage) Konditionieren* ohne	mit	Öffnungsindex (4 = voll erblüht) Konditionieren ohne	mit
frisch eingestellt	4,0	7,4	2,1	3,9
Luftfracht 24 h bei 22 °C	3,2	5,2	2,0	3,9
Lastwagen 5 Tage bei 2 °C	3,4	5,7	1,2	3,6

* Konditionierung 4 Stunden bei etwa 20 °C, dann 12 Stunden bei 4 °C in: 3% Zucker, 50 ppm $AgNO_3$, 300 ppm $Al(SO_4)_3 \cdot 16H_2O$, 100 ppm PBA [6-(benzylamino)-9-(2-tetrahydropyranyl)-9-H-purin], 250 ppm 8-HQC.

Öffnungslösungen: Wie bei Freesien und anderen Großkulturen werden meist zum Wochenende hin aus arbeitswirtschaftlichen Gründen relativ knospige Blumen geerntet. Ohne spezielle Maßnahmen werden unreif geerntete Rosen hängende Köpfe beim Verbraucher oder schon beim Floristen zeigen. Bei 15 bis 20 °C und einer relativen Luftfeuchte über 50% ist es möglich, unreife Rosen zu öffnen, die 1 bis 2 Tage vor dem normalen Erntetermin geschnitten werden. Geringe Lichtintensitäten (etwa 1000 Lux) können für den Entwicklungsprozeß vorteilhaft sein. Obwohl eine Reihe von Versuchen gezeigt hat, daß grundsätzlich ein Öffnen der Rosen möglich ist, müssen weitere Erfahrungen gesammelt werden, um ein für die Praxis sicheres und einfaches Verfahren zu entwickeln.

Lagerung: Die Wirkung einer längeren Aufbewahrung von Rosen auf die Lebensdauer wurde bereits in Kap. 3.4.5 näher dargestellt. Rosen sollen nach der Ernte gleich heruntergekühlt werden. Je tiefer die Temperatur, desto länger sind die Rosen auf diese Weise frisch zu halten. Bei 2 bis 5 °C ist dies maximal 3 Tage möglich. Die Wasserqualität und damit die Kondition der Rosen kann mit Chrysal-VB (2 ml/l), Rosal, einem Aluminiumsulfat (800 mg/l), Hibitangluconat (75 bis 100 ppm) verbessert werden. Diese Lösungen sollten wöchentlich gewechselt werden. Chrysal und Chrysal VB (ohne Zucker!) haben sich besonders bewährt, da sie die schädliche Wirkung von Polyphenolen im Kühlzellenwasser aufheben. Wenn Rosen im Kühlraum nur eine Nacht in altem, verbrauchtem Rosenwasser stehen, wird die Haltbarkeit meist schon um 1 Tag reduziert, wenn nicht ein neutralisierendes BFH angewendet wird (Barendse 1976). Der Produzent schafft durch den Einsatz von Wasseradditiven die Voraussetzung für eine erfolgreiche Frischhaltekette, die beim Floristen und Verbraucher fortgesetzt werden sollte. Die Wirkung einer solchen Kette wurde von Cours (1976) illustriert.

Verpackung: Perforierte Folien sind vorzuziehen, da sie den Wasserverlust der Rosen gering halten und kein Kondenswasser entstehen lassen. Liegen Rosen unverpackt bei geringer relativer Luftfeuchte, so empfiehlt es sich, sie mit Folie oder auch mit angefeuchtetem Papier abzudecken.

Transport: Die Phase, in der Rosen bei Temperaturen über 10 °C trocken liegen, muß so kurz wie möglich sein. Gerade im Sommer steigen die Temperaturen in Kartons und Kisten sehr hoch an. 1 Tag trockene Lagerung bei Temperaturen über 20 °C bedeutet für die meisten Sorten eine Haltbarkeitsverkürzung in der Verbrauchervase von etwa 2 Tagen und dies auch dann, wenn statt Wasser eine Chrysallösung angeboten wird.

Wichtig ist, daß Rosen kühl transportiert werden (Halevy et al. 1978, Farnham et al. 1978b), was bedeutet, daß nicht nur die Umgebung, sondern die Rose selbst bei Transportbeginn niedrige Temperaturen aufweisen muß. Für den längeren Transport können Rosen in der Verpackung gekühlt werden, indem kalte Luft durch den Karton geblasen wird. Dieses sogenannte Forced-Air-Cooling-System (FAC) wurde in Californien entwickelt (Farnham et al. 1978a, b) und führt die Wärme der „warm verpackten" Rosen ab (vgl. Kap. 3.4.5).

Auffrischen: Ein Anschnitt des Stielendes und eine kurze Phase der Härtung (Lufttemperatur 5 bis 10 °C, Wassertemperatur bis 40 °C) ist meistens angebracht, bevor der Florist die Ware zum Verkauf anbietet.

BFH: Rosen sind relativ zuckerempfindlich. Dennoch läßt sich das Vasenleben mit handelsüblichen BFH ausdehnen.

Ein Beispiel für die Wirkung von BFH bei Rosen zeigt Abb. 54. Aus dieser Abbildung geht deutlich hervor, daß Zucker ohne Bakterizid niemals verabreicht werden sollte. Die ausschließliche Zuckergabe vermindert die Haltbarkeit drastisch.

Abb. 54. Haltbarkeit von Rosen 'Montezuma' (oben) und 'Bel Angé' (unten) in unterschiedlichen Lösungen (Zimmer 1968). Von links nach rechts: Wasser, Zucker, Florafrisch, Florafrisch + Zucker.

Geschwächte Rosen können auf BFH mit Blattaufhellungen reagieren. So fanden CAROW und SOMMER (1979), daß im November geerntete, sehr knospige 'Mercedes' durch wenige Stunden nach der Ernte angebotenes Chrysal (15 g/l) im Aufblühen und in der anschließenden Haltbarkeit in Wasser stark gefördert werden, während diese Chrysalkonzentration Blattschäden verursachte, wenn die Rosen zunächst 36 Stunden in Wasser standen. Die späte Anwendung brachte auch hinsichtlich des Aufblühens keinen Erfolg (vgl. Abb. 36).

Viele BFH haben sich als wirksam herausgestellt:
AAdural P (15 g/l), Chrysal (12,5 g/l), Etisso-Rosenfrisch (15 ml/l), Substral-Blumenfrisch (30 ml/l), Onit (10 g/l, Israel), Compo-Blumenfrisch (20 ml/l), Proflovit-72 (Polen), Floralife u. a. Flora Bric ist offenbar weniger blattverträglich (BARENDSE 1980a).

Sonderprobleme: Bevorzugt bei 'Ilona' tritt hin und wieder eine Vergilbung und Nekrotisierung der Petalenspitzen auf. Diese Erscheinung wird an knospigen Blüten häufiger beobachtet als an reif geernteten. Sie tritt bei hoher Luftfeuchte und krassem Temperaturwechsel vom Gewächshaus in den Kühlraum besonders stark auf (SYTSEMA und BARENDSE 1976). Es ist offenbar – wie auch bei anderen Rosen – bei hohen Gewächshaustemperaturen vorteilhaft, wenn die Rosen etwa ½ Stunde im Schatten einen Teil ihrer Feldwärme abgeben können und dann erst in den Kühlraum gebracht werden. Vor allem sind dann auch Kondenswasserbildung und Botrytisgefahr vermindert. Gerade auf längerem Transport kann *Botrytis* ein Problem sein (FARNHAM et al. 1978b).

Sommerblumen

Unsere Kenntisse über die Haltbarkeit und Verwendbarkeit von Sommerblumen sind meistens lückenhaft und unzureichend. Dennoch seien einige Bemerkungen zu solchen Gattungen gemacht, für die ein eigener Abschnitt innerhalb der alphabetischen Reihenfolge nicht gerechtfertigt ist.

Sommerblumen werden in aller Regel gleich nach der Ernte in Wasser gestellt, andernfalls wird das Vasenleben meistens drastisch vermindert.

Alchemilla mollis, der Frauenmantel, ist eigentlich gut haltbar, verträgt jedoch auch das Einstellen in Standard-BFH (kein Nelkenchrysal).

Celosia argentea f. *cristata* kann mit BFH schon zum Aufblühen gebracht werden, jedoch sind Blattrandnekrosen möglich.

Dianthus barbatus blüht ebenfalls durch BFH-Anwendung voll auf und hält sehr gut.

Gaillardia haben meist ein Vasenleben von nur 4 Tagen.

Godetia grandiflora ist in Wasser recht gut haltbar.

Helianthus annuus muß geerntet werden, wenn die Blüte voll aufgeblüht ist. Die Haltbarkeit beträgt selten mehr als 5 bis 6 Tage.

Hesperis ist gut haltbar, eine BFH-Anwendung ist nicht notwendig.

Limonium sinuatum kann auf BFH mit einer etwas stärkeren Vergilbung der Stiele reagieren. Die Haltbarkeit wird nicht wesentlich beeinflußt.

Molucella laevis hält gut und verträgt auch Standard-BFH (BARENDSE 1979a).

Nicotiana reagiert positiv auf zuckerhaltiges Wasser (3,5%ig), vermutlich auch auf BFH.

Nigella damascena erfährt eine Förderung der Haltbarkeit durch 5%ige Zuckerlösung (ARNOLD 1930).
Ornithogalum hält in Wasser und BFH etwa gleich gut.
Salvia farinacea kann bei Anwendung von Wasseradditiven knospig geschnitten werden und zeigt dann – wenn nicht trocken gelegen – ein Vasenleben von etwa 8 bis 10 Tagen (CAROW und LEMPER 1979b). Bewährt haben sich Chrysal (12,5 g/l), Nelkenchrysal (25 g/l) und Mimosa-Chrysal (16 g/l).
Tagetes können im Naßlager bei 4 °C kurz aufbewahrt werden. Eine trockene Lagerung bei 4 °C über 16 Tage brachte keinen praktisch verwertbaren Erfolg (NEFF und LOOMIS 1935).

Stauden

Aufgrund der 1973 und 1979 rasant gestiegenen Energiepreise wurde die Produktion traditioneller Schnittblumen an vielen Orten in Frage gestellt. Gleichsam über Nacht ist der Anbau von Schnittstauden aktuell geworden. Bei genauer Betrachtung des Sortimentes zeigt sich, daß sich dem Nachernte-Physiologen hier ein breites Arbeitsfeld eröffnet. Eine Reihe von Fragen taucht dabei auf, die erst in den nächsten Jahren beantwortet werden kann. Möglichkeiten des frühen Ernteschnittes, der Konditionierung und Lagerung (bei 6 bis 8 °C kurzfristig möglich) sind keineswegs ausgelotet und bekannt. Eine Übersicht über unsere Kenntnisse ist dennoch von großem Nutzen für die Praxis. Die in Tab. 51 angeführten Daten und Hinweise beruhen im wesentlichen auf den Arbeiten von SIEBER et al. (1980), BARENDSE (1978, 1979a) und persönlichen Mitteilungen von FUSS (1980). Einige Stauden, die näher untersucht sind, werden innerhalb der alphabetischen Reihenfolge ausführlicher behandelt.

Die Ernte von Staudenblumen erfolgt am besten morgens, damit die Pflanztemperatur noch niedrig ist. Es ist sinnvoll, die meisten Stauden schnell nach der Ernte in Wasser zu stellen und auch in Wasser oder BFH-Lösung zu vermarkten.

Tab. 51. Schnittstauden

Art/Sorte	Erntestadium k = knospig h = halbgeöffnet o = offen	Haltbarkeit in Wasser (Tage)	BFH-Anwendung/ Bemerkungen
Achillea filipendulina			
'Coronation Gold'	o	8–14	BFH Chrysal, AAdural P
'Parker' u. a.		6–14	und flüssig
A. × *hybrida* 'Moonshine'	h–o	8–10	
A. millefolium	h–o	8–10	
A. ptarmica 'Schneeball'	o	8–10	
Aconitum × *arendsii*	h	8–10	Naß vermarkten ist optimal
A. napellus			
'Newry Blue'	k–h	8–10	BFH wirken gut
'Bressingham Spire'	k–h	5–7	Verpacken in Zeitungspapier
'Sparks Variety'	k–h	8–10	bzw. perforierte Folie

Art/Sorte	Erntestadium k = knospig h = halb-geöffnet o = offen	Haltbarkeit in Wasser (Tage)	BFH-Anwendung/ Bemerkungen
Alchemilla mollis	o	10	BFH-verträglich, sehr gut haltbar
Allium aflatunense	o	8–10	BFH-verträglich
Aquilegia-Hybriden	h	3–4	BFH wirksam, Knospen blühen auf
Aster amellus	h	5–8	Mit Standard-BFH liegen positive Erfahrungen vor. Sollen nicht trocken liegen. Naß vermarkten
A. ericoides 'Herbstmyrthe' u. a.	h–o	3–6	
A. novae-angliae 'Rudelsburg' u. a.	h	3–5	
A. novi-belgii	2–3 Röhrenblütenkreise offen	4–8	
A. tongolensis 'Leuchtenburg' u. a.	2–3 Röhrenblütenkreise offen	4–8	
Astilbe × arendsii 'Fanal' u. a.	o	3–5	BFH verlängert Vasenleben durch Weiterentwicklung der Blüten beachtlich
Bergenia cordifolia		8–14	Blätter als Beiwerk gut haltbar
Campanula glomerata 'Superba'	k–h	4–6	Bei BFH-Einsatz kann knospig geerntet werden. Aufblühen und Haltbarkeit werden deutlich verbessert. Blüten nicht druckfest Chrysal (12,5 g/l), AAdural P (15 g/l) Generell halten dicke Stiele länger als dünne.
C. grandis	k–h	4–6	
C. latifolia 'Macrantha'	k–h	3–6	
C. persicifolia	k–h	3–6	
C. pyramidalis	k–h	7–10	
C. rapunculoides	k		
Carlina acaulis	o	14	
Centaurea dealbata 'Steenbergii'	k–h	4–8	BFH wirksam
C. macrocephala	h–o	6–8	BFH wirksam
Chelone obliqua	k–h	5–10	Mit BFH öffnen sich die Seitenknospen (Chrysal). Nicht trocken liegen lassen.
Chrysanthemum coccineum 'Regent' u. a.	h	8–10	Bei heißer Witterung der Fäulnis mit BFH vorbeugen.
Ch. leucanthemum 'Maistern'	h	8–10	BFH bewirkt aufblühen der Knospen und größeren Blütendurchmesser. Etisso-Taufrisch und Everbloom offenbar nicht förderlich.
Ch. maximum 'Wirral Supreme'	2–3 Röhrenblütenkreise offen	6–10	

Art/Sorte	Erntestadium k = knospig h = halb-geöffnet o = offen	Haltbarkeit in Wasser (Tage)	BFH-Anwendung/ Bemerkungen
Coreopsis grandiflora 'Badengold'	2–3 Röhrenblütenkreise offen	3–6	BFH günstig, Blüten nicht druckfest.
Delphinium × belladonna 'Völkerfrieden'	h	3–6	Starke Äthylenproduzenten. Dadurch Haltbarkeit mit BFH im Extremfall 5 mal so groß. Transport problematisch. Naß vermarkten.
D. × cultorum 'Lanzenträger'	h	3–6	
D. Pacific-Hybriden	h	3–6	
Digitalis purpurea	h	3–8	BFH wirksam
Doronicum caucasicum	2–3 Röhrenblütenkreise offen	3–5	BFH-Wirkung gering
D. plantagineum	2–3 Röhrenblütenkreise offen	4–6	
Echinops ritro 'Veitch's Blue'	h	6–8	Läßt sich trocken versenden.
Erigeron × hybridus	2–3 Röhrenblütenkreise offen	6-10	BFH günstig, evtl. halbe Aufwandmenge. 'Foerster's Liebling' besser haltbar als 'Dunkelste Aller'.
Eryngium alpinum	o	8–10	Auch ohne BFH gut haltbar.
E. dichotomum	h–o	8–10	
E. planum	h–o	8–10	
Gentiana asclepiadea	1/3 der Blüten offen	10	Naßlager bei 3 bis 5 °C für 5 bis 7 Tage möglich
Geum × hybridum	h–o	2–4	BFH wirksam
Helenium × hybridum	h–o	3–6	
Helianthus atrorubens	h–o	6–8	
Heliopsis helianthoides var. *scabra*	h–o	6–8	Chrysal. 'Spitzentänzerin' und 'Venus' haltbarste Sorten. Haupt- u. Seitentriebe getrennt vermarkten.
Helleborus niger	h	4–10	BFH wirken positiv, großblumige Christrosen blühen offenbar schneller auf als kleinblumige.
Hosta-Arten	—	6–8	Blätter als Beiwerk
Iris × barbata-elatior	k–h	3–6	
Kniphofia × hybrida 'Royal Standard' 'Earliest of All'	k–h	6–8	

Art/Sorte	Erntestadium k = knospig h = halb- geöffnet o = offen	Haltbar- keit in Wasser (Tage)	BFH-Anwendung/ Bemerkungen
			BFH zeigen keine bzw. nur schwache Wirkung. Blütenstand neigt zum Rieseln. Kurzfristige Aufbewahrung bei 4 °C möglich. Aufrecht transportieren oder stramm in Papier oder Folie einrollen, da ageotrope Reaktion.
Liatris spicata 'Floristan Violett'	h	8	In Wasser blühen die untersten Knospen nicht auf, was in BFH erreicht wird (Chrysal, AAdural P). Naß vermarkten.
Limonium latifolium	o	>14	Nach einer Kühlperiode öffnen sich die weißen Blüten offenbar nur in BFH wieder.
Monarda × hybrida 'Cambridge Scarlet'	h–o	4–8	BFH wirksam
Oenothera tetragona 'Fyrvekeri'	2 Blüten offen	4–5	Frühe Staude mit gelben Blüten, in Chrysal 7 bis 10 Tage haltbar. Einzelblüte vergeht schneller.
Papaver nudicaule	k–h	3–4	Stielbasis evtl. ankochen oder anbrennen.
Phlox paniculata	h	1–4	BFH wirksam, naß vermarkten.
Platycodon grandiflorum	k–h	4–5	BFH wirksam
Physostegia virginiana	k–h		Nicht trocken liegen lassen, da sonst Knospenfall, naß vermarkten. BFH fördert Aufblühen und Haltbarkeit.
Rudbeckia purpurea 'Leuchtstern' u. a.	h–o	3–8	AAdural P und flüssig sehr gut wirksam. „Butzen" ohne Zungenblüten verwendbar. Naß vermarkten.
Scabiosa caucasica 'Clive Greaves' u. a.	2–3Petalen entfaltet	4–6	Bei BFH-Einsatz kann knospig geerntet werden. Blüten gegen Nässe empfindlich. Naß vermarkten.
Sedum telephium 'Herbstfreude'	h	10–14	Auch ohne BFH sehr gut haltbar.
Solidago × hybrida 'Golden Wings'	h	4–6	BFH verbessern Aufblühen und Vasenleben

Art/Sorte	Erntestadium k = knospig h = halb-geöffnet o = offen	Haltbarkeit in Wasser (Tage)	BFH-Anwendung/ Bemerkungen
'Strahlenkrone' 'Goldschleider' u. a.			(Chrystal, AAdural). Naß vermarkten.
Thalictrum dipterocarpum	h		Als Beiwerk verwendbar.
Trollius chinensis 'Golden Queen'	k–h	3–6	Bei BFH-Einsatz knospig schneiden. Hohe Aufblühgeschwindigkeit.
Veronica longifolia	h	4–6	BFH gut wirksam

Strelitzia

Beim Verbraucher müssen Strelitzien mindestens 10 Tage ohne Einschränkung ansehnlich sein.

Erntestadium: Normalerweise werden Strelitzien geerntet, wenn die erste Blüte volle Farbausbildung zeigt. Da Strelitzien meist weit transportiert werden, ist der Produzent bestrebt, sie möglichst „knospig" zu ernten. Manchmal machen auch aufkommende Krankheiten, Sturm, Hagel oder sogar Frost eine Ernte im Knospenstadium erstrebenswert. Allerdings werden die Einzelblüten nach dem Schnitt im Knospenstadium nicht vollständig entwickelt, so daß der Florist durch vorsichtiges Öffnen der die Blüten einhüllenden Hochblattscheide helfen muß.

Öffnungslösung: Strelitzien können in zuckerhaltiger Lösung geöffnet werden. Hierfür eignet sich die unten angegebene Konditionierungslösung. Die Blütenqualität ist dann sogar besser als bei solchen Blumen, die im üblichen Entwicklungsstadium geschnitten und dann lediglich in Wasser eingestellt werden.

Konditionieren: Werden geschlossene Strelitzien kurz vor dem Aufbrechen des Hüllblattes geerntet und anschließend bei etwa 22 °C 48 Stunden lang vor dem Transport konditioniert, so erhöht sich nicht nur die Anzahl der sich öffnenden Blüten, sondern auch die Haltbarkeit insgesamt. 12stündige Konditionierung ergibt nicht die maximale Wirkung. Als wirksame Konditionierungslösung gilt: 250 mg 8-HQC + 150 mg Zitronensäure + 100 g Zucker je l Wasser (Halevy et al. 1978). Die Wassertemperatur im Bereich von 20 bis 60 °C spielt für den Konditionierungserfolg keine Rolle.

Lagerung: Die optimale Lagertemperatur beträgt 8 °C. Bei dieser Temperatur kann es jedoch zu erheblichem Botrytisbefall kommen, was durch entsprechendes Eintauchen des geschlossenen Blütenstandes in ein geeignetes Botrytizid verhindert werden kann. Die maximale Lagerdauer bei 8 °C beträgt 3 bis 4 Wochen, wenn vorher konditioniert wurde. Durch Folienumhüllung wird das Austrocknen der Schnittblumen verhindert.

Auffrischen: Nachschneiden ist unerläßlich, da durch längeren Transport die Stielenden trocken bzw. beschädigt sind. Zur vollen Entfaltung der Blüten – falls nicht konditioniert – empfiehlt es sich, nach dem Auspacken der Blumen den

Blütenstand etwa 20 Minuten in zimmerwarmes Wasser zu tauchen und anschließend mit den Fingern die Blüten zu lockern, die weiße Membran um jede Einzelblüte zu entfernen und somit die Entfaltung des Blütenstandes zu erleichtern.

BFH: Strelitzien sind sehr zuckerverträglich, so daß eine Förderung der Haltbarkeit, keineswegs aber eine nachteilige Wirkung durch BFH zu erwarten ist, zumal auch Verbindungen wie Silbernitrat, Aluminiumsulfat und SDT vertragen werden (HALEVY et al. 1978).

Tulipa

Ernte: Die Haltbarkeit und die charakteristischen physiologischen Veränderungen von Tulpen nach dem Schnitt sind unabhängig von der Erntezeit am Tage, unabhängig von den Wetterbedingungen und dem Anschnittwinkel am Stielende. Der wichtigste Faktor für die Maximierung des Vasenlebens ist das Entwicklungsstadium (BENSCHOP und DE HERTOGH 1969).

Genotyp: Im allgemeinen sind Tulpen guter Qualität beim Verbraucher 5 Tage haltbar. Die Tulpen wachsen im Vasenwasser mehr oder minder stark. Während das Blütenwachstum erwünscht ist, führt das außergewöhnlich große Längenwachstum zu unerwünschten Erscheinungen wie z. B. zum Umbiegen des Stengelteiles und dem damit verbundenen „Auseinanderfallen“ eines Tulpenstraußes. Die Sorten zeigen ein unterschiedlich starkes Wachstum; einige Sorten wachsen bis zu 16 cm (BENSCHOP und DE HERTOGH 1969), was bedeutet, daß Sträuße und Arrangements in den ersten beiden Tagen ihre Proportionen erheblich verändern. Im Zusammenhang mit dem „Auswachsen“ kann bei schlechter Kondition der Tulpe das Phänomen der sogenannten Wasserstiele stehen. Durch Förderung des Streckungswachstums mittels Zuckerapplikation kann das Knicken der Blütenstiele verstärkt werden (ALGERA 1968). Vermutlich gibt es für diese Nacherntekrankheit der Tulpe eine genetisch verankerte Disposition.

Um das Längenwachstum zu reduzieren und damit den optischen Eindruck zu verbessern, ist es möglich, dem Vasenwasser 25 mg Ancymidol/l zuzufügen (EINERT 1971). Auch ein Besprühen der Tulpen 1 oder 2 Tage vor der Ernte bringt eine Stielverkürzung mit sich. Hierzu verwendet man 50 bis 100 mg Ancymidol/l.

Durch diese Behandlung wird das Internodium an der Stelle des stärksten Wachstums um etwa 1 mm dicker. Offenbar wird dadurch das Umbiegen der Stiele verhindert (EINERT 1975).

Lagerung: Bei kurzlebigen Sorten, wie z. B. ‘Apeldoorn’, ist die Naßlagerung bei 0 bis 1 °C auf 6 Tage zu begrenzen, bei Temperaturen über 3 °C sollten die Blumen nicht länger als 3 Tage beim Produzenten stehen. Temperaturen um 10 °C machen nur eine kurze Aufbewahrung möglich, wenn der Verbraucher nach dem Vermarktungsprozeß noch eine haltbare Tulpe bekommen soll. Robustere Sorten, wie z. B. ‘Lustige Witwe’, können bei den genannten Temperaturen etwa 3 Tage länger aufbewahrt werden. Eine Trockenlagerung bei 0 bis 4 °C sollte nur vorübergehend (12 bis 24 Stunden) erfolgen.

Hinweise zur Verpackung sind in Kap. 3.4.4 gegeben.

Auffrischen: Hat der Florist überschüssige oder geknickte Blätter entfernt und das Stengelende nachgeschnitten, wird er etwas welke Tulpen im Kühlraum bei 4 bis

10 °C einige Stunden härten. Damit sich die Stengel nicht krümmen, werden die Tulpen zu je 10 bis 20 Stück in ein Papier nicht zu fest eingewickelt.

BFH: Durch Benzylaminopurin im Vasenwasser (10 bis 50 mg/l) kann nicht nur die Blütenhaltbarkeit verbessert, sondern auch das Umbiegen der Stiele vermindert und die Blattfarbe erhalten werden (SYTSEMA 1970). Jedoch ist diese Wirkung offenbar abhängig von der Jahreszeit (besser im Februar als im April).

Als gut brauchbare BFH haben sich erwiesen:

2 ml Chrysal VB + 25 g Zucker, eine Kombination, die hervorragend stramme Stiele bewirkt (SYTSEMA 1975b), AAdural flüssig (30 ml/l) und Compo-Blumenfrisch (20 ml/l).

Von Tulpenchrysal wird das in die Lösung eingetauchte Stielende angegriffen. Trotz der Schrumpfung und teilweisen Verfärbung bleibt die Wasseraufnahme durch den Stiel in der Regel unbehindert. Mit 10 mg Benzalkon, 25 g Zucker und 10 mg Calciumcarbonat/l Wasser läßt sich ebenfalls eine Haltbarkeitsverlängerung erreichen (STADEN 1976). Man kann jedoch nicht davon ausgehen, daß BFH unreife Tulpen voll zur Entwicklung bringen können.

Verbena bonariensis

Erfolgt der Schnitt, wenn sich die ersten Blüten gerade öffnen, so kann das Vasenleben fast 3 Wochen betragen. Entscheidend ist, daß die Blumen nicht trocken liegen und rasch in eine BFH-Lösung eingestellt werden. Andernfalls rieseln die Blüten zu schnell. In Wasser ist mit einer Lebensdauer von etwa 5 Tagen zu rechnen. Als BFH sind AAdural flüssig (30 ml/l), Nelken-Chrysal (25 g/l), aber auch andere Produkte sehr gut brauchbar.

Ziergehölze

Die Qualität der in Wasser oder besser in Öffnungslösungen aufblühenden Zweige wird in starkem Maße von Kulturmaßnahmen vor dem Schnitt bestimmt (RUPPRECHT 1966, 1967). Schwache Triebe und lückenhafte Knospenbildung können auch durch Wasserzusätze nicht ins Gegenteil verwandelt werden.

Die Blütenknospen einer Reihe von Ziergehölzen werden im Sommer angelegt und weisen eine Ruheperiode auf, in der sie nicht ohne weiteres zur Entwicklung, d. h. zum Aufblühen zu veranlassen sind. Die ruheüberwindenden Faktoren sind Temperatur und Zeit, weswegen man z. B. Flieder, Forsythien und Mandelsträucher nach 4 bis 5 Wochen Aufenthalt in einer Kühlzelle bei −2 °C schon im Dezember sehr einheitlich treiben kann.

Nach Beendigung der Hauptruhe lassen sich die meisten für floristische Zwecke brauchbaren Gehölze problemlos treiben, wie z. B. *Chaenomeles*, Kastanien, *Malus, Ribes, Viburnum,* Weiden und Weigelien.

Für das Treiben verschiedener Gehölze gelten recht einheitliche Techniken:

1. Die Umweltfaktoren während des Treibprozesses müssen dem Ziel „Qualität" entsprechen. In aller Regel wird eine relative Luftfeuchte von 80 bis 90% optimal sein. Licht – auch mit geringer Beleuchtungsstärke – ist der Dunkelheit vorzuziehen. Die anfänglich hohen Temperaturen von bis zu 25 °C sind nach und nach während der Treibphase abzusenken bis auf 16 bis 18 °C, damit die Blütenqualität verbessert wird.

2. Der Anschnitt der Stielenden ist von untergeordneter Bedeutung. Ein langer, schräger Schnitt ist ebenso gut wie ein Aufspalten des Holzes (Rupprecht 1966, 1967).
3. Das Treiben abgeschnittener Zweige ist praktisch erst durch den Einsatz von zuckerhaltigen und dennoch sauberen Lösungen möglich geworden. Je nach den spezifischen Problemen beim Treiben einer Gattung wurden verschiedene Öffnungslösungen konzipiert, die zum Teil sehr viele Einzelkomponenten enthalten können. So entwickelte Sytsema (1962) eine Lösung, die je Liter Wasser folgende Substanzen enthielt: 30 mg Silbernitrat, 30 mg Streptomycinsulfat, 50 ml Filtrat von Cladox (=2,4 dinitrorhodanbenzen) gegen Mikroorganismen, 200 mg Zitronensäure gegen physiologische Blockade, 30 g Zucker zur Energieversorgung, 1 ml Glycerin und 100 mg Borsäure für besseren Wasser- und Zuckertransport, 1 g Calciumnitrat zur Calcium-Ernährung der Blüten und zur Zellwandstabilisierung.

   Eine in der DDR entwickelte Lösung (AKN) enthält je Liter Wasser 800 mg Kalium-Aluminium-Alaun, 300 mg Kaliumchlorid, 200 mg Natriumchlorid und 30 g Zucker (Rupprecht und Nikolowa 1964).

   Andere brauchbare Treiblösungen sind 300 mg 8-HQS + 30 g Zucker/l, 16 g Mimosa-Chrysal + 15 g Zucker/l, 25 g Nelken-Chrysal/l oder 40 g AAdural AK/l.

   In der Regel ist die Öffnungslösung bei einer längeren Treibdauer als 10 Tagen zu wechseln.
4. Die Anwendung von BFH wie AAdural MS, P, flüssig oder Mimosa-Chrysal beim Floristen und Verbraucher verbessert das Aufblühen, intensiviert die Blütenfarben und verlängert die Haltbarkeit (Bosse 1968, Sytsema 1972, Zimmer 1968).
5. Die Blütenorgane vertrocknen leicht und sollten daher bei trockenem Transport einen Verdunstungsschutz mit perforierter Folie erhalten. Das vermindert auch die Beschädigungsgefahr.

Forsythia

Nach der Kühlung im November bei −2 °C (Staden 1975) sind Forsythienzweige sicherheitshalber etwa 8 bis 12 Stunden in Wasser (28 °C) zu baden, da sich anschließend die Knospen gleichmäßiger und schneller öffnen (Rupprecht 1961). Bei Temperaturen von 18 bis 25 °C können die Zweige – nach neuem Anschnitt der Zweigenden – in sauberem Wasser bzw. in einer Öffnungslösung aufblühen. Dies dauert im allgemeinen 10 bis 12 Tage. Dieses Aufblühen – ab Januar ohne zusätzliche Kühlung möglich – kann auch in der Vase des Verbrauchers stattfinden, unterstützt durch BFH, welche die Entwicklung aller Knospen fördern und die Blütenfarbe verbessern.

Werden die Zweige noch längere Zeit transportiert, empfiehlt es sich, sie vorher zu kühlen (5 bis 10 °C) und während des Transports entsprechend kühl zu halten. Die Zuckerkonzentrationen für die Öffnungslösungen sollten nicht höher als 3% liegen, da sonst die Blühdauer zu kurz ist.

BFH: AAdural MS (15 g/l), Mimosa-Chrysal (16 g/l), AAdural P (15 g/l), Chrysal (12,5 g/l) und AKN + 3% Zucker.

Mimosa

Seitdem Mimosen vom Mittelmeerraum nach nördlichen Gebieten Europas verschickt werden, ist das Problem der schlechten Haltbarkeit praktisch nicht vollständig gelöst worden. Die bereits entwickelten, zarten Blüten wurden auf dem Transport in aller Regel zerstört, so daß nach der Möglichkeit gesucht wurde, Mimosen knospig zu ernten, zu verpacken und zu transportieren.

Durch eine besondere Behandlung sollten die Blüten erst in der Vase des Floristen bzw. des Verbrauchers aufblühen und sich voll entfalten. Die Entwicklung von Mimosa-Chrysal macht dies in der Tat möglich. Die Vermarktung grüner, d. h. knospiger Mimosen, wird damit an die Anwendung eines BFH gekoppelt. Allerdings ist diese Koppelung in der Praxis bis heute nicht konsequent durchgeführt worden, so daß die Mimose – meistens *Acacia decurrens* 'Mirandole' und 'Floribunda' – weiterhin eine Problemblume darstellt. Ein vollständiges Aufblühen der Knospen ist nur durch die Anwendung spezieller Wasseradditive wie z. B. Mimosa-Chrysal (16 g/l) oder AAdural MS (15 g/l) möglich. Die Haltbarkeit kann damit bis auf das 5fache, d. h. bis auf 12 bis 14 Tage verlängert werden.

Syringa

In der Regel wird Flieder geerntet, wenn etwa 70% der Blüten die sortentypische Farbe zeigen. Durch die grundlegenden Arbeiten (Rupprecht und Nikolowa 1964, Sytsema 1962) zur Treiberei von abgeschnittenen Zweigen ist es möglich, die aufwendige Ballentreiberei zu umgehen. Die Treiberei ohne Ballen bedeutet, daß je m^2 Treibraum etwa 350 bis 400 Zweige stehen können, während früher hierauf nur 4 Sträucher mit insgesamt etwa 50 Zweigen Platz fanden (Rupprecht 1961). Außerdem können die Sträucher jedes Jahr beerntet werden.

Erntestadium: Die Zweige werden unabhängig von der Knospengröße geerntet und in einem Treibraum bei 20 bis 25 °C in spezielle Lösungen, d. h. Öffnungslösungen, eingestellt. Für die Treiberei bis Ende Dezember ist es sicherer, die Stiele Anfang November zu schneiden und 4 bis 5 Wochen bei −2 °C zu kühlen, damit die Hauptruhe der Knospen zum Treibbeginn abgeschlossen ist.

Öffnungslösungen: Das Angebot von sauberem Wasser mit pH 3,0 bis 4,0 (Aarts 1957, Odom 1954) und Zucker über den frisch angeschnittenen Zweig ist von entscheidender Bedeutung. Die Temperatur der Öffnungslösungen soll nicht höher sein als die während der Zweigtreiberei herrschende Raumtemperatur, da sich sonst die Blütenhaltbarkeit vermindert (Rupprecht und Nikolowa 1964). Treibtemperaturen um 18 °C verlängern gegenüber 22 oder 25 °C die Treibdauer, verbessern aber die Haltbarkeit nach Treibabschluß. Dies ist auch dann der Fall, wenn sie nur zum Ende der Treibphase einwirken (Sytsema 1962), weswegen das Treiben meist mit 25 °C begonnen und nach kontinuierlicher Temperaturabsenkung mit 16 bis 18 °C beendet wird. Die Treibdauer bis zur ordentlich entwickelten Blüte beträgt je nach Temperatur und Sorte bis zu 16 bis 24 Tage. Die sich entfaltenden Blätter aus Laubblattknospen sind zu entfernen. Nach dem Öffnen der Knospen ist eine Haltbarkeit von 10 bis 12 Tagen möglich und erstrebenswert, was durch den Einsatz spezieller BFH erreicht werden kann.

Vor dem Versand ist es angebracht, die Stiele bei etwa 10 bis 12 °C für etwa 12 bis 24 Stunden zu kühlen. Dabei können die Stielenden in reinem Wasser stehen.

Als Wasseradditive in der Floristen- bzw. in der Verbrauchervase haben sich speziell AAdural MS (15 g/l) und Mimosa-Chrysal (16 g/l) bewährt. Aber auch andere zuckerhaltige BFH verbessern die Haltbarkeit.

Zinnia

Die durchschnittliche Haltbarkeit frisch geernteter Zinnien liegt bei etwa 8 Tagen, wobei durch Sortenunterschiede 2 Tage gewonnen oder verloren werden.

Erntestadium: Zinnien sollten bei der Ernte aufgeblüht sein. In der durchaus interessanten, kurzen Kultur unter Glas für den Muttertag treten hin und wieder Knicker auf, sobald die Stiele in der Vase bzw. im Container des Produktionsbetriebes stehen. Vermutlich handelt es sich um das gleiche Phänomen wie bei der *Gerbera*. Durch die zum Teil hohen Wachstumsraten unter Glas bei Sonneneinstrahlung muß insbesondere auch auf die Kalium-Calcium-Ernährung geachtet werden.

BFH: Stark zuckerhaltige BFH können bei Zinnien aus der Unterglasproduktion Blattschäden hervorrufen.

Literaturverzeichnis

Aarts, J. F. T.: Over de houdbaarheid van snijbloemen. Meded. Landbouw. Hogesch. Wageningen 57, 1–62, 1957.

Aarts, J. F. T.: The development and keeping of cut flowers after picking. Meded. Dir. Tuinb. 20, 690–701, 1957.

Abeles, F. B.: Ethylene in plant biology. Academic Press, New York und London, 1973.

Abeles, F. B., und Leather, G. R.: Abscission: Control of cellulase secretion by ethylene. Planta 97, 87–91, 1971.

Abeles, F. B., und Rubinstein, B.: Regulation of ethylene evolution and leaf abscission by auxin. Plant Physiol. 39, 963–969, 1964.

Akamine, E. K.: Ethylene production in fading vanda orchid blossoms. Science 140, 1217–1218, 1963.

Akamine, E. K., und Goo, Th.: Vase life extension of anthurium flowers with commercial foral preservatives, chemical compounds and other materials. Flor. Rev. 155 (4026), 14 pp., 1975.

Algera, L.: Topple disease of tulips. Phytopath. Z. 62, 251–261, 1968.

Allinger, P., Michael, G., und Martin, P.: Einfluß von Cytokininen und anderen Wuchsstoffen auf die Stoffverlagerung in abgeschnittenen Blättern. Flora 160, 538–551, 1969.

Alloca, R. E.: Dormavac-Long term storage of perishable commodities. Publ. No. 80, Amer. Soc. Mechanical Engineers, 1980.

Andersen, J. M., Gylterud, R., und Moe, R.: Holdbarhet hos korallranke. Gartneryrket 64, 409–411, 1974.

Apelbaum, A., und Katchansky, M.: Improving quality and prolonging vase life of bud cut flowers by pretreatment with thiabendazole. J. Amer. Soc. Hort. Sci. 102, 623–625, 1977.

Apelbaum, A., und Katchansky, M.: Effects of thiabendazole on ethylene production and sensitivity to ethylene of bud cut flowers. HortScience 13, 593–594, 1978.

Arditti, J.: Post-pollination phenomena in orchid flowers. The Orchid Rev. 84, 261–268, 1976.

Arditti, J., und Knauft, P. L.: The effects of auxin, actinomycin D, ethionine and puromycin on post-pollination behaviour by *Cymbidium* (Orchidaceae) flowers. Amer. J. Bot. 56, 620–628, 1969.

Arnold, Z.: Einige orientierende Versuche zur Frage der künstlichen Frischhaltung der Schnittblumen. Gartenbauwissenschaft 3, 47–58, 1930.

Arnold, Z.: Weitere Versuche der künstlichen Frischerhaltung der Schnittblumen. Gartenbauwissenschaft 5, 255–266, 1931.

Asen, S., und Lieberman, M.: Ethylene oxide found to combat deterioration of carnations. Flor. Rev. 132, (3431), 21 pp., 1963.

Back, A., und Richmond, A. E.: Interrelations between gibberellic acid, cytokinins and abcisic acid in retarding leaf senescence. Physiol. Plant. 24, 76–79, 1971.

Baker, J. E., Wang, C. Y., Lieberman, M., und Hardenburg, R.: Delay of senescence in carnations by a rhizobitoxine analog and sodium benzoate. HortScience 12, 38-39, 1977.

Bangerth, F.: Zur Wirkung eines reduzierten Drucks auf Physiologie, Qualität und Lagerfähigkeit von Obst, Gemüse und Schnittblumen. Gartenbauwissenschaft 38, 479–508, 1973.

Barden, L. E.: The effect of ethylene on carnation vase life. HortScience 6, 298, 1971.

Barden, L. E., und Hanan, J. J.: Effect of ethylene on carnation keeping life. J. Amer. Soc. Hort. Sci. 97, 785–788, 1972.

Barendse, L.: Schaade door narcisseslijm bij verschillende bloemsoorten. Vakbl. Bloem. 29 (21), 12–13, 1974.

Barendse, L.: Houdbaarheidsonderzoek. Jaarversl. Proefst. Bloem. Aalsmeer 152–164, 1974.

Barendse, L.: Houdbaarheidgegevens van de roos. Vakbl. Bloem. 30 (47) 14–15, 1975.

Barendse, L.: Het in bloei trekken van onrijp gesneden Feesias. Proefst. Bloem. Aalsmeer, Rapport No. 4, 1975.

Barendse, L.: Houdbaarheidsonderzoek snijbloemen. Bloemisterij onderzoek in Nederland. 188–202, 1977.

Barendse, L.: Houdbaarheid. Bloemisterij onderzoek in Nederland. 1978.

Barendse, L.: Bloemisterij onderzoek in Nederland. 1979a.

Barendse, L.: Bewaring en verpakking van snijbloemen. Vakbl. Bloem. 34, 39, 1979b.

Barendse, L.: Gemiddelde houdbaarheid siergroen goed. Vakbl. Bloem. 34, 33, 1979c.

Barendse, L.: Flora Bric, wat is dat voor een snijbloemenmiddel? Vakbl. Bloem. 35, 23, 1980a.

Barendse, L.: Goede houdbaarheid middelvroegbloeiende Cymbidium. Vakbl. Bloem. 35, 25, 1980b.

Barendse, L.: Heeltjes verwijderen bij Gerbera voor stevige bloem. Vakbl. Bloem. 35, 23, 1980c.

Barendse, L., und Sytsema, W.: Houdbaarheid van snijbloemen. Bloementeeltinformatie No. 8, 1–21, 1976.

Bar-Sella, P.: Causes of rapid wilting of cut dahlias and means to improve their keeping qualities. Bull. Res. Counc. Israel. Sect. 7D, 35–38, 1959.

Beevers, L.: Effect of giiberellic acid on the senescence of leaf discs of *Nasturtium* (*Tropaeolum majus*). Plant Physiol. 41, 1074–1076, 1966.

Benschop, M., und De Hertogh, A.A.: An analysis of post-harvest characteristics of cut tulips. Flor. Rev. 145 (3758), 24–26 und 62–65, 1969.

Ben-Yehoshua, S., Juven, B., Fruchter, M., und Halevy, A. H.: Effect of ethylene oxide on opening and longevity of cut rose flowers. Proc. Amer. Soc. Hort. Sci. 89, 677–682, 1966.

Besemer, S. T.: Packaging fresh flower buds in polyethylene tubing for retail sales. Flower and Nursery Report, Jan./Feb. 13–14, 1975.

Beyer, E.: Silver Ion: a potent antiethylene agent in cucumber and tomato. HortScience 11, 195–196, 1976.

Boeke, J. E.: Doorzichtige verpakking van fruit, groenten en snijbloemen. Meded. Dir. Tuinb. 12, 735–743, 1949.

Boer, W. C., und Wiersma, O.: Heeft vacuumkoeling ook voor snijbloemen perspectief? Vakbl. Bloem. 24 (48), 16–17, 1974.

Boer, W. C., und Witmondt, M.: Gekoeld bewaren van snijbloemen. Vakbl. Bloem. 30 (46), 16–17, 1975.

Borochov, A., Mayak, S., und Halevy, A. H.: Combined effects of abscisic acid and sucrose on growth and senescence of rose flowers. Physiol. Plant. 36, 221–224, 1976.

Borochov, A., Tirosh, T., und Halevy, A. H.: Abscisic acid content of senescing petals on cut rose flowers as affected by sucrose and water stress. Plant Physiol. 58, 175–178, 1976.

Bosse, G.: Die Verbesserung der Haltbarkeit von Schnittblumen. Taspo 102 (35), 8–9, 1968.

Bosse, G.: Verwendung von Frischhaltemitteln im Schnittblumenbetrieb lohnend? Taspo 107 (35), 14, 1973.

Brandis, A. von: Prüfung von Frischhaltemitteln bei Gerbera-Schnitt. Gartenwelt 75, 34–35, 1975.

Brantley, R. K.: A new postharvest chemical treatment for roses. HortScience 10, 178–179, 1975.

Bravdo, B., Mayak, S., und Gravrieli, Y.: Sucrose and water uptake from concentrated sucrose solutions by gladiolus shoots and the effect of these treatments on floret life. Canad. J. Bot. 52, 1271–1281, 1974.

Bruszewski, T. E.: The influence of chemical preservatives on postharvest respiration rates and biochemical changes in carnations *Dianthus caryophyllus* L. Diss. Abstr. 29, 866B, 1968.

Bünemann, G.: Schnittulpen im Gaslager. Gartenwelt 56, 202, 1956.

Burdett, A. N.: The cause of bent neck in cut roses. J. Amer. Soc. Hort. Sci. 95, 427–431, 1970.

Burg, S. P.: Ethylene, plant senescence and abscission. Plant Physiol. 43, 1503–1511, 1968.

Burg, S. P.: Hypobaric storage of cut flowers. HortScience 8, 202–206, 1973.

Burg, S. P., und Burg, E. A.: Gas exchange in fruits. Physiol. Plant. 18, 870–884, 1965.

Burg, S. P., und Burg, E. A.: Fruit storage at subatmospheric pressures. Science 153, 314–315, 1966.

Burg, S. P., und Burg, E. A.: Molecular requirements for biological activity of ethylene. Plant Physiol. 42, 144–152, 1967.

Burg, S. P., und Dijkmann, M. J.: Ethylene and auxin participation in pollen induced fading of Vanda orchid blossoms. Plant Physiol. 42, 1648–1650, 1967.

Butters, R. E.: Trade may soon be buying chrysanthemums at bud stage as a result of Efford work. Grower 83, 1283–1284, 1975.

Buxton, J. W., und Culbert, J. R.: Effects

of N-dimethyl amino succinamic acid (B-Nine) on flower longevity and vegetative growth of pot chrysanthemums (*Chrysanthemum morifolium* Ramat.). Proc. Amer. Soc. Hort. Sci. 91, 645–652, 1967.

BUYS, C.: Blätter beeinflussen die Haltbarkeit. Gartenwelt 69, 264, 1969.

BUYS, C.: „Aktion Eichhörnchen. Knospige Nelken kann man wochenlang lagern. Gartenwelt 70, 303–304, 1970.

CAMPRUBI, P., und NICHOLS, R.: Effects of ethylene on carnation flowers (Diantus caryophyllus) cut at different stages of development. J. Hort. Sci. 53, 17–22, 1978.

CAROW, B.: Ein Beitrag zur Blattflächenbestimmung. Gartenbauwissenschaft 40, 125–128, 1975.

CAROW, B.: Frischhalten von Schnittblumen. Verlag Eugen Ulmer, Stuttgart 1978.

CAROW, B.: Aufblühen und Haltbarkeit der knospig geschnittenen Spray-Chrysantheme Miguel'. Deutscher Gartenbau 32, 404–405, 1978.

CAROW, B.: Zur Haltbarkeit des Schwertfarns. Gärtnerbörse und Gartenwelt 78, 1217–1218, 1978.

CAROW B.: Phalaenopsis reagieren auf Wasseradditive. Deutscher Gartenbau 35, 320–321, 1981

CAROW, B., und BAHNEMANN, K.: Einfluß von Silbernitrat, Kinetin und Benzylaminopurin auf das Vergilben von Pelargonium-Zonale-Stecklingen. Gartenbauwissenschaft 45, 273–278, 1980

CAROW, B., und LEMPER, J.: Frischhaltung von Schnittblumen. ZVG-Broschüre 1–36, 1979a.

CAROW, B., und LEMPER, J.: Einsatz von Blumenfrischhaltern. Blumen-Einzelhandel -, Heft 8, 293–294, 1979b.

CAROW, B., und RÖBER, R.: Schaftknicken bei Hippeastrum. Gartenbauwissenschaft 44, 67–70, 1979.

CAROW, B., und SOMMER, G.: Neuere Erkenntisse zu Frischhaltemitteln bei Rosen. Deutscher Gartenbau 33, 1177–1178, 1979.

CARPENTER, W. J., und DILLEY, D. R.: A benzothiadiazole extends cut carnation flower life. HortScience 8, 334–335, 1973.

CARPENTER, W. J., und DILLEY, D. R.: Investigations to extend cut flower longevity. Res. Rep. Farm Science Series No. 263, Michigan Univ., 1975.

CARPENTER, W. J., und RASMUSSEN, H. P.: Water uptake rates by cut roses (*Rosa hybrida*) in light and dark. J. Amer. Soc. Hort. Sci. 98, 309–313, 1973.

CARPENTER, W. J., und RASMUSSEN, H. P.: The role of flower and leaves in cut flower water uptake. Scienta Hort. 2, 293–298, 1974.

CHIN, C. K., und SACALIS, J. N.: Metabolism of sucrose in cut roses. II. Movement and inversion absorbed by cut rose stems. J. Amer. Soc. Hort. Sci. 102, 537–540, 1977a.

CHIN, C. K., und SACALIS, J. N.: Metabolism of sucrose in cut roses. III. Absorption of sugars by petal discs. J. Amer. Soc. Hort. Sci. 102, 541–542, 1977b.

CHUA, S. E.: Phytokinin – like activity of 8-quinolinol sulphate. Nature 225, 101–102, 1970.

CONRADO, L. L., SHANAHAN, R., und EISINGER, W.: Effects of pH, osmolarity and oxygen on solution uptake by cut rose flowers. J. Amer. Soc. Hort. Sci. 105, 680-683, 1980.

COORTS, G. D.: Internal metabolic changes in cut flowers. HortScience 8, 195–198, 1973.

COORTS, G. D., GARTNER, J. B., und MCCOLLUM, J. P.: Effects of senescence and preservative on respiration in cut flowers of *Rosa hybrida* Velvet Times, Proc. Amer. Soc. Hort. Sci. 86, 779–780, 1965.

COORTS, G. D., MCCOLLUM, J. P., und GARTNER, J. B.: Effects of senescence and preservative on mitochondrial activity in flower petals of *Rosa hybrida* Velvet Times. Proc. Amer. Soc. Hort. Sci. 86, 791–797, 1965.

COURS, H.: Die Einflüsse verschiedener Behandlungen auf die Haltbarkeit von Rosen. Vakbl. Bloem. Sonderdruck 3.9.1976.

CRILEY, R. A., WILLIAMSON, C., und MASUTANI, R.: Vase life determinations for Leucospermum cordifolium. Flor. Rev. 163 (4228), 37–38, 80–82, 1979.

CROCKER, W. C., und KNIGHT, L. K.: Effect of illuminating gas and ethylene upon flowering carnations. Bot. Gaz. 46, 259–276, 1908.

CRÖSSMANN, G.: Über den Einfluß eines Frischhaltemittels auf Haltbarkeit und Aussehen verschiedener Schnittblumenarten und -sorten. Taspo 102 (31), 10–11, 1968.

CRÖSSMANN, G.: Die Probleme der Haltbarkeitsdauer abgeschnittener Pflanzen unter besonderer Berücksichtigung der Schnittblumen. LUFA Joseph-König-Institut Münster, 213–221, 1971.

CRÖSSMANN, G.: Die Haltbarkeit von Schnittblumen. Gartenwelt 74, 263–264, 1974.

CRÖSSMANN, G., und ZIMMER, K.: Wie prüft man Schnittblumenfrischhaltemittel? Gartenwelt 70, 286–287, 1970.

CRÖSSMANN, G., und ZIMMER, K.: Wie prüft man Schnittblumenfrischhaltemittel? B. Prüfung des Einflusses der Vorbehandlung auf die Haltbarkeit. Gartenwelt 70, 304–305, 1970.

CYWINSKA-SMOTER, K., RUDNICKI, R. M., und GOSZCZYNSKA, D.: The effect of exogenous growth regulators in opening tight carnation buds. Scientia Hort. 9, 155–165, 1978.

DANSERAU, B., und VINES, H. M.: In-stem movement, isolation and identification of two bacteria and their antibiotic sensitivity. Acta Hort. 41, 183–197, 1973.

DAVENPORT, D. C., URIU, K., FISHER, M. A. W., und HAGAN, R. M.: Antitranspirants-effect and uses in horticulture. Amer. Hort. Mag. 50, 110–113, 1971.

DAVENPORT, D. C., MARTIN, P. E., und HAGAN, R. M.: Antitranspirants for conservation of leaf water potential of transplanted citrus trees. HortScience 7, 511–512, 1972.

DAVIDSON, O. W.: Effect of ethylene on orchid flowers. Proc. Amer. Soc. Hort. Sci. 53, 440–446, 1949.

DIJKMAN, M. J., und BURG, S. P.: Auxin-induced spoiling of Vanda blossoms. Amer. Orchid Soc. Bull. 799–802, 1970.

DILLEY, D. R., und CARPENTER, W. J.: The role of chemical adjuvants and ethylene synthesis on cut flower longevity. Acta Hort. 4, 117–132, 1975.

DILLEY, D. R., CARPENTER, W. J., und BURG, S. P.: Principles and application of hypobaric storage of cut flowers. Acta-Hort. 41, 249–268, 1975.

DURKIN, D., und KUC, R.: Vascular blockage and senescence of the cut rose flowers. Proc. Amer. Soc. Hort. Sci. 89, 683–688, 1966.

EAVES, C. A., und FORSYTH, F. R.: Control of sleepiness of carnations by means of an ethylene scrubber. Flor. Rev. 145, 29 pp., 1969.

EINERT, A. E.: Reduction in last internode elongation of cut tulips by growth retardants. HortScience 6, 459–460, 1971.

EINERT, A. E.: Effects of ancymidol on vase behaviour of cut tulips. Acta Hort. 41, 97–102, 1975.

ENGELBRECHT, L.: Beiträge zum Problem der Akumulation von Aminosäuren in Blattzellen. Flora 150, 73–86, 1961.

ENGELBRECHT, L.: Über Kinetinwirkungen bei intakten Blättern in *Nicotiana rustica*. Flora 154, 57–69, 1964.

FARNHAM, D. S., BARR, Ch., HASEK, R., und KOFRANEK, A. M.: Extented carnations bud storage for holiday sales. Flower and Nursery Report, 2–3, Jan. 1973.

FARNHAM, D. S., THOMPSON, J. F., KOFRANEK, A. M., HASEK, R. F., und RIJ, R.: Forced-air cooling – questions and answers. Flor. Rev. 162 79–82, 1978a.

FARNHAM, D. S., THOMPSON, J. F., und KOFRANEK, A. M.: Temperature management of cut roses during simulated transit: The effect of summers stress temperatures on flowers quality delivered to consumers. Flor. Rev. 162 (4195) 26–28, 65–68, 1978b.

FARNHAM, D. S., KOFRANEK, A. M., und KUBOTA, J.: Bud opening of Gypsophila paniculata L. cv. Perfecta with Physan 20. J. Amer. Soc. Hort. Sci. 103, 382–384, 1978c.

FARNHAM, D. S., und UCHIDA, J.: Improve the longevity of problem carnation crops. Flower and Nursery Report, 1–2, March 1974.

FARNHAM, D. S., UEDA, T., KOFRANEK, A. M., HALEVY, A. H., MCCAIN, A. H., und KUBOTA, J.: Physan 20, an effective biocide for conditioning and bud opening of carnations. Flor. Rev. 162 (4190) 24–26, 58–60, 1978d.

FISCHER, C. W.: Snapdragons and calceolaris gas themselves. N. Y. State Flow. Grow. Bull. 52, 5, 1949.

FISCHER, C. W.: Ethylene gas a problem in cut flower storage. N. Y. State Flow. Grow. Bull. 61, 1 pp., 1950.

FISCHER, C. W.: Long-term holding of cut flowers. Proc. Amer. Soc. Hort. Sci. 61, 585–592, 1953.

FISCHER, C. W., und KELLER, J. R.: Stop the rot in flower shipments. N. Y. Stade Flow. Grow. Bull. 65, 2 pp., 1951.

FORD, H. E., CLARK, D. T., und STINSON, R. F.: Bacteria associated with cut flower containers. Proc. Amer. Soc. Hort. Sci. 77, 635–636, 1961.

FORSYTH, F. R., EAVES, C. A., and LIGHTFOOT, H. J.: Storage quality of the McInthosh apples as affected by removal of ethylene from the storage atmosphere. Canad. J. Plant. Sci. 49, 567–572, 1969.

FUSS, G.: Persönliche Mitteilungen, Oktober 1980.

GILMAN, K. F., und STEPONKUS, P. L.: Vascular blockage in cut roses. J. Amer. Soc. Hort. Sci. 97, 662–667, 1972.

GIRARDIN, J. P. L.: Einfluß des Leuchtgases auf die Promenaden- und Straßenbäume. Jahresber. Fortschr. Agrikulturchem. 7, 199–200, 1864.

GLADON, R. J., und STABY, G. L.: Opening of immature chrysanthemums with sucrose and 8-hydroxyquinoline citrate. HortScience 11, 206–208, 1976.

GRÜNING, U.: Beiträge zur sachgemäßen Behandlung von Schnittblumen. Diss. Math.-Nat. Fak. Univ. Hamburg, 1935.

HALEVY, A. H.: Effects of growth retardants on drought resistance and longevity of various plants. Proc. 17th Int. Hort. Congr. 3, 277–283, 1966.

HALEVY, A. H., BYRNE, T. G., KOFRANEK, A. M., FARNHAM, D. S., THOMPSON, J. F., und HARDENBURG, R. E.: Evaluation of postharvest handling methods for transcontinental truck shipments of cut carnations, chrysanthemums, and roses. J. Amer. Soc. Hort. Sci. 103, 151–155, 1978.

HALEVY, A. H., DILLEY, D. R., und WITTWER, S. H.: Senescence inhibition and respiration induced by growth retardants and N-Benzyladenine. Plant Physiol. 41, 1085–1089, 1966.

HALEVY, A. H., und KOFRANEK, A. M.: Silver treatment of carnation flowers for reducing ethylene damage and extending longevity. J. Amer. Soc. Hort. Sci. 102, 76–77, 1977.

HALEVY, A. H., KOFRANEK, A. M., und BESEMER, S. T.: Postharvest handling methods for bird-of-paradise flowers (Strelitzia reginae Ait.). J. Amer. Soc. Hort. Sci. 103, 165–169, 1978.

HALEVY, A. H., und MAYAK, S.: Transport and conditioning of cut flowers. Acta Hort. 43, Vol. 2, 291–306, 1974.

HALEVY, A. H., und MAYAK, S.: Improvement of cut flower quality, opening and longevity by preshipment treatments. Acta Hort. 43, Vol. 2, 335–347, 1974.

HALEVY, A. H., und MAYAK, S.: Interrelationship of several phytohormones in the regulation of rose petal senescence. Acta Hort, 41, 103–116, 1975.

HALEVY, A. H., und MAYAK, S.: Senescence and postharvest physiology of cut flowers. Hort. Rev. 1, 204–236, 1979.

HALEVY, A. H., MAYAK, S., TIROSH, T., SPIEGELSTEIN, H., und KOFRANEK, A. M.: Opposing effects of abscisic acid on senescence of rose flowers. Plant Cell Physiol. 15, 813–821, 1974.

HALEVY, A. H., und WITTWER, S. H.: Effect of growth retardants on longevity of vegetables, mushrooms and cut flowers. Proc. Amer. Soc. Hort. Sci. 88, 582–590, 1966.

HALL, J. V., und FORSYTH, F. R.: Production of ethylene by flowers following pollination and treatments with water and auxin. Canad. J. Bot. 45, 1163–1166, 1967.

HANAN, J. J.: How long will carnations keep? Color. Flow. Grow. Ass. Bull. 169, 3–4, 1964.

HANAN, J. J.: Experiments with controlled atmosphere storage of carnations. Proc. Amer. Soc. Hort. Sci. 90, 370–376, 1967.

HANAN, J. J.: Forced-air, precooling methods for cut flowers. Color. Flow. Grow. Ass. Bull. 319, 2–3, 1977.

HANAN, J. J., und JASPER, F. D.: Consumptive water use in response of carnation to three irrigation regimes. J. Amer. Soc. Hort. Sci. 94, 70–73, 1969.

HARDENBURG, R. E., VAUGHT, H. C., und BROWN, G. C.: Development and vase life of bud-cut Colorado and California carnations in preservative solutions following air shipment to Maryland. J. Amer. Soc. Hort. Sci. 95, 18–22, 1970.

HARKEMA, H.: Heetwaterbehandeling chrysanth bij kweker niet aan te raden. Vakbl. Bloem. 34, 37, 1979.

HEDDEN, P., MCMILLAN, J., und PHINNEY, B. O.: The metabolism of the gibberellins. Ann. Rev. Plant. Physiol. 29, 149–192. 1978.

HEIDE, O. M., und OYDVIN, J.: Effects of 6-benzyl-aminopurine on the keeping quality and respiration of glasshouse carnations. Hort. Res. 9, 26–36, 1969.

HERMANN, P.: Euphorbia fulgens als Schnittblume – frisch vom Erzeuger in die Vase. Gartenwelt 74, 158–159, 1974.

HIGAKI, T., RASMUSSEN, H. P., und CARPENTER, W. J.: Calcium deficiency of Anthurium andreanum Lind. spathes. J. Amer. Soc. Hort. Sci. 105, 438–440, 1980.

HIGAKI, T., RASMUSSEN, H. P., und CARPENTER, W. J.: Color breakdown in Anthurium (Anthurium andreanum Lind.) spathes caused by calcium deficiency. J. Amer. Soc. Hort. Sci. 105, 441–444, 1980.

HINTON, D. M., PRESSEY, R., und DEKAZOS, E. D.: Glucanases in plants. HortScience 11, 311, 1976.

HITCHCOCK, A. E., und ZIMMERMANN, P. W.: Effects of chemicals, temperature and humidity on the lasting qualities of cut flowers. Amer. J. Bot. 16, 433–440, 1929.

HO, L. C., und NICHOLS, R.: The role of phloem transport in the translocation of sucrose along the stem of carnation cut flowers. Ann. Bot. 39, 439–446, 1975.

HOAD, G. V.: Effect of water stress on abscisic acid levels in White Lupin (Lupinus albus L.) fruit, leaves and phloem exudate. Planta 142, 287–290, 1978.

HOLLEY, W. D.: Potassium, sodium and calcium nutrition of carnations. Color. Flow. Grow. Ass. Bull. 60, 1–3, 1954.

HOLLEY, W. D.: Dry matter in cut carnations. Color. Flow. Grow. Ass. Bull. 141, 3–4, 1961.

HOLLEY, W. D.: Opening of carnation flower buds off the plant. Color. Flow. Grow. Ass. Bull. 169, 1–3, 1964.

HOLLEY, W. D.: Magisches Wort CO_2. Zierpflanzenbau 6, 823–825, 1966.

HOLLEY, W. D., und CHENG, L. H.: Harvesting and handling of immature carnations. Proc. Amer. Soc. Hort. Sci. 90, 377–383, 1967.

HOLLEY, W. D., und MATTHEWS, B.: Miscellaneous tests on cut flower life of carnations. Color. Flow. Grow. Ass. Bull. 142, 3–4, 1962.

HONDELMANN, W., und SCHULZ, H.: Gerberazüchtung, Gartenwelt 71, 96–98, 1971.

HOPKINS, H. W., und HOLLEY, W. D.: Some effects of postharvest handling on petal burn of carnation. Color. Flow. Grow. Ass. Bull. 154, 1–5, 1963.

JEFFCOAT, B.: Influence of the cytokinin, 6-benzylamino-9-(tetra hydropyran-2-yl)-9H-purine, on growth and development of some ornamental crops. J. Hort. Sci. 52, 143–153, 1977.

JOHNSON, C. R.: Effectivness of floral preservatives on increasing the vase-life of snapdragons. Flor. Rev. 149 (3868), 47 pp., 1972.

JOHNSON, C. R.: Carnation responses to spray applications of growth regulators. Scientia Hort. 1, 351–355, 1973.

JOINER, J. N., SHEEHAN, T. J., und MITCHELL, K. F.: Control of ageotropic response in snapdragon flower spikes. Proc. Fla. State Hort. Sci. 86, 374–376, 1974.

JONG, J. de.: Dry storage and subsequent recovery of cut Gerbera flowers as an aid in selection for longevity. Scientia Hort. 9, 389–397, 1978.

JUNGBAUER, J.: Kulturhinweise und Haltbarkeit bei Schnittpoinsettien. Der Erwerbsgärtner 29, 1272–1274, 1974.

KALTALER, R. E. L., und BOODLEY, J. W.: The production of ethylene by Red American Beauty roses during senescence. HortScience 5, 355–356, 1970.

KALTALER, R. E. L., und STEPONKUS, P. L.: Uptake and metabolism of sucrose in cut roses. J. Amer. Soc. Hort. Sci. 99, 490–493, 1974.

KELLEY, J. D., und HAMNER, C. L.: The effect of chelating agents and maleic hydrazide on the keeping quality of snapdragons (*Antirrhinum majus*). Mich. Agr. Exp. Sta. Bull. 41, 332–343, 1958.

KELLEY, J. D., und SCHLAMP, A. L.: Keeping quality, flower size and flowering response of three varieties of Easter lilies to gibberellic acid. Proc. Amer. Soc. Hort. Sci. 85, 631–634, 1964.

KENDE, H., und BAUMGARTNER, B.: Regulation of ageing in flowers of *Ipomoea tricolor* by ethylene. Planta 116, 279–289, 1974.

KNAPPENBERGER, R. L., HOLLEY, W. D., und PAYNE, M. G.: The sugar content of flower stems a reliable measure of carnation cut flower life. Color. Flow. Grow. Ass. Bull. 72, 1–3, 1955.

KOFRANEK, A. M., EVANS, E., KUBOTA, J., und FARNHAM, D. S.: Chemical pretreatment for China asters to increase flower longevity. Flor. Rev. 162 (4206) 70–72, 1978.

KOFRANEK, A. M., FARNHAM, D. S., MAXIE, E. C., und KUBOTA, J.: Long term storage of carnation buds. Flor. Rev. 151 (3906), 29 pp., 1972.

KOFRANEK, A. M., und HALEVY, A. H.: Conditions for opening cut chrysanthemum flower buds. J. Amer. Soc. Hort. Sci. 97, 578–584, 1972.

KOFRANEK, A. M., und HALEVY, A. H.: Sucrose pulsing of gladiolus stems before storage to increase spike quality. HortScience 11, 572–573, 1976.

KOFRANEK, A. M., HALEVY, A. H., und KUBOTA, J.: Bud opening of Albatross and Shoesmith mums. Flor. Rev. 149 (3867), 27 und 46, 1972.

KOFRANEK, A. M., HALEVY, A. H., und KUBOTA, J.: Bud opening of chrysanthemums after long term storage. HortScience 10, 378–380, 1975.

KOFRANEK, A. M., KOHL, H. C., und KUBOTA, J.: A slow-release chlorine compound as a vase water additive. Flor. Rev. 154 (4000) 63–65, 1974.

KOFRANEK, A. M., und KUBOTA, J.: Bud opening solutions for carnations. Flor. Rev. 151 (3905), 30–31, 1972.

KOFRANEK, A. M., und PAUL, J. L.: The value of impregnating cut stems with high concentrations of silver nitrate. Acta Hort. 41, 199–206, 1975.

KOFRANEK, A. M., SHEPARD, P., und KUBOTA, J.: Seasonal bud opening of Albatross mums. Flor. Rev. 151 (3902), 22 pp., 1972.

KOHL, H. C.: Rose neck droop. Calif. State Flor. Asoc. 10, 4–5, 1961.

KOHL, H. C.: Cyclamens as cut flowers. Flor. Rev. 150 (3884), 17, 1972.

KOHL, H. C., und RUNDLE, D. L.: Decreasing water loss of cut roses with abscisic acid. HortScience 7, 249, 1972.

KOHL, H. C., und SMITH, D. E.: Development of carnation flowers cut before fully open. Carnation Craft 53, 7–8, 1960.

KREBS, O., und ZIMMER, K.: Eremurus im

Schnittblumen-Sortiment. Deutscher Gartenbau 31, 1534–1535, 1977.

Kuc, R., und Workman, M.: The relation of maturity to respiration and keeping quality of cut carnations and chrysanthemums. Proc. Amer. Soc. Hort. Sci. 84, 575–581, 1964.

Kuhlen, J. G.: Untersuchungen über das Welken abgeschnittener, in Wasser stehender Blüten und Blütenstände und über die Verhinderung desselben durch Zugabe von Chemikalien zum Vasenwasser. Diss. Math.-Naturwiss. Fak. Universität Bonn, 1958.

Kunisaki, J. T.: Improving keeping quality of Dendrobium spikes with floral preservatives. Proc. 3rd Ann. Nurserymens short course No. 134, Hawaii 1976.

Lancaster, D. M.: Effects of preharvest environment on keeping life of cut carnations. Color. Flow. Grow. Ass. Bull. 292, 1–6, 1974.

Lancaster, D. M.: Effects of saline water on keeping life of cut roses and carnations – a preliminary report. Color. Flow. Grow. Ass. Bull. 296, 3–4, 1975.

Lancaster, D. M.: Postharvest handling of cut carnations from harvest through consumer use. Color. Flow. Grow. Ass. Bull. 295, 1–5, 1975.

Larsen, F. E., und Cromarty, R. W.: Effect of N-dimethylamino-succinamic acid (Alar) on micro-organism growth in relation to cut flower senescence. Proc. Amer. Soc. Hort. Sci. 89, 723–726, 1966.

Larsen, F. E., und Cromarty, R. W.: Micro-organism inhibition by 8-hydroxyquinoline citrate as related to cut flower senescence. Proc. Amer. Soc. Hort. Sci. 90, 546–549, 1967.

Larsen, F. E., und Frolich, M.: The influence of 8-hydroxyquinoline citrate. N-dimethylaminosuccinamic acid and sucrose on respiration and water flow in Red Sim cut carnations in relation to flower senescence. J. Amer. Soc. Hort. Sci. 94, 289–292, 1969.

Larsen F. E., und Scholes, J. F.: Effects of sucrose, 8-hydroxyquinoline citrate and N-dimethylanminosuccinamic acid on vasequality of cut carnations. Proc. Amer. Soc. Hort. Sci. 87, 458–463, 1965.

Larsen, F. E., und Scholes, J. F.: Effect of 8-hydroxyquinoline citrate, N-dimethylaminosuccinamic acid and sucrose on vase-life and spike characteristics of cut snapdragons. Proc. Amer. Soc. Hort. Sci. 89, 694–701, 1966.

Larsen, F. E., und Scholes, J. F.: Effect of 8-hydroxyquinoline citrate, sucrose and Alar on vase-life and quality of cut stocks. Flor. Rev. 139 (3608), 47 pp., 1967.

Laurie, A.: Studies on the keeping qualities of cut flowers. Proc. Amer. Soc. Hort. Sci. 34, 595–597, 1936.

Lee, C. W., Erickson, H. T., und Janick, J.: Post-pollination ethylene production in Salpiglossis sinuata L. HortScience 12, 398, 1977.

Lineberger, R. D., und Steponkus, P. L.: Identification and localization of vascular occlusions in cut roses. J. Amer. Soc. Hort. Sci. 101, 246–250, 1976.

Loveys,B.R., und Kriedemann,P.E.: Rapid changes in abscisic acid-like inhibitors following alterations in vine leaf water potential. Physiol. Plant. 28, 476–479, 1973.

MacLean, D. C., und Dedolph, R. R.: Effects of N^6-benzylaminopurine on postharvest respiration of *Chrysanthemum morifolium* and *Dianthus caryophyllus*. Bot. Gaz. 124, 20–21, 1962.

Marousky, F. J.: Physiological role of 8-hydroxyquinoline citrate and sucrose in extending vase-life and improving quality of cut gladiolus. Proc. Fla. State Hort. Soc. 81, 409–411, 1968.

Marousky, F. J.: Influence of 8-hydroxyquinoline citrate and sucrose on vase-life and quality of cut gladiolus. Proc. Fla. State Hort. Soc. 81, 415–419, 1968.

Marousky, F. J.: Conditioning gladiolus spikes to maintenance of fresh weight with pre-treatments of 8-hydroxyquinoline citrate plus sucrose. Proc. Fla. State Hort. Soc. 82, 411–414, 1969.

Marousky, F. J.: Vascular blockage, water absorption, stomatal opening and respiration of cut Better Times roses treated with 8-hydroxyquinoline citrate and sucrose. J. Amer. Soc. Hort. Sci. 94, 223–226, 1969.

Marousky, F. J.: Influence of various commercial floral preservatives and 8-hydroxyquinoline citrate plus sucrose on development and lasting ability of flower buds of several chrysanthemum cultivars. Proc. Fla. State Hort. Soc. 82, 398–403, 1969.

Marousky, F. J.: Inhibition of vascular blockage and increased moisture retention in cut roses induced by pH, 8-hydroxyquinoline citrate, and sucrose. J. Amer. Soc. Hort. Sci. 96, 38–41, 1971.

Marousky, F. J.: Water relations, effects of floral preservatives on bud opening, and keeping quality of cut flowers. HortScience 7, 114–116, 1972.

Marousky F. J.: Recent advances in opening bud-cut chrysanthemum flowers. HortScience 8, 199–202, 1973.

Marousky, F. J.: Control of bacteria in vase

water and quality of cut flowers as influenced by sodium dichloroisocyanurate, 1,3-dichloro-5,5-dimethylhydantoin and sucrose. Agric. Res. Service, 1–14, May 1976.

Marousky, F. J., und Nanney, J.: Bud-cut flowers – a concept for „once-over-harvest" of chrysanthemums. Proc. Fla. State Hort. Soc. 84, 399–403, 1971.

Marousky F. J., und Nanney, J.: Influence of storage temperatures, handling and floral preservatives on post harvest quality of Gypsophila. Proc. Fla. State Hort. Soc. 85, 419–422, 1972.

Marousky, F. J., und Raulston, J. C.: Interaction of flower preservative components and light on fresh weight and longevity of snapdragon cut flowers. Proc. Fla. State Hort. Sci. 83, 445–448, 1970.

Marousky, F. J., Wilfret, G. J., und Raulston, J. C.: Influence of temperature and a flower preservative on floret opening of bud-cut gladiolus. HortScience 7, 344, 1972.

Marousky, F. J., und Woltz, S. S.: Effect of fluoride and a floral preservative on quality of cut gladiolus. Proc. Fla. State Hort. Soc. 84, 375–380, 1971.

Marousky, F. J., und Woltz, S. S.: Relationship of floral preservatives to water movement, fluoride distribution and injury in gladiolus and other cut flowers. Acta Hort. 41, 171–182, 1975.

Martin, J. D.: Antitranspirants and their possible uses in floriculture. Maryland Florist 190, 1–9, 1974.

Mastalerz, J. W.: Blueing of Better Times roses. N. Y. State Flow. Grow. Bull. 87, 2–4, 1952.

Mastalerz, J. W.: Nitrate levels, light intensity, growing temperatures and keeping qualities of flowers held at 31 °F. N. Y. State Flow. Grow. Bull. 88, 2–3, 1952.

Mastalerz, J. W.: The effect of water absorption before low-temperature dry-storage on the development of blue color in Better Times roses. Proc. Amer. Soc. Hort. Sci. 61, 593–598, 1953.

Mastalerz, J. W.: Packaging flowers for holding at low temperature. N. Y. State Flow. Grow. Bull. 90, 3, 1953.

Mastalerz, J. W.: Conditioning flowers after holding at 31 °F. N. Y. State Flow. Grow. Bull. 94, 2, 1953.

Maxie, E. C. et al.: Temperature and ethylene effects on cut carnation flowers. Flower and Nursery Report. p. 2, March 1974.

Maxie, E. C., Farnham, D. S., und Snyder, R. G.: Temperature management and bud opening in carnations. Flower and Nursery Report, p. 7–8, May 1974.

Mayak, S., und Accati-Garibaldi, E.: The effect of micro-organisms on susceptibility to freezing damage in petals of cut rose flowers. Scientia Hort. 11, 75–81, 1979.

Mayak, S., Accati-Garibaldi, E., und Kofranek, A. M.: Carnation flower longevity: microbial populations as related to silver nitrate stem impregnation. J. Amer. Soc. Hort. Sci. 102, 637–639, 1977a

Mayak, S., Bravdo, G., Gvilli, A., und Halevy, A. H.: Improvement of opening of cut gladioli flowers by pretreatment with high sugar concentrations. Scientia Hort. 1, 357–365, 1973.

Mayak, S., und Dilley, D. R.: Effect of sucrose on response of cut carnation to kinetin, ethylene and abscisic acid. J. Amer. Soc. Hort. Sci. 101, 583–585, 1976.

Mayak, S., und Dilley, D. R.: Regulation of senescence in carnation (Dianthus caryophyllus). Effect of abscisic acid and carbon dioxide on ethylene production. Plant Physiol. 58, 663-665, 1976.

Mayak, S., und Halevy, A. H.: Cytokinin activity in rose petals and its relation to senescence. Plant Physiol. 46, 497–499, 1970.

Mayak, S., und Halevy, A. H.: Water stress as the cause for failure of flower bud opening in Iris. J. Amer. Soc. Hort. Sci. 96, 482–483, 1971.

Mayak, S., und Halevy, A. H.: Interrelationships of ethylene and abscisic acid in the control of rose petal senescence. Plant Physiol. 50, 341–346, 1972.

Mayak, S., und Halevy, A. H.: The action of kinetin in improving the water balance and delaying senescence process of cut rose flowers. Physiol. Plant. 32, 330–336, 1974.

Mayak, S., Halevy, A. H., und Katz, M.: Correlative changes in phytohormones in relation to senescence processes in rose petals. Physiol. Plant. 27, 1–4, 1972.

Mayak, S., Halevy, A. H., Sagie, S., Bar-Yoseph, A., und Bravdo, B.: The water balance of cut rose flowers. Physiol. Plant. 31, 15–22, 1974.

Mayak, S., und Kofranek, A. M.: Altering the sensivity of carnation flowers (*Dianthus caryophyllus* L.) to ethylene. J. Amer. Soc. Hort. Sci. 101, 503–506, 1976.

Mayak, S., Kofranek, A. M., und Tirosh, T.: The effect of inorganic salts on the senescence of Dianthus caryophyllus flowers. Physiol. Plant. 43, 282–286, 1978.

Mayak, S., Vaadia, Y., und Dilley, D. R.: Regulation of senescence in carnation (Dianthus caryophyllus) by ethylene. Mode of action. Plant Physiol. 59, 591–593, 1977b.

McLean, I. B., und Rasmussen, H. P.: Graphic display of quantitative and qualitative character associations in cut roses. J. Amer. Soc. Hort. Sci. 105, 625–628, 1980.

Meeteren, U. van.: In bloei trekken van rauw gesneden chrysanthen. Bedrijfsontwikkeling 3, 965–966, 1972.

Meeteren, U. van.: Water relations and keeping quality of cut Gerbera flowers. I. The cause of stem break. Scientia Hort. 8, 65–74, 1978a.

Meeteren, U. van.: II. Water balance of ageing flowers. Scientia Hort. 9, 189–197, 1978b.

Meeteren, U. van.: III. Water content, permeability and dry weight of ageing petals. Scientia Hort. 10, 261–269, 1979a.

Meeteren, U. van.: IV. Internal water relations of ageing petal tissue. Scientia Hort. 11, 83–93, 1979b.

Michael, G., Kouhsiahi-Tork, M., und Wilberg, E.: Einfluß unterschiedlicher Luftfeuchtigkeit auf Chlorphyll- und Eiweißabbau in Blättern von Tabakpflanzen. Flora 160, 186–195, 1969.

Mittelheuser, C. J., und van Stevenink, R. F. M.: Rapid action of abscisic acid on photosynthesis and stomatal resistance. Planta 97, 83–86, 1971.

Moe, R.: The effect of growing temperature on keeping quality of cut roses. Acta Hort. 41, 77–92, 1975.

Molenaar, W. H.: Waarom snijbloemen voorkoelen? Vakbl. Bloem. 43, 80–81, 1979.

Mothes, K.: Zur Kenntnis des N-Stoffwechsels höherer Pflanzen. 3. Beitrag (Unter besonderer Berücksichtigung des Blattalters und des Wasserhaushaltes). Planta 12, 686–731, 1931.

Mothes, K.: Über das Altern der Blätter und die Möglichkeit ihrer Wiederverjüngung. Naturwissenschaften 47, 337–351, 1960.

Mothes, K.: Der Beitrag der Kinetinforschung zum Verständnis pflanzlicher Korrelation. Ber. Dt. Bot. Ges. 74, 24–41, 1961.

Münch, J., und Fritzsche, G.: Schnittpoinsettien. Gärtnerbörse und Gartenwelt 79, 1225–1227, 1979.

Nakagaki, Y., Hirai, T., und Stahmann, M. A.: Ethylene production by detached leaves infected with Tobacco Mosaic Virus. Virology 40, 1–9, 1970.

Neff, M. S.: Color and keeping qualities of cut flowers. Bot. Gaz. 101, 501–504, 1939.

Neff, M. S.: Problems in the storage of cut carnations. Plant Physiol. 14, 271–284, 1939.

Neff, M. S., und Loomis, W. E.: Storage of French marigolds. Proc. Amer. Soc. Hort. Sci. 33, 683–685, 1935.

Neljubov, D.: Über die horizontale Nutation der Stengel von *Pisum sativum* und einiger anderer Pflanzen. Beih. Bot. Zentralblatt 10, 128–139, 1901.

Nichols, R.: Ethylene production during senescence of flowers. J. Hort. Sci. 41, 279–290, 1966.

Nichols, R.: The response of carnations (*Dianthus caryophyllus*) to ethylene. J. Hort. Sci. 43, 335–349, 1968.

Nichols, R.: Induction of flower senescence and gynaecium development in the carnation (*Dianthus caryophyllus*) by ethylene and 2-chlorethylphosphonic acid. J. Hort. Sci. 46, 323–332, 1971.

Nichols, R.: Senescence of the cut carnation flower: respiration and sugar status. J. Hort. Sci. 48, 111–121, 1973.

Nichols, R.: Developments in bud-opening and flower-preservative solutions for carnations, *Dianthus caryophyllus* L. Ann. Rep. Glassh. Crops Res. Inst. Littlehampton. 136–142, 1974.

Nichols, R.: Senescence and sugar status of the cut flower. Acta Hort. 41, 21–30, 1975.

Nichols, R.: Observations of the effects of bud-opening solutions on spray chrysanthemums. Ann. Rep. Glassh. Crops Res. Inst. Littlehampton. 129–133, 1975.

Nichols, R., und Ho. L. C.: Effects of ethylene and sucrose on translocation of dry matter and ^{14}C-sucrose in the cut flower of the glasshouse carnation (*Dianthus caryophyllus*) during senescence. Ann. Bot. 39, 287–296, 1975.

Nichols, R., und Ho. L. C.: An effect of ethylene on the distribution of ^{14}C-sucrose from the petals to other flower parts in the senescent cut inflorescence of *Dianthus caryophyllus*. Ann. Bot. 39, 433-438, 1975.

Nichols, R., und Tompsett, A. A.: Cool storage of narcissus flowers in fibre-board boxes. Exp. Hort. 24, 77–82, 1972.

Nichols, R., und Wallis, L. W.: Cool storage of cut narcissus. Exp. Hort. 24, 68–76, 1972.

Nowak, J.: Transport and distribution of silver ions in cut Gerbera inflorescences. Acta Hort. 91, 105–110, 1979.

Nowak, J., und Rudnicki, R. M.: The effect of Proplovit-72 on the extension of vase life of cut flowers. Prace Instytutu Sadownictwa Seria B, Tom 1, 173–179, 1975.

NOWAK, J., und RUDNICKI, R. M.: The effect of floral preservatives on the keeping life and quality of carnations, gerberas and roses. Prace Instytutu Sadownictwa I Kwiaciarstwa Seria B, Tom 3, 81–87, 1978.

NOWAK, J., und RUDNICKI, R. M.: Long term storage of cut flowers. Acta Hort. 91, 123–133, 1979.

ODOM, R. E.: Onderzoek over de houdbaarheid van snijbloemen. Meded. Dir. Tuinb. 17, 830–836, 1954.

OERTLI, J. O., und KOHL, H. C.: Der Einfluß der Bestäubung auf die Stoffbewegungen in Cymbidiumblüten. Gartenbauwissenschaft 25, 107–114, 1960.

OTT, W.: Chrysanthemen blühen im Eimer auf. Verbega-Mitt. 34, 35, 1980.

OTTO, A.: Kühlung und Haltbarkeit bei Edelnelken. Gartenwelt 67, 472, 1967.

OTTO, A.: Kühlung und Haltbarkeit von Schnittblumen. Gartenwelt 68, 412–415, 1968.

OWENS, L. D., LIEBERMAN, M., und KUNISHI, A.: Inhibition of ethylene production by rhizobitoxine. Plant. Physiol. 48, 1–4, 1971.

PARSONS, C. S., ASENS, S., und STUART, N. W.: Controlled-atmosphere storage of daffodil flowers. Proc. Amer. Soc. Hort. Sci. 90, 506–514, 1967.

PARUPS, E. V.: Disc electrophoresis of proteins of senescing and fresh leaves and petals of certain ornamental plants. J. Amer. Soc. Hort. Sci. 96, 168–171, 1971.

PARUPS, E. V.: Chemical modification of ethylene responses in plants. Acta Hort. 41, 143–158, 1975.

PARUPS, E. V.: Effects of flower care floral preservation on the vase-life and bloom size of *Rosa hybrida* cv. Forever Yours roses. Canad. J. Plant Sci. 55, 775–781, 1975.

PARUPS, E. V.: Inhibition of ethylene synthesis by benzylisothiocyanate and its use to delay the senescence of carnations. HortScience 10, 221–222, 1975.

PARUPS, E. V., und CHAN, A. P.: Extension of vase-life of cut flowers by use of isoascorbate-containing preservative solutions. J. Amer. Soc. Hort. Sci. 98, 22–26, 1973.

PARUPS, E. V., und MOLNAR, J. M.: Histochemical study of xylem blockage in cut roses. J. Amer. Soc. Hort. Sci. 97, 532–534, 1972.

PARUPS, E. V., und PETERSON, E. A.: Inhibition of ethylene production in plant tissues by 8-hydroxyquinoline. Canad. J. Plant. Sci. 53, 351–353, 1973.

PARUPS, E. V., und VOISEY, P. W.: Lignin content and resistance to bending of the pedicel in greenhouse roses. J. Hort. Sci. 51, 253–259, 1976.

PARVIN, P. E., und KRONE, P. R.: Proper handling of roses. Flor. Rev. 130 (3357), 21 pp., 1962.

PAUL, J. L., KOFRANEK, A. M., und KUBOTA, J.: The influence of season on cut flower conditioning response in 'White Sim' carnations. Acta Hort. 71, 273–277, 1977.

PAULIN, A.: Effects of watering following a drought period on nitrogen metabolism of cut Iris germanica flowers. Acta Hort. 41, 13–21, 1975.

PENNINGSFELD, F., und FORCHTHAMMER, L.: Silbernitrat verbessert die Haltbarkeit geschnittener Gerbera. Gartenwelt 66, 226–228, 1966.

POST, K.: Florist crop production and marketing. Orange Judd Publishing Comp. Inc. New York, 1952.

POST, K., und FISCHER, C. W.: Commercial storage of cut flowers. N. Y. (Cornell) Agr. Ext. Bull. 853, 1–14, 1952.

PRINGSHEIM, E.: Wie halten sich Schnittblumen frisch? Gartenschönheit 10, 192–194, 1929.

PRITULA, Z. V.: Khojnyi ekstrakt dlja sokhranenija gvozdiki. Cvetovodstvo, Moskva 21, 10–11, 1978.

RAM, H. Y. M., und RAO, I. V. R.: Prolongation of vase-life of cut Lupinus hartwegii Lindl. by chemical treatments. Scientia Hort. 7, 377–382, 1977.

RASCHKE, K.: Stomatal action. Ann. Rev. Plant. Physiol. 26, 309–340, 1975.

RASMUSSEN, H. P., und CARPENTER, W. J.: Changes in the vascular morphology of cut rose stems: a scanning electron microscope study. J. Amer. Soc. Hort. Sci. 99, 454–459, 1974.

RASMUSSEN, G. K., FURR, J. R., und COOPER, W. C.: Ethylene production by citrus leaves from trees grown in artifically salinized plots. J. Amer. Soc. Hort. Sci. 94, 640, 1969.

REID, M. S., PAUL, J. L., KOFRANEK, A. M., und STABY, G. L.: Pulse treatments with the silver thiosulfate complex extend the vase life of cut carnations. J. Amer. Soc. Hort. Sci. 105, 25–27, 1980.

REIST, A.: Influence d'une solution nutritive et de l'entreposage en chambre froide sur la durée de vie en vase des fleurs coupées de muflier (Antirrhinum majus L.). Rev. Suisse Viticulture, Arboriculture, Horticulture 9, 91–95, 1977a.

REIST, A.: Influence du stade au moment de la coupe, de la composition et du pH d'une solution nutritive sur la qualité et la durée de vie des fleurs coupées de glaieul (Gladiolus L. cv. Oscar). Rev. Suisse Viticult., Arboricult., Horticult. 9, 221–225, 1977b.

Reist, A.: Comparaison de materiaux demballage pour fleurs coupées. Rev. Suisse Viticult., Arboricult., Horticult. 10, 245–249, 1978.

Richmond, A. E., und Lang, A.: Effect of kinetin on protein content and survival of detached Xanthium leaves. Science 125, 650–651, 1957.

Rogers, M. N.: Sell flowers that last. Flor. Rev. 130 (3378), 13 pp. und Flor. Rev. 130 (3383), 21 pp., 1962.

Rogers, M. N.: An historical and critical review of postharvest physiology research on cut flowers. HortScience 8, 189–194, 1973.

Ross, A. F., und Williamson, C. E.: Physiologically active emanations from virus-infected plants. Phytopath. 41, 431, 1951.

Rupprecht, H.: Neue Wege zur Treiberei von Blütengehölzen. Der deutsche Gartenbau 8, 341–342 und 387–389, 1961.

Rupprecht, H.: Zweigtreiberei von Blütengehölzen. Deutsche Gärtnerpost 18 (51/52), 1966 und 19 (2), 1967.

Rupprecht, H., und Nikolowa, N.: Verbesserungen in der Treiberei abgeschnittener Zweige von Blütensträuchern. Der deutsche Gartenbau 11, 18–21, 1964.

Rutland, R. B.: Salt induced water stress as a determinant of flower quality and longevity in chrysanthemums. HortScience 7, 57–59, 1972.

Sacalis, J. N.: Inhibition of vascular blockage and extension of vase life in cut roses with an ion exchange column. HortScience 9, 149–151, 1974.

Sacalis, J. N.: Sucrose: patterns of uptake and some effects on cut flower senescence. Acta Hort. 41, 45–56, 1975.

Sacalis, J. N.: Vascular blockage and its inhibition in cut rose flowers. Acta Hort. 41, 159–170, 1975.

Sacalis, J. N., und Durkin, D.: Movement of ^{14}C in cut roses and carnations after uptake of ^{14}C-sucrose. J. Amer. Soc. Hort. Sci. 97, 481–484, 1972.

Santarius, K. A.: The protective effect of sugars on chloroplast membranes during temperature and water stress and its relationship to frost, desiccation and heat resistance. Planta 113, 105–114, 1973.

Schnabl, H., und Ziegler, H.: Der Einfluß des Aluminiums auf den Gasaustausch und das Welken von Schnittpflanzen. Ber. Dt. Bot. Ges. 87, 13–20, 1974.

Shirakawa, T., DeDolph, R. R., und Watson, D. P.: N-6-benzyladenine effects on chilling, respiration and keeping quality of Anthurium andreanum. Proc. Amer. Soc. Hort. Sci. 85, 642–646, 1964.

Sieber, J. et al.: Schnittstauden – kurze Sortiments- und Kulturhinweise. Taspo-Magazin 11–16, September 1980.

Siegelmann, H. W.: The respiration of rose and gardenia flowers. Proc. Amer. Soc. Hort. Sci. 59, 496–500, 1952.

Siegelmann, H. W., Chow, C. T., und Biale, J. B.: Respiration of developing rose petals. Plant Physiol. 33, 403–409, 1958.

Siewert, P.: Untersuchungen über den Sklerenchymgehalt im Stengel knickender und nichtknickender Gerbera. Diplomarb. Fachb. Biol. Universität Hamburg, 1971.

Sitton, D., Itai, C., und Kende, H.: Decreased cytokinin production in the roots as a factor in shoot senescence. Planta 73, 296–300, 1967.

Smith, W. H., Meigh, D. F., und Parker, J. C.: Effect of damage and fungal infection on the production of ethylene by carnations. Nature 204, 92–93, 1964.

Smith, W. H., Parker, J. C., und Freeman, W. W.: Exposure of cut flowers to ethylene in the presence and abscence of carbon dioxide. Nature 211, 99–100, 1966.

Smith, W. H., und Parker, J. C.: Prevention of ethylene injury to carnations by low concentrations of carbon dioxide. Nature 211, 100–101, 1966.

Spierings, F.: Injury to cut flowers of gladiolus by fluoridated water. Neth. J. Plant. Path. 75, 281–286, 1969.

Staby, G. L., und Erwin, T. D.: Water quality, preservative, grower source and chrysanthemum flower vase-life. HortScience 13, 185–187, 1978.

Staden, O. L.: Perspectieven alternatieve bewaring van forythiatakken. Vakbl. Bloem. 30 (43), 22–23, 1975.

Staden, O. L.: Nieuw houdbaarheidsmiddel voor tulpen. Vakbl. Bloem. 31 (3), 20–21, 1976.

Staden, O. L., Kalkman, E. C., und Slootman, J. E. A.: Ethyleenprotectieproef met anjers (III). Rapport No. 2118, Sprenger Inst. Wageningen, 1980a.

Staden, O. L., de Maas, C., und Slootman, J. E. A.: Experimenten met Euphorbia fulgens. Rapport. No. 2129, Sprenger Inst. Wageningen, 1980b.

Staden, O. L., und Molenaar, W. H.: Invloed verschillend leidingwater op vasleven van snijbloemen. Vakbl. Bloem. 30 (42), 21, 1975.

Staden, O. L., Uiterwijk, Th. M., und Slootman, J. E. A.: De bestrijding van vroegtijdige bladverlepping bij Euphorbiatakken. Rapport No. 2108, Sprenger Inst. Wageningen, 1980c.

STUIVENBERG, J. H. M. VAN: De mogelijkheid van verlenging van de levensduur van snijbloemen. Meded. Dir. Tuinb. 12, 717–734, 1949.

SWART, A.: Kwaliteit van de lelie Enchantment als snijbloem. Bloembollencultuur 89, 902–903, 1979.

SYTSEMA, W.: Bloei van sering aan afgesneden takken. Meded. Landbouwhogesch. Wageningen 62 (2), 1–57, 1962.

SYTSEMA, W.: Houdbaarheid. Jaarversl. Proefst. Bloem. Nederland, Aalsmeer 1967.

SYTSEMA, W.: Bewaring en houdbaarheid van snijbloemen. Jaarversl. Proefst. Bloem. Aalsmeer. 111–137, 1968.

SYTSEMA, W.: Bewaring en houdbaarheid van snijbloemen. Jaarversl. Proefst. Bloem. Aalsmeer. 114–131, 1970.

SYTSEMA, W.: De invloed van fluor op levensduur en kwaliteit van snijbloemen. Proefst. Bloem. Aalsmeer, Mededeling No. 40, 1–20, 1972.

SYTSEMA, W.: Conditions for measuring vase life of cut flowers. Acta Hort. 41, 217–226, 1975.

SYTSEMA, W.: Houdbaarheidsonderzoek. Jaarversl. Proefst. Bloem. Aalsmeer. 204–215, 1975.

SYTSEMA, W.: De houdbaarheid van Euphorbia fulgens. Proefst. Bloem. Aalsmeer. Rapport No. 5, 1976.

SYTSEMA, W.: in Bloemisterij onderzoek in Nederland, 1979.

SYTSEMA, W.: Vase life and development of carnations as influenced by silverthiosulfate. Acta Hort. 113, 1980.

SYTSEMA, W., und BARENDSE, L.: Anthurium andreanum, goed houdbare snijbloem. Vakbl. Bloem. 30 (51/52), 19–21, 1975.

SYTSEMA, W., und BARENDSE, L.: Houdbaarheidsonderzoek. Bloemisterij onderzoek in Nederland, 157–173, 1976.

TEAS, H. J., SHEEHAN, T. J., und HOLMSEN, T. W.: Control of geotropic bending in snapdragon and gladiolus inflorescences. Proc. Fla. State Hort. Soc. 72, 437–442, 1959.

THORNTON, N. C.: The use of carbon dioxide for prolonging the life of cut flowers, with special reference to roses. Amer. J. Bot. 17, 614–626, 1930.

TROLL, W.: Allgemeine Botanik, Ferdinand Enke Verlag, Stuttgart 1959.

TSUJITA, M. J., KIPLINGER, D. C., TAYAMA, H. K., und STABY, G.: The effects of nitrogen source and growing media on the growth and keeping quality of mid-winter standard chrysanthemums. Ohio Flor. Ass. Bull. 545, 6–7, 1975.

UOTA, M.: Carbon dioxide suppression of ethylene-induced sleepiness of carnation blooms. J. Amer. Soc. Hort. Sci. 94, 598–601, 1969.

USCIATI, M., und DUPUY, P.: L'irradation des fleurs coupées peut-elle aider à leur conservation? Rev. Hort. 141, 1658–1659, 1969.

VEEN, H.: Effects of silver on ethylene synthesis and action in cut carnations. Planta 145, 467–470, 1979.

VEEN, H., und VAN DE GEIJN, S. C.: Mobility and ionic form of silver as related to longevity of cut carnations. Planta 140, 93–96, 1978.

WALTON, D. C., und SANDHEIMER, E.: Effects of abscission II on phenylalanine ammonia-lyase activity in excised bean leaves. Plant. Physiol. 43, 467–469, 1969.

WANG, C. Y., BAKER, J. E., HARDENBURG, R. E. und LIEBERMAN, M.: Effects of two analogs of rhizobitoxine and sodium benzoate on senescence of snapdragons. J. Amer. Soc. Hort. Sci. 102, 517–520, 1977.

WATERS, W. E.: The influence of chemical preservations on keeping quality of asters, carnations, chrysanthemums and gerbera daisies. Proc. Fla. State Hort. Soc. 77, 466–470, 1964a.

WATERS, W. E.: Influence of nitrogen and potassium nutrition on production, keeping quality and chemical composition of the miniature carnation. Proc. Fla. State Hort. Soc. 77, 471–474, 1964b.

WATERS, W. E.: Influence of nutrition on flower production, keeping quality, disease susceptibility, and chemical composition of *Chrysanthemum morifolium*. Proc. Amer. Soc. Hort. Sci. 86, 650–655, 1965a.

WATERS, W. E.: Effects of coated fertilizer on growth, keeping quality, disease susceptibility and chemical composition of *Chrysanthemum morifolium*. Proc. Fla. State Hort. Soc. 78, 383–386, 1965b.

WATERS, W. E.: The influence of postharvest handling techniques on vase-life of gladiolus flowers. Proc. Fla. State Hort. Soc. 79, 452–456, 1966a.

WATERS, W. E.: Toxicity of certain Florida waters to cut flowers. Proc. Fla. State Hort. Soc. 79, 456–459, 1966b.

WATERS, W. E.: Effects of fertilization schedules on flower production, keeping quality, disease susceptibility and chemical composition at different growth stages of

Chrysanthemum morifolium. Proc. Amer. Soc. Hort. Sci. 91, 627–632, 1967.

WATERS, W. E.: Influence of well water salinity and fluorides on keeping quality of Tropicana roses. Proc. Fla. State Hort. Soc. 81, 355–359, 1968a.

WATERS, W. E.: Relationship of water salinity and fluorides to keeping quality of chrysanthemum and gladiolus cut flowers. Proc. Amer. Soc. Hort. Sci. 92, 633–640, 1968b.

WEHMER, C.: Über einen Fall intensiver Schädigung einer Allee durch ausströmendes Leuchtgas. Z. Pflanzenkr. Pflanzenschutz 10, 267–269, 1900.

WEINSTEIN, L. H.: Senescence of roses. I. Chemical changes associated with senescence of cut Better Times roses. Contr. Boyce Thompson Inst. 19, 33–48, 1957.

WEINSTEIN, L. H., und LAURENCOT, H. J.: Studies on the preservation of cut flowers. Contr. Boyce Thompson Inst. 22, 81–90, 1963.

WHITEMAN, T. M., und MCCLELLAN, W. D.: Tip curvature of cut gladioli. Proc. Amer. Soc. Hort. Sci. 47, 515–521, 1946.

WIEMKEN-GEHRIG, V., WIEMKEN, A., und MATILE, Ph.: Mobilisation von Zellwandstoffen in der welkenden Blüte von *Ipomoea tricolor* Cav. Planta 115, 297–307, 1974.

WIERSMA, O.: Vacuumkoelen van snijbloemen. Bloembollencultuur 82, 514, 1971.

WIERSMA, O., und BOER, W. C.: Snijbloemen en vacuumkoelen. Vakbl. Bloem. 25, 1846–1847, 1970.

WILBERG, B.: Physiologische Untersuchungen zur Ursache des Knickens im Blütenschaft von *Gerbera jamesonii*. Diss. Universität Hamburg, Fachbereich Biol. 1974.

WILKINS, H. F.: Who wants to buy „fresh“ flowers that won't last through the night? Flor. Rev. 158 (4105), 27 pp., 1976.

WILKINS, H. F., und SWANSON, B. T.: The relationship of ethylene to senescence. Acta Hort. 41, 133–142, 1975.

WILL, H., und HERMANN, P.: Weitere Versuche mit Blumenfrischhaltern. Persönl. Mitteilung 1977.

WILLIAMSON, C. E.: Ethylene a metabolic product of diseased or injured plants. Phytopath. 40, 205–208, 1950.

WINTZ, R. P.: Storage of cut carnations with some fruits and vegetables. Color. Flow. Grow. Ass. Bull. 53, 1–3, 1954.

WOLTING, H. G.: Gevoeligheid van kastulpen voor chronische inwerking van fluorhoudende luchtverontreiniging. Bloembollencultuur 88, 728–730, 1978.

WOLTZ, S. S.: Translocation and metabolic effects of fluorides in gladiolus leaves. Proc. Fla. State Hort. Soc. 77, 511–515, 1964.

WOLTZ, S. S.: Photosynthesis in chrysanthemum cut-flowers. Proc. Fla. State Hort. Soc. 78, 415–417, 1965.

WOLTZ, S. S., und MAROUSKY, F. J.: Effect of fluoride and a floral preservative on fluoride content and injury to gladiolus florets and injury to poinsettia bracts. Proc. Fla. State Hort. Soc. 85, 416–418, 1972.

WOLTZ, S. S., und WATERS, W. E.: Effects of storage lighting and temperature on metabolism and keeping quality of *Chr. morifolium* cut flowers relative to nitrogen fertilization. Proc. Amer. Soc. Hort. Sci. 91, 633–644, 1967.

YANG, S. F.: Regulation of ethylene biosynthesis. HortScience 15, 238–243, 1980.

ZENTMEYR, G. A.: Mechanism of action of 8-hydroxyquinoline. Phytopath. 33, 1121, 1943.

ZIESLIN, N., und KOFRANEK, A. M.: Roses can be treated to prevent rose neck droop. Flor. Rev. 165 (4289), 67–69, 1980.

ZIESLIN, N., KOHL, H. C., KOFRANEK, A. M., und HALEVY, A. H.: Changes in the water status of cut roses and its relationship to bent-neck phenomen. J. Amer. Soc. Hort. Sci. 103, 176–179, 1978.

ZIMMER, K.: Über die Wirkung von Flora-Frisch auf die Haltbarkeit von verschiedenen Schnittblumen. Unveröffentlichte Ergebnisse. 1968.

Bildquellen

AARTS, Laboratorium voor Tuinbouwplantenteelt, Wageningen: Abb. 14.
DAVIDSON, Rutgers University, New Brunswick: Abb. 15.
HALEVY und MAYAK, Hebräische Universität Jerusalem: Abb. 24, 25.
HERMANN, BASF: Abb. 43.
Institut für Bodenkunde und Pflanzenernährung der Fachhochschule Weihenstephan: Abb. 46.
KOFRANEK und HALEVY, Universität Californien, Davis: Abb. 39.
KREBS und ZIMMER, Institut für Zierpflanzenbau der TU Hannover: Abb. 42.
MAYAK et al., Hebräische Universität Jerusalem: Abb. 33.
Proefstation voor de Boemisterij, Aalsmeer: Abb. 40.
SCHNABL und ZIEGLER, Botanisches Institut der TU München: Abb. 30.
ZIMMER, Institut für Zierpflanzenbau der TU Hannover: Abb. 38, 47, 49, 54.

Sachregister